高等院校环境科学与工程系列规划教材

水污染控制工程设计算例集

主编 薛罡 陈红 李响 张文启
副主编 孙召强 仝志刚

配套电子资源

南京大学出版社

图书在版编目(CIP)数据

水污染控制工程设计算例集 / 薛罡等主编. —— 南京：
南京大学出版社，2018.8
ISBN 978 - 7 - 305 - 20597 - 2

Ⅰ. ①水… Ⅱ. ①薛… Ⅲ. ①水污染－污染控制－工
程设计 Ⅳ. ①X52

中国版本图书馆 CIP 数据核字(2018)第 170289 号

出版发行　南京大学出版社
社　　址　南京市汉口路 22 号　　　　　邮　编　210093
出 版 人　金鑫荣
书　　名　**水污染控制工程设计算例集**
主　　编　薛　罡　陈　红　李　响　张文启
责任编辑　刘　飞　蔡文彬　　　　　编辑热线　025 - 83686531
照　　排　南京南琳图文制作有限公司
印　　刷　南京人文印务有限公司
开　　本　787×1092　1/16　印张 18.5　字数 462 千
版　　次　2018 年 8 月第 1 版　2018 年 8 月第 1 次印刷
ISBN 978 - 7 - 305 - 20597 - 2
定　　价　46.00 元

网址：http://www.njupco.com
官方微博：http://weibo.com/njupco
官方微信号：njupress
销售咨询热线：(025) 83594756

前　言

随着我国经济的快速发展,环境问题日渐凸显,水环境污染是其中的一个重要问题。为了解决好水环境污染问题,设计好污水处理工程,使工程建设后达到预期的处理效果,从而实现良好的环境效益、社会效益和经济效益。而要做到好的污水处理工程设计,需要充分了解设计项目各个环节的内容、要求和设计计算方法,掌握必要的专业知识。

作为环境工程专业的本科毕业生,与污水处理厂设计最直接相关的课程主要是水污染控制工程的理论学习和一些处理单元的设计计算,而污水处理厂的设计是一个系统工程,如何将平时课程中学习的零散知识化零为整,水污染控制工程的课程设计或与水处理相关的毕业设计是重要的训练环节。由于整个污水处理过程涉及的工艺环节比较复杂,尤其是对水质较复杂、处理难度较高的工业废水,处理工艺往往是物理处理法、化学处理法和生化处理法相结合,或者是预处理、生化处理和深度处理相结合。学生在面对工程设计原始资料时,往往不知从何入手。针对此问题,作者对目前污水处理厂设计中常见的工艺单元的设计计算方法及经典算例进行了汇编整理,并结合作者的工程经验及理解就一些还原、氧化单元提出工艺设计方法及要则。本书共包括19章,其中格栅、沉砂池参考《城市污水处理厂工程设计指导》,配水井、二沉池参考《城市污水厂处理设施设计计算》,集水井参考《给水排水设计手册·第五册·城镇排水》,泵房设计参考《泵与泵站》和《给水排水设计手册·第五册·城镇排水》,初沉池参考《城市污水处理厂工程设计指导》和《城市污水厂处理设施设计计算》,生化池、接触氧化池参考《排水工程(下册)》《城市污水厂处理设施设计计算》及《污水处理构筑物设计与计算》,水解酸化工艺参考《水解酸化反应器污水处理工程技术规范(HJ2047—2015)》和《城市污水厂处理设施设计计算》,曝气生物滤池参考《曝气生物滤池工程技术规程(CECS265:2009)》和《城市污水厂处理设施设计计算》,混凝、混合与投药系统参考《给水厂处理设施设计计算》,臭氧、活性炭处理参考《给水排水设计手册·第五册·城镇排水》《给水厂处理设施设计计算》和《城市污水厂处理设施设计计算》,膜分离参考《给水排水设计手册·第四册·工业给水处理》,污泥浓缩、污泥脱水参考《排水工程(下册)》及《城市污水厂处理设施设计计算》;另外高级氧化法包括铁碳微电解与芬顿水处理根据作者工程经验进行整理归纳。编著内容包含目前城镇污水及工业废水处理相关的主要构筑物,目的在于通过计算例题的形式,具体深入的介绍各处理构筑物的设计计算内容、方法和要求。

本书主要针对从事环境工程专业和给水排水专业的在校师生,可作为设计方法入门读物,规范学生的设计计算方法,可根据例题完成一般的设计计算工作。另外,也可对刚从事污水处理设计的初学者起到一定的指导作用。

由于编者水平所限,资料收集的深度和广度有一定的局限,书中难免有不妥之处,敬请读者批评指正。

编　者

2018 年 6 月

目　录

第1章 概 述

1.1 污水的类型及特点

污水即水质受到物理性、化学性或生物性侵害后,其质量成分或外观形状对使用或环境产生危害或风险的水。污水按照组成来源,主要分为生活污水、工业废水、降水等。

1. 生活污水水质及特点

生活污水是人们日常生活中使用过并为生活废料所污染的水,生活污水包括厨房洗涤、淋浴、洗衣等废水以及冲洗厕所等污水。其成分取决于居民生活的状况、水平和习惯。

生活污水的主要污染物是有机物和氮、磷等营养物质,其水质特征是水质稳定但浑浊、色深具有臭味,一般不含有毒物质,含有大量的细菌、病毒和寄生虫卵。在生活污水中,所含固体物质约占总质量的 0.1%~0.2%,其中溶解性固体(主要是各种无机盐和可溶性的有机物质)约占 3/5~2/3,悬浮固体(其中有机成分占 4/5)占 1/3~2/5。此外,生活污水还有氮、磷等物质。

2. 工业废水水质及特点

工业废水是工业企业在生产过程中排放的废水。工业废水的水质情况,因产业门类和生产工艺不同而各有所异,具有成分复杂,水质变化较大,污染物含量高,处理难度高等特点,对环境的危害也是比较大的,而且工业废水处理的投资和平时运行的费用均比生活污水处理的费用高,特别是重金属废水、化工废水、轻工业废水和放射性废水。影响工业废水水质的主要因素有工业类型、生产工艺和生产管理水平等。

3. 初期雨水

初期雨水主要指雨雪降至地面形成的初期地表径流,将大气和地表中的污染物带入水中,形成面源污染。初期雨水的水质水量随区域环境、季节和时间的变化而变化,成分比较复杂。个别地区甚至可以出现初期雨水污染物浓度超过生活污水的现象。某些工业废渣或城镇垃圾堆放场地经雨水冲淋后产生的污水更具危险性。影响初期雨水被污染的主要因素有大气质量、气候条件、地面建筑物环境质量等。

4. 城镇污水

城镇污水包括生活污水、工业废水等,在合流制排水系统中包括雨水,在半分流制排水系统中包括初期雨水。城镇污水成分性质比较复杂,不仅各城镇间不同,同一城市的不同区域也有差异,需要进行全面细致的调查研究,才能确定其水质成分及特点。影响城镇污水水质的因素较多,主要为所采用的排水体制,以及所在地区生活污水与工业废水的特点及比例等。

1.2 污水处理基本方法

1. 污水的处理方法

污水处理是采用一定的处理方法和流程将污水中所含有的污染物质减少或者分离出来,将其转化为无害和稳定的物质,以使污水得到净化并达到恢复其原来状态或使用功能的过程。污水处理技术按照作用机理可分为三类,即物理处理法、化学处理法和生物处理法。

物理处理法通过物理作用,分离、回收污水中呈悬浮状态的污染物质,在处理过程中不改变污染物的化学形式。主要包括筛滤截留法、重力分离法、离心分离法,膜分离法等。

化学处理法通过化学反应和传质作用,来分离、回收污水中呈溶解、胶体状态的污染物质,或将其转化为无害物质,主要包括混凝法、中和法、氧化还原法、萃取、吸附、离子交换、化学沉淀法、电渗析、消毒法等。

生物处理法是通过微生物的代谢作用,使污水中呈溶解状态、胶体状态以及某些不溶解的有机甚至无机污染物质,转化为稳定、无害的物质,从而使污水得到净化,此法也常称为生物处理法,简称生化法。按微生物对氧的需求主要分为好氧法和厌氧法两大类,按照微生物的生长方式,可分为活性污泥法(悬浮生长型)和生物膜法(附着生长型)两大类。

由于污水中的污染物形态和性质多样,一般需要几种处理方法组合成处理工艺,达到对不同性质的污染物的处理效果。

2. 污水的处理深度

按照污水处理后的功能要求以及排放标准要求,污水处理系统按照处理程度一般可划分为三级。目前,由于污水处理厂排放标准日益严格,以及污水处理对再生回用的要求,不少污水处理厂在工艺设计或者提标改造时,包括了三级深度处理的工程内容,或者短期内不实施但将其所需的位置和面积做了预留。

污水一级处理:主要任务是去除污水中呈悬浮或漂浮状态的固体污染物质,常见一级处理流程如图 1.1 所示。污水经一级处理后,悬浮固体物质去除率为 $70\%\sim80\%$,BOD_5 的去除率只有 30% 左右,尚达不到排放标准。但一级处理对后续污水处理工艺起着重要的保障作用,因此往往是污水处理工艺中不可或缺的首段处理。

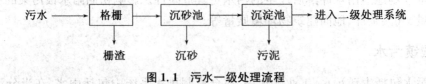

图 1.1 污水一级处理流程

污水二级处理:主要任务是去除污水中呈胶体和溶解状态的有机污染物(即 BOD),以及引起水体富营养化的氮、磷等可溶性无机污染物。BOD 的去除率可达 90% 以上,处理后污水的 BOD_5 一般可降至 $20\sim30\,mg/L$。由于通常多采用生物处理作为二级处理的主体工艺,所以人们常把生物处理与二级处理看作同义语,但应当指出,近年来随着新兴水处理材料和装备的不断开发,以及水处理工艺的不断改进,采用物理化学或者化学方法作为二级处理主体工艺的,也在日渐发展。如属于表面过滤机理的膜分离技术等。在污水的二级处理中,所产生的污泥也必须得到相应的处理和处置,否则将会造成新的污染。

污水的三级处理:污水三级处理的目的在于进一步除去二级处理未能去除的污染物质,包括微生物未能降解的有机物以及可导致富营养化的植物营养性无机物等。三级处理是对二级处理的出水进行进一步的处理阶段和方法。三级处理的方法是多种多样的,例如化学处理法、生物处理法和物化处理法。三级处理是深度处理(或高级处理)的同义词,但二者又不完全相同。如前所述,三级处理是在常规处理之后,为了去除更多有机物及氮、磷营养物而增加的一项处理流程,深度处理则往往以污水再生回用为目的。

1.3 污水处理厂设计需要的基本资料

在污水处理厂工程进行规划、设计之前,必须明确任务,进行充分的调查研究,以使规划、设计建立在完整、可靠资料的基础上,一般在规划设计污水处理厂工程时,应当收集的原始资料大致包括以下 3 种。

1. 明确设计任务和方向的资料

这方面的资料包括:

(1) 工程设计范围和设计项目,主要指污水处理厂工程设计范围、设计深度、设计时间和工程内容。此外,还有工艺路线选定后要具体设计的各种处理构筑物、设备、管道系统和水泵机房等。

(2) 目前城市的污水排放情况,废水污染所造成的危害情况和排水管道系统分布情况,以及城市今后的发展规划。

(3) 城市生活污水的水量、水质及其变化情况,污水回收利用等方面资料。

(4) 处理后水的排放、重复利用及污泥处理、处置、综合利用方面的有关资料。

2. 自然条件资料

(1) 气象特征资料:包括气温(年平均、最高、最低),土壤冰冻资料和风向玫瑰图等。

(2) 水文资料:排放水体的水位(最高水位、平均水位、最低水位),流速(各特征水位下的平均流速),流量及潮汐资料,水体本身自净能力、水质变化情况及环境卫生指数等。

(3) 水文地质资料:包括该地区地下水位及地表水和地下水相互补给情况。

(4) 地质资料:污水处理厂厂址的地质钻孔柱状图、地基的承载能力、地下水位与地震资料等。

(5) 地形资料:污水处理厂厂址和排放口附近的地形图,以及室外给水排水管网系统图等。

3. 编制概预算资料

概预算编制资料包括当地的《建筑工程综合预算定额》《安装工程预算定额》,当地建筑材料、设备供应和价格等资料,当地《建筑企业单位工程收费标准》,当地基本建设费率规定,以及关于租地、征地、青苗补偿、拆迁补偿等规定与办法。

1.4 设计步骤

污水处理厂的设计程序可分为设计前期工作、初步设计和施工图设计三个阶段。

1. 前期工作

前期工作主要包括编制《项目建议书》和《工程可行性研究报告》等。

(1) 项目建议书:编制项目建议书的目的是为上级部门的投资决策提供依据。项目建议书的主要内容包括建设项目的必要性、建设项目的规模和地点、采用的技术标准、污水和污泥处理的主要工艺路线、工程投资估算以及预期达到的社会效益和环境效益。

(2) 工程可行性研究:工程可行性研究应根据批准的项目建议书和工程咨询合同进行。其主要任务是根据建设项目的工程目的和基础资料,对项目的技术可行性、经济合理性和实施可能性进行综合分析论证、方案比较和评价,提出工程的推荐方案,以保证拟建项目技术先进、可行、经济合理,有良好的社会效益和经济效益。

2. 初步设计

初步设计应根据批准的工程可行性研究报告进行编制。主要任务是明确工程规模、设计原则和标准,深化设计方案,进行工程概算,确定主要工程数量和主要材料设备数量,提出设计中需进一步研究解决的问题、注意事项和有关建议。初步设计文件由设计说明书、工程数量、主要设备和材料数量、工程概算、设计图纸(平面布置图、工艺流程图及主要构筑物布置图)等组成。应满足审批、施工图设计、主要设备订货、控制工程投资和施工准备等要求。

3. 施工图设计

施工图设计应根据已批准的初步设计进行。其主要任务是提供能满足施工、安装和加工等要求的设计图纸、设计说明书和施工图预算。施工图设计文件应满足施工招标、施工、安装、材料设备订货、非标设备加工制作、工程验收等要求。

施工图设计的任务是将污水处理厂各处理构筑物的平面位置和高程位置,精准地表示在图纸上。将各处理构筑物的各个节点的构造、尺寸都用图纸表示出来,每张图纸都按一定的比例,用标准图例精确绘制,使施工人员能够按照图纸精确施工。

1.5 污水处理厂工艺设计制图的基本规定

1. 图纸幅面与标题栏

在污水处理工程中,常用的图纸幅面为 A0、A1、A2、A3、A4、A5,具体规格见表 1-1。

表 1-1 图纸幅面 （单位:mm）

幅面代号	0	1	2	3	4	5
B×L	841×1 189	594×841	420×594	297×420	210×297	148×210
C		10			5	
A			25			

标题栏应放置在图纸右下角,宽度为 180 mm,高为 40 mm,其中应包括设计单位名称区、签字区、工程名称区、图名区、图号区和注册建筑师、注册结构师签名区。

2. 比例

(1) 类型

① 数字比例尺,工程图纸上常采用 1:50、1:100 等;

② 直线比例尺,用带数字的线段表示,标明直线上每单位长度代表实地多少距离,地形图上常用。

(2) 给水排水工程图纸比例

表 1-2 给水排水工程图纸比例

名 称	比 例
厂区平面图	1:1 000、1:500、1:200、1:100
管道纵断面图	横向 1:1 000、1:500;纵向 1:200、1:100
水处理流程图	无比例
水处理高程图	横向无比例;纵向 1:100、1:50
水处理构筑物平剖图	1:100、1:50、1:40、1:20
泵房平剖图	1:100、1:50、1:40、1:20
给水排水系统图	1:200、1:100、1:50
设备大样图	1:100、1:50、1:40、1:30、1:20、1:10、1:2、1:1

给水排水工程图纸一般用数字比例尺表示比例,注写位置要求:图纸的比例与图名一起放在图纸下面的粗横线上,整张图纸只用一个比例时,可以注写在图纸内图名下面;详图比例须注写在详图图名右侧。

3. 图线

图画的各种线条宽度可以根据图幅的大小决定,一般以图中的粗实线宽度为"b"而规定其他线条的宽度,可采用表1-3所示的线型。同一图样中同类型线条的宽度应基本上保持一致。

表1-3　图线形式(b=0.6～0.8 mm)

序号	名　称		线　号	宽　度	适用范围
1		粗实线	———	b	1. 新建各种工艺管线
					2. 单线管路线
					3. 轴侧管路线
					4. 图名线
					5. 图标、图框的外框线
2	实线	中实线	———	b/2	1. 工艺图构筑物轮廓线
					2. 结构图构筑物轮廓线
					3. 原有各种工艺管线
3		细实线	———	b/4	1. 尺寸线、尺寸界线
					2. 剖面线
					3. 引出线
					4. 剖面轮廓线
					5. 标高符号线
					6. 大样图的局部范围线
					7. 图标、表格的分格线
4	虚线	粗虚线	— — — —	b	1. 不可见工艺管线
					2. 不可见钢筋线
5		中虚线	— — —	b/2	构筑物不可见轮廓线
6		点画线	— · — · —	b/4	1. 中心线
					2. 定位轴线
7		折断线	—√√—	b/4	折断线

4. 尺寸注写规则

(1) 尺寸注写的基本规则

① 尺寸界线应自图形的轮廓线、轴线或者中心线处引起,与尺寸线垂直并超出尺寸线约2 mm;

② 一般情况下尺寸界线应与尺寸线垂直,当尺寸界线与其他图线有重叠情况时,容许将尺寸界线倾斜引出;

③ 尺寸线应尽量不与其他图线相交,安排平行尺寸线时,应使小尺寸线在内,大尺寸线在外;

④ 轮廓线、轴线、中心线或者延长线,均不可作为尺寸线使用。

(2)单位

工程图中除标高以"m"为单位外,其余一般均以"mm"为单位,特殊情况需用其他单位时,须注明计量单位。

(3)构筑物的真实大小

应以图样上所注的尺寸为依据,与图形的大小以及绘图的准确度无关。

(4)尺寸标注

一个图形中每一个尺寸一般标注一次,但在实际需要时也可以重复标出。

5. 标高

一般地形图是以大地水准面为基础,即把多年平均海水面作为零点,又称为水准面。各地面点与大地水准面的垂直距离,称为绝对高程。各测量点与当地假定的水准面的垂直距离,称为相对高程。同一个工程应该采用一种标高来控制,并选择一个标高基准点。目前,我国水准点的高程已规定以青岛水准原点为依据,按 1956 年计算结果,原定高程定为高出黄海平均海水面 72.290 m。

标高符号一律以倒三角加水平线形式表示,在特殊情况下或标写数字的地方不够时,可用引出线(垂直于倒三角底边)移出水平线;总平面图上室外水平标高,必须以全部涂黑的三角形符号表示。

在立面图及剖面图上,标高符号的尖端可向上指或者向下指,注写的数字可在横线上边或下边;在同一个详图中,如果需要同时表示几个不同的标高时,除第一个标高外,其他几个标高可以注写在括弧内,标高应以"m"为单位,应注写到小数点后面 2 位为宜。

6. 坐标

地形图或平面图通常采用坐标网来控制地形地貌或者构筑物的平面位置,因为任何一个点的位置,都可以根据它的坐标来确定。需要注意的是,数学上通常采用"X"代表横轴,"Y"代表纵轴,而在地形图和平面图纸上常常以 X 代表纵轴,以 Y 代表横轴,二者计算原理相同,但是使用的象限不同。

7. 方向标

方向标的制图基本规定包括:

在工艺设计平面图中,一般指北针表明管道或者建筑物的朝向,指北针用细实线绘制,圆的直径为 24 mm,指北针头部为针尖形,尾部宽度为 3 mm,用黑实线表示。

风玫瑰图,又称风向频率玫瑰图,可指出工程所在地的常年风向频率、风速及朝向。风向指来风的方向,即从外面吹向地区中心,风向频率是指在一定时间内各种风向出现的次数占所有观测次数的百分比。

8. 设计说明

设计说明包括：

(1) 同一张图纸上的特殊说明部分应用设计说明进行详细阐述，设计说明标注在图线的下方或者右侧，用文字表示图形中的不明之处。

(2) 同一工程中的具有共性的特殊说明部分可用设计总说明进行详细阐述，设计总说明包括设计内容、设计范围、设计条件及资料、设计引用标准、工艺设计说明、辅助设计说明、施工说明以及验收方法。

9. 图纸绘制方法

图纸绘制方法：

(1) 平面图中的建筑物、构筑物及各种管道的位置，应与总图专业的总平面图、管线综合图一致，图上应注明管道类别、坐标、控制尺寸、节点编号及各种管道的管径、坡度、管道长度、标高等。

(2) 高程图应表示各种工艺构筑物之间的联系，并标注其控制标高，一般应注明顶标高、底标高和水面标高。

(3) 管道节点图可不按比例绘制，但节点的平面位置与平面图一致，节点图应标注管道标高、管径、编号和井底标高。

第2章 格 栅

2.1 设计计算

污水处理系统或水泵前,必须设置粗格栅,用于去除较粗大悬浮物,防止堵塞水泵或管道阀门,并保证后续处理构筑物的正常运行。截留的栅渣可采用人工清除或机械清除,目前多采用机械清渣。栅渣经螺旋压榨机压榨后由人工外运,而压缩过程产生的污水则输送至污水处理系统前端,和厂内生活污水一起与原污水混合处理。格栅栅条的断面有圆形、矩形和方形,目前多采用矩形栅条,常见宽度为 10 mm。

格栅的设计包括尺寸计算、水力计算、栅渣量计算以及清渣机械的选用等。格栅构造示意图如图 2-1 所示。

栅槽宽度及栅条间隔数计算见公式(2-1):

$$B=S(n-1)+bn \tag{2-1}$$

$$n=\frac{Q_{max}\sqrt{\sin\alpha}}{ehv}$$

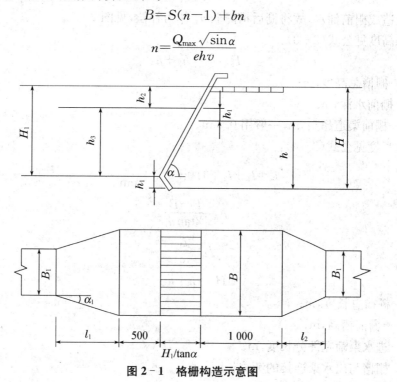

图 2-1 格栅构造示意图

式中:B——栅槽宽度,m;

S——栅条宽度,m;

b——栅格宽度,m;

e——栅条间隔，粗格栅 $e=50\sim100$ mm，中格栅 $e=10\sim40$ mm，细格栅 $e=3\sim10$ mm；

n——格栅间隔数；

Q_{max}——最大设计流量，m^3/s；

α——格栅倾角，度；

h——栅前水深，m；

v——过栅流速，m/s，最大设计流量时为 $0.8\sim1.0$ m/s；

$\sqrt{\sin\alpha}$——经验系数。

过栅水头损失见公式(2-2)：

$$h_1=kh_0 \tag{2-2}$$

$$h_0=\xi\frac{v^2}{2g}\sin\alpha$$

式中：h_1——过栅水头损失，m；

h_0——计算水头损失，m；

g——重力加速度，9.81 m/s^2；

k——系数，格栅受污垢堵塞后，水头损失增大的倍数，一般 $k=3$；

ξ——阻力系数，与栅条断面形状有关，$\xi=\beta\left(\frac{s}{e}\right)^{\frac{4}{3}}$，当为矩形断面时，$\beta=2.42$。

为避免造成栅前涌水，故将栅后槽降低 h_1 作为补偿，见图 2-1。

栅槽总高度见公式(2-3)：

$$H=h_1+h_2+h_3 \tag{2-3}$$

式中：H——栅槽总高度，m；

h——栅前水深，m；

h_2——栅前渠道超高，m，一般用 0.3 m。

栅槽总长度见公式(2-4)：

$$L=l_1+l_2+1.0+0.5+\frac{H_1}{\tan\alpha} \tag{2-4}$$

$$l_1=\frac{B-B_1}{2\tan\alpha_1}$$

$$l_2=\frac{l_1}{2}$$

$$H_1=h+h_2$$

式中：L——栅槽总长度，m；

H_1——栅前槽高，m；

l_1——进水渠渐宽部分长度，m；

l_2——栅槽与出水渠连接的渐缩长度，m；

B_1——进水渠道宽度，m；

α_1——进水渠展开角，一般用 $20°$。

每日栅渣量计算见公式(2-5)：

$$W=\frac{Q_{max}W_1\times86\,400}{K_{总}\times1\,000} \tag{2-5}$$

式中：W——每日栅渣量，m^3/d，当栅渣量大于 $0.2\,m^3/d$ 时都应采用机械清渣；

W_1——栅渣量，$m^3/10\,m^3$，取 $0.1\sim0.01$，粗格栅用小值，细格栅用大值，中格栅用中值；

$K_{总}$——生活污水流量总变化系数。

2.2 算 例

【算例1】 格栅设计与计算

某城市污水处理厂的最大设计污水量 $Q_{max}=0.25\,m^3/s$，总变化系数 $K_z=1.50$，求格栅倾角各部分尺寸。

【解】

(1) 栅条的间隙数：设栅前水深 $h=0.40\,m$，过栅流速 $v=0.80\,m/s$，栅条间隙宽度为 $e=0.03\,m$，格栅倾角 $\alpha=60°$

$$n=\frac{Q_{max}\sqrt{\sin\alpha}}{ehv}=\frac{0.25\times\sqrt{\sin60°}}{0.03\times0.4\times0.8}=25\ 个$$

(2) 栅槽宽度：设栅条宽度 $S=0.01\,m$

$$B=S(n-1)+bn=0.01\times(25-1)+0.03\times25=0.99\,m\approx1.00\,m$$

(3) 进水渠道渐宽部分的长度：设进水渠道宽 $B_1=0.65\,m$，其渐宽部分展开角度 $\alpha_1=20°$（进水渠道内的流速为 $0.77\,m/s$）

$$l_2=\frac{B-B_1}{2\tan\alpha_1}=\frac{1-0.65}{2\tan20°}=0.48\,m$$

(4) 栅槽与出水渠道连接处的渐窄部分长度：

$$l_2=\frac{l_1}{2}=\frac{0.48}{2}=0.24\,m$$

(5) 通过格栅的水头损失：设栅条断面是锐边矩形断面

$$h=\beta\left(\frac{s}{e}\right)^{\frac{4}{3}}\frac{v^2}{2g}(\sin\alpha)k=2.42\times\left(\frac{0.01}{0.03}\right)^{\frac{4}{3}}\times\frac{0.8^2}{2\times9.81}\times\sin60°\times3=0.05\,m$$

(6) 栅后槽总高度：设栅前渠道超高 $h_2=0.30\,m$

$$H=h+h_1+h_2=0.4+0.05+0.3=0.75\,m$$

(7) 栅槽总长度：

$$L=l_1+l_2+1.0+0.5+\frac{H_1}{\tan\alpha}=0.48+0.24+1.0+0.5+\frac{0.4+0.3}{\tan60°}=2.62\,m$$

(8) 每日栅渣量：在格栅间隙 30 mm 的情况下，设栅渣量为每 $1\,000\,m^3$ 污水产 $0.07\,m^3$：

$$W=\frac{Q_{max}W_1\times86\,400}{K_{总}\times1\,000}=\frac{0.25\times0.07\times86\,400}{1.5\times1\,000}=1.008\,m^3/d>0.20\,m^3/d$$

宜采用机械清渣。

第3章 集水池

3.1 设计要点

集水池容积要满足水工布置、安装格栅、安装水泵吸水管的要求,而且在及时将来水抽走的基础上,既要避免水泵启闭过于频繁,又要减少池容,以降低运行和施工费用,减轻杂物的沉积和腐化。

集水池容积一般指死水容积和有效容积两部分。死水容积是最低水位以下的容积,主要由水泵吸水管的安装条件决定。死水容积不能作为集水池的有效容积。

(1) 集水池的水位与有效容积

① 集水池的最高水位与最低水位:集水池水位是指进水干管设计水位减去过栅损失至集水池的水位。

a. 最高水位:在正常运行中,进水达到设计流量时,集水池中的水位。

一般雨水按进水干管满流的水位,污水按设计充满度的水位。

b. 最低水位:最低水位取决于不同类型水泵的吸水喇叭口的安装条件及叶轮的淹没深度。

确定的最低水位应该同时满足不高于按照集水池最高水位和集水池有效容积推算的最低水位,以及根据管道、泵站养护管理需要的最低水位。

一般雨水按相当于最小一台水泵流量时进水干管充满度的水位,污水按管底或低于管底的高程确定最低水位,见图 3-1。

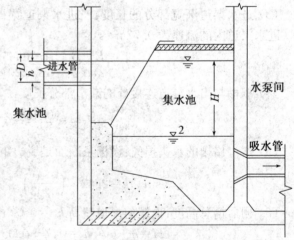

图 3-1 集水池有效容积示意
1—最高水位(开动水泵时出现的最高水位);2—最低水位(停泵时的最低水位);H—有效水深

(2) 自灌式(半自灌式)卧式离心泵,见图 3-2(a)。

当吸水喇叭口流速 $v=1.0$ m/s 时,$h=0.4$ m;$v=2.0$ m/s 时,$h=0.8$ m;$v=3.0$ m/s 时,$h=1.6$ m。一般可采用 $v=1.0$ m/s 时,$h=0.4$ m。

立体轴流泵:其叶轮淹没深度与水泵大小、转速有关,见图 3-2(b)及表 3-1。

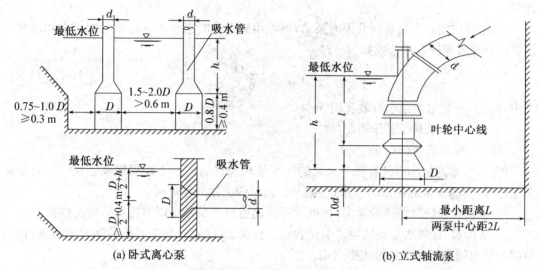

(a) 卧式离心泵　　　　　　　　　　　　(b) 立式轴流泵

图 3 - 2　集水池最低水位

表 3 - 1　l 及 L 值

水泵型号	转数 n(r/min)	l 值(mm)	L 值(mm)
14ZLB - 6.2	1 450 960	1 000 250	≥800 两泵中心距≥1 000
20ZLB - 70	720 960	500 700	≥1 100 两泵中心距≥2 200
28ZLB - 70	580 720	350 1 250	≥1 500 两泵中心距≥3 000
36ZLB - 70	480	690	≥1 800 两泵中心距≥3 600
40ZL$\frac{B}{Q}$-50	585	2 000	≥2 000
50ZLQ$-\frac{50}{54}$	485 585	4 500 4 970	轴中心距吸水口 4 500
56ZLQ - 70	290	1 205	轴中心距吸水口 4 620

（3）集水池有效水深：最高水位和最低水位之间的水深，见图 3 - 1 中的取值。

（4）集水池有效容积

① 根据排水规范，集水池的有效容积应根据水量、水泵能力和水泵工作情况等因素确定。一般应符合下列要求：

a. 污水泵房的集水池容积，不应小于最大一台水泵 5 min 的出水量。如水泵机组为自动控制时，每小时开动水泵不得超过 6 次。

b. 雨水泵房的集水池容积，不应小于最大一台水泵 30 s 的出水量。

c. 初沉污泥和消化污泥泵房的集水池容积，应按一次排入的污泥量和污泥泵抽送能力计算；活性污泥泵房的集水池容积，应按排入的回流污泥量、剩余污泥量和污泥泵抽送能力计算。

② 在液位控制水泵自动开停的泵站，可以用集水池的来水和每台水泵抽水之间的规律推算出有效容积的基本公式如(3-1)

$$V_{\min} = \frac{T_{\min}Q}{4}$$ (3-1)

式中：$V_{\min}$——集水池最小有效容积(m^3)；

$T_{\min}$——水泵最小工作周期(s)；

Q——水泵流量(m^3/s)。

因此，水泵的最小有效容积与水泵的出水量和允许的最小工作周期成正比。只有单台泵工作时，所选水泵的流量为来水量的 2 倍，则泵的工作周期最短。

③ 水泵工作情况特殊的泵房，如电动机调速运行的泵站可以根据具体情况推算。

④ 水标尺：在集水池侧墙明显的位置设水标尺或液位计，并引入机器间或值班室，以供控制水泵启闭和记录水位时观察之用。

(5) 集水池形式及吸水管布置

① 集水池的形状、尺寸及泵吸水管的布置适当与否，直接影响到水泵的运行状态，特别是立式轴流泵、立式混流泵等叶轮靠近吸水管进口的情况，其影响更大。如果形状和布置不当，池内会因流态紊乱，产生漩涡而卷入空气，从泵的吸水管进入水泵，影响泵的性能，出现气蚀现象，加速水中叶轮的磨损。

② 吸水管布置：为得到较好的吸水效果，应注意以下几点：

a. 要使来水管(渠道)至集水池进口不发生方向上的急剧变化或显著的流速变化，流向集水池的流速最好平均为 0.5～0.7 m/s，不大于 1.0 m/s。

b. 因集水池过宽也会产生漩涡，为防止水发生偏流或回流，应设置整流板(导流板)。

c. 加深吸水管的淹没深度，其最小尺寸见图 3-2 或为吸水管管径的 1.5 倍。

d. 吸水管喇叭口至集水池底距离不宜过大，也不宜过小，否则效率会降低，一般 $0.5D$ 或 $0.8D$，见图 3-2。

③ 集水池形式与吸水管布置，见图 3-3。

④ 池底布置：集水池进水管管底与格栅底边的落差不得小于 0.5 m。以防止淤积的杂物影响过水断面。集水池池底应做成 0.01～0.02 的坡度，坡向吸水坑。吸水坑的深度一般采用 0.5～0.6 m。

⑤ 松动沉渣设备：集水池面积较大(大于 50 m^2)时，应装置松动沉渣设备。如采用离心泵，一般可在水泵出水管上安装回流反冲管，伸入吸水坑内；或在集水池的两侧安装喷嘴射向池底，喷嘴控制阀可设在机器间内以便于操作。设计时应考虑将池角抹成弧形，避免死角。见图 3-4。

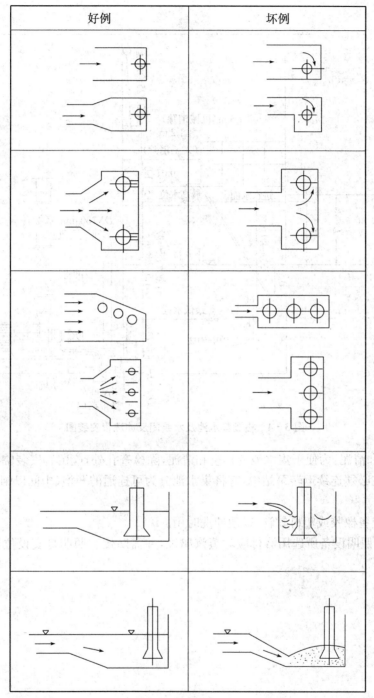

图 3-3 集水池布置形式与吸水管布置

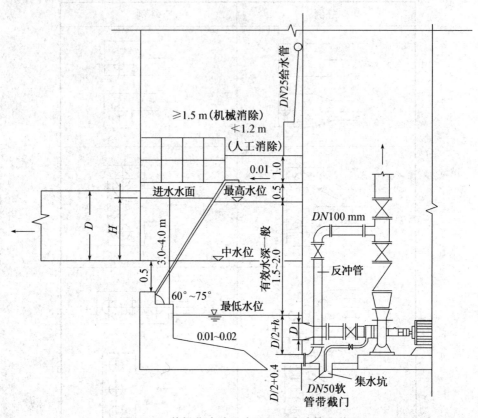

图 3 - 4   格栅集水池及水泵间反冲洗管安装图

⑥ 排空和清泥:为便于集水池的排空和清泥,除检查孔外,应留有安装临时污泥泵的孔洞和位置。在必须连续运转泵站中,宜将集水池分为可连通的两格(中间以闸板分隔),以便检修。

必要时应备橡胶或塑料软管,以便冲洗时用。

⑦ 照明:照明设备所选用器材应耐蒸汽腐蚀,并需防爆。照明灯安设位置要考虑更换的可能性。

第4章 配水井

4.1 设计要点

在污水处理厂中，同一种构筑物的个数不应少于2个，并应考虑均匀配水。污水处理厂的配水设施虽不是主要处理装置，但因其有均衡地发挥各个处理构筑物运行能力的作用，能保证各处理构筑物经济有效的运行，所以均匀配水是污水厂工艺设计的重要内容之一。

（1）配水方式

绝大多数配水设施采用水力配水，不仅构造简单，操作也很方便，无须人员操作即可自动均匀地配水。常见的水力配水设施有对称式、堰式和非对称式。

对称式配水为构筑物个数成双数的配水方式，连接管线可以是明渠或暗管。其特点是管线完全对称（包括管径和长度），从而使水头损失相等。此配水方式的构造和运行操作均较简单，缺点是占地大、管线长，而且构筑物不能过多，否则会使造价增加较多。

堰式配水是污水处理厂常用的配水设施，进水从配水井底中心进入，经等宽度溢流堰流入各个水斗再流向各构筑物。这种配水井是利用等宽度溢流堰的堰上水头相等、过水流量就相等的原理来进行配水。溢流堰可以是薄壁或厚壁的平顶堰。其特点是配水均匀不受通向构筑物管渠状况的影响，即使是长短不同或局部损失不同也能做到配水均匀，因而可不受构筑物平面位置的影响，可以对称布置也可以不对称布置。这种配水井的优点是配水均匀误差小，缺点是水头损失较大。

非对称配水的特点是在进口处造成一个较大的局部损失（如孔口入流等），让局部损失远大于沿程损失，从而实现均匀配水。其优点是构造和操作都较简单，缺点是水头损失大，而且在流量变化时配水均匀程度也会随之变动，低流量时配水均匀度就差，误差也大。

（2）设计要求

① 水力配水设施基本的原理是保持各个配水方向的水头损失相等。

② 配水渠道中的水流速度应不大于1.0 m/s，以利于配水均匀和减少水头损失。

③ 从一个方向和用其中的圆形入口通过内部为圆筒形的管道向其引水的环形配水池。当从一个方向进水时，保证分配均匀的条件是：

a. 应取中心管直径等于引水管直径；

b. 中心管下的环行孔高应取$(0.25\sim0.5)D_3$（D_3为中心管直径）；

c. 当污水从中心管流出时，配水池直径D和中心管直径（D_3）之比（D/D_3）不大于1.5；

d. 在配水池上部必须考虑液体通过宽顶堰自由出流；

e. 当进水流量为设计负荷，配水均匀度误差为$\pm1\%$；当进水流量偏离设计负荷25%时，配水均匀度误差为2.9%。

4.2　算例

【算例1】 堰式配水井设计计算

某污水处理厂近期设计处理污水量为 20 000 m³/d，远期扩至 40 000 m³/d，总变化系数 $K_z=1.3$，旋流沉砂池出水经配水井至 A^2/O 池，A^2/O 池近期先建 2 座，远期扩至 4 座。求堰式配水井的尺寸。

【解】 配水井计算图见图 4-1。

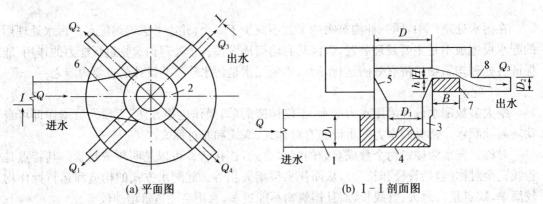

(a) 平面图　　　　　　　　(b) I-I 剖面图

图 4-1　配水井计算图
1—进水管；2—配水池；3—内部为圆形通道；4—锥体倒流嵌入物；
5—配水漏斗；6—配水器；7—堰；8—出水管

（1）进水管管径 D_1

配水井进水管的设计流量为 $Q=1.3×40 000/24=2 166.7$ m³/h，当进水管管径 $D_1=900$ mm 时，查水力计算表，得知 $v=0.95$ m/s，满足设计要求。

（2）矩形宽顶堰

进水从配水井底中心进入，经等宽度堰流入 4 个水斗再由管道接入 4 座后续构筑物，每个后续构筑物的分配水量应为 $q=2 166.7/4=541.7$ m³/h。配水采用矩形宽顶溢流堰至配水管。

（3）堰上水头 H

因单个出水溢流堰的流量为 $q=541.7$ m³/h$=150.5$ L/s，一般大于 100 L/s 采用矩形堰，小于 100 L/s 采用三角堰，本设计采用矩形堰（堰高 h 取 0.5 m）。

（4）矩形堰的流量

$$q=m_0 bH \sqrt{2gH}$$

式中：q——矩形堰的流量，L/S；

$\quad H$——堰上水头，m；

$\quad b$——堰宽，m，取堰宽 $b=1.0$ m；

$\quad m_0=$流量系数，通常采用 $0.327\sim0.332$，取 0.33。

则

$$H=\sqrt[3]{\frac{q^2}{m_0^2 b^2 2g}}=\sqrt[3]{\frac{0.150\,5^2}{0.33^2\times 1.0^2\times 2\times 9.8}}=0.22\text{ m}$$

（5）堰顶厚度 B

根据有关资料，当 $2.5<\dfrac{B}{H}<10$ 时，属于矩形宽顶堰。取 $B=0.6$ m，这时 $\dfrac{B}{H}=2.73$（在 $2.5\sim 10$ 范围内），所以该堰属于矩形宽顶堰。

（6）配水管管径 D_2

设配水管管径 $D_2=450$ mm，流量 $q=541.7$ m³/h。查水力计算表，得知 $v=0.95$ m/s。

（7）配水漏斗上口口径 D

按配水井内径的 1.5 倍设计，$D=1.5D_1=1.5\times 900=1\,350$ mm。

4.3　集配水井

集配水井是集水和配水一体的，所以一般情况下应该在初沉池和二沉池等地方。从工艺流程上集配水井是两个，从建筑设计格局上合二为一。举例来说二沉池的集配水井，从生物池的出水进入集配水井的配水环节实现向多个二沉池均匀配水的目的。沉淀后的二沉池上清液在集配水井集水环节汇合流向下一个工艺单元。

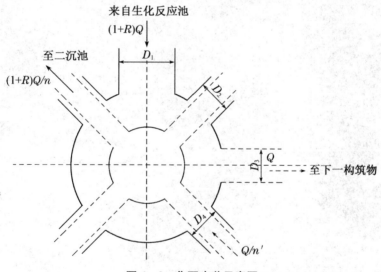

图 4-2　集配水井示意图

来自生化反应池的泥水混合液通过进水管进入集配水井的外环，通过 n 个完全对称的出水管排出，均匀分配至二沉池，达到均匀配水的作用。污水在二沉池中完成泥水分离，部分污泥回流至生化反应池，上清液经出水堰通过污水管汇至集配水井的内圈，完成集水过程，再由总出水管排至下一构筑物。外环与内圈的水位差等于配水过程的沿程水头损失＋二沉池水头损失＋集水过程水头损失。

（1）进水管径 D_1，计算方法与配水井计算方法相同。

(2) 配水管径 D_2 流量为 $(1+R)Q/n$，流速为 $v(v<1.0 \text{ m/s})$，则配水管的断面积 $S=(1+R)Q/nv$，$S=\pi D_1^2/4$，可求出 D_1。

(3) 根据以上方法，可求出从二沉池排水至集配水井内圈的管道直径 D_4，以及排至下一构筑物的管道直径 D_3。

(4) 为防止污水在集配水井中产生於堵，设置污水的上升流速为 $\mu(0.2\sim0.5 \text{ m/s})$，则内环的断面积 $A_1=Q/\mu$，设内圈的直径为 d，$A_1=\pi d^2/4$，可求出 d；外环断面积 $A=(1+R)Q/\mu$，设外环的直径为 D，则 $A=\pi(D^2-d^2)/4$，可求出 D。

(5) 设外环与内圈的水位差为 Δh，由集配水井至二沉池的水头损失为 Δh_1，二沉池中的水头损失为 Δh_2，从二沉池汇至集配水井的沿程水头损失为 Δh_3：

$$\Delta h=\Delta h_1+\Delta h_2+\Delta h_3$$

第5章 泵房设计

5.1 设计要点

5.1.1 选泵

(1) 设计水量、水泵全扬程

① 污水泵站设计流量按最大日、最大时流量计算,并应以进水管最大充满度的设计流量为准。

② 水泵全扬程 H:计算公式为

$$H \geqslant H_1 + H_2 + h_1 + h_2 + h_3 \tag{5-1}$$

式中:H_1——吸水地形高度,m,为集水池经常水位与水泵轴线标高之差;其中经常水位是集水池运行中经常保持的水位,在最高与最低水位之间,由泵站管理单位根据具体情况决定,一般可采用平均水位;

H_2——压水地形高度,m,为水泵轴线与经常提升水位之间高差;其中经常提升水位一般用出水正常高水位;

h_1——吸水管水头损失,m,一般包括吸水喇叭口、90 度弯头、直线段、闸门、渐缩管等,

$$h_1 = \xi_1 \frac{v_1^2}{2g} \tag{5-2}$$

h_2——出水管头损失,m,一般包括渐扩管、止回阀、闸门、短管、90 度弯头(或三通)、直线段等,

$$h_2 = \xi_2 \frac{v_2^2}{2g} \tag{5-3}$$

ξ_1、ξ_2——局部阻力系数(见给水排水设计手册第 1 册《常用资料》);

v_1——吸水管流速,m/s;

v_2——出水管流速,m/s;

g——重力加速度,为 9.81 m/s²;

h_3——安全水头,m,估算扬程时可按 0.5~1.0 m 计,详细计算时应慎用,以免工况点偏移,见图 5-1。

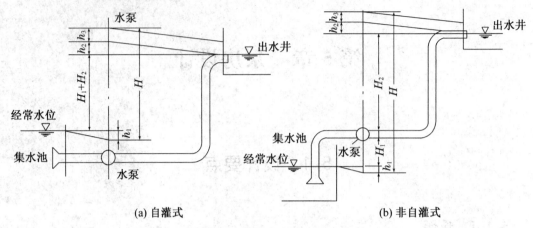

(a) 自灌式　　　　　　　　　(b) 非自灌式

图 5-1　水泵扬程示意

（2）选泵考虑的因素

① 设计水量、水泵全扬程的工况点应靠近水泵的最高效率点。

② 由于水泵在运行过程中，集水池中的水位是变化的，所选水泵在这个变化范围内处于高效区。

③ 当泵站内设有多台水泵时，选择水泵应当注意不但在联合运行时，而且在单泵运行时都应在高效区。

④ 尽量选用同型号水泵，方便维护管理。水量变化大时，水泵台数较多时，采用大小水泵搭配较为合适。

⑤ 远期污水量发展的泵站，水泵要有足够的适应能力。

⑥ 污水泵站尽量采用污水泵，并且根据来水水质，采用不同的材质。

（3）常用污水泵

① WL、WTL 型立式污水泵（又称无堵塞立式污水泵）。

② MN、MF 型立、卧式污水泵。

③ PW、PWL 型卧、立式污水泵。

④ WQ 型潜水污水泵。

⑤ F 型耐腐蚀污水泵。

其中无堵塞污水泵及潜水污泵均为无堵塞、防缠绕叶轮，采用单流道、双流道结构，污物通过能力好；MN 及 MF 系列污水泵的优点是能输送含固体颗粒及含纤维材料的污水；PW 及 PWL 型是传统污水泵。各种水泵均有较宽的性能范围。

（4）污水泵站的调速运行

在污水泵站中，使用微机控制变速与定速水泵组合运行，可以保持进水水位稳定，降低能耗、提高自动化程度，是一项节能的有效方法。

在定速泵站、水泵按额定转速运行，工况点随着进出水水位的变化，只能沿着一条流量——扬程曲线推移，流量调节的范围很窄，无法保证高效；水泵的变速运行是利用调节转速的手段，扩展水泵特性曲线，增加工况点，使一台定速水泵发挥出符合比例定律的一组大小不同水泵的作用。

调速电动机的数量可根据水泵的总台数,来水量变化曲线及水泵压力管路的特性曲线选用,一般常用一台调速电动机配一台水泵,与一台或多台常速电动机配备的水泵同时运转较宜。常速电动机所配水泵每台的容量应小于变速电动机所配水泵最高速率运转时的容量,两者配合运行可较稳定。

(5)水泵启动方式

① 自灌式:污水泵站为常年运转,采用自灌式较多,启动及时,管理简便,尤其对开停比较频繁的泵站,使用自灌式较好。

② 非自灌式:污水泵站工作泵及备用泵数量可按表 5-1 选用。

表 5-1　污水泵站工作泵及备用泵数量

类别	工作泵台数(台)	备用泵台数(台)	类别	工作泵台数(台)	备用泵台数(台)
同一型号	1~4 5~6 >6	1 1~2 2	两种型号	1~4 5~6 >6	1 2(各1) 2(各1)

注:非常年运转的泵站,备用泵可放置仓库里。

5.1.2　泵房形式选择

(1)泵房形式选择的条件

① 由于污水泵站一般为常年运转,大型泵站多为连续开泵,小型泵站除连续开泵运转外,亦有定期开泵间断性运转,故选用自灌式泵房较方便。只有在特殊情况下才选用非自灌式泵房。

② 流量小于 2 m^3/s 时,常选用下圆上方形泵房,其设计和施工均有一定经验,故被广泛选用。

③ 大流量的永久性污水泵站,选用矩形(或组合形)泵房,由于工艺布置合理,管理方便。

④ 分建与合建式泵房的选用,一般自灌启动时应采用合建式泵房;非自灌启动或因地形地物受到一定限制时,可采用分建式泵房。

⑤ 日污水量在 500 m^3 以下时,如某些仓库、铁路车站、人数不多的单位、宿舍,可选用较简便的小型泵站。

(2)小型污水泵站的部分组成

① 沉渣井:沉渣井直径为 1.0 m,沉渣部分深度 0.5~1.0 m,有效沉渣容积可达 0.7 m^3,清掏工作可在地面进行。与集水池连通的进水管设铁算子。

② 集水池:集水池直径为 3.0 m;容积为 10.0 m^3,一般比规范规定的较大,主要考虑平时可不设值班人员,定期开泵。集水池有效深度 1.5 m,为满足水泵吸程,要求集水池自最低水位至泵轴不超过 5.5 m。池内设通风孔,通至室外。上下设人孔、爬梯。

③ 水泵间:水泵间设在集水池上,采用 2 台 50WL-12 型或 65WL-12 型液下立式污水泵(或采用 2 $\frac{1}{2}$ PWL 型立式污水泵),其中一台工作一台备用。水泵间顶部装有起吊用钢

梁,墙壁设通气孔、烟道孔。

　　④ 出水井:出水井在寒冷地区为了便于养护,可设成一门与泵房连通的防冻井。

　　⑤ 值班室、配电间,可根据需要配置。操作分手动、电动两种。小型污水泵站,见图5-2。

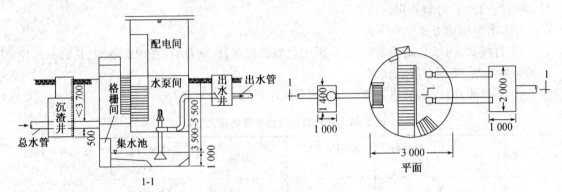

图 5-2　小型污水泵站

5.1.3　构筑物及附属建筑

(1) 污水泵站构筑物:按流程见图5-3:

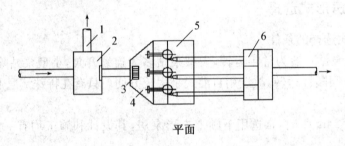

平面

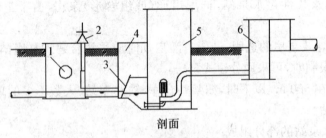

剖面

图 5-3　污水泵站组成示意

1—事故出水口;2—闸门井;3—格栅间;4—集水池;5—机械间;6—出水池

　　(2) 附属建筑

　　一般根据泵站规模、污水量大小、控制方式、所在位置及其重要性等因素而定。

　　① 经常有人管理的泵房应设值班室,值班室应设在机器间一侧,有门相通或设置观察窗,并根据运行控制要求设置控制屏(或控制台)和配电柜。其面积约为 $12\sim18\ m^2$,能满足 $1\sim2$ 人值班,常年运转或远郊区,应安设电话。

　　② 设工作人员的休息室,可按 $12\sim15\ m^2$ 考虑。

③ 设置水冲式厕所，备有洗手盆及拖布池。根据需要可加设淋浴器。

④ 大中型泵站应设储藏室 12～20 m²。

⑤ 根据需要设置厨房和煤棚。

⑥ 泵站若为几个泵站的集中点，尚可加设小型会议室（30 m²）、修配间（15～20 m²）和淋浴室，为附近几个泵站服务。

5.2　算例

【算例 1】　自灌式（见图 5-4）

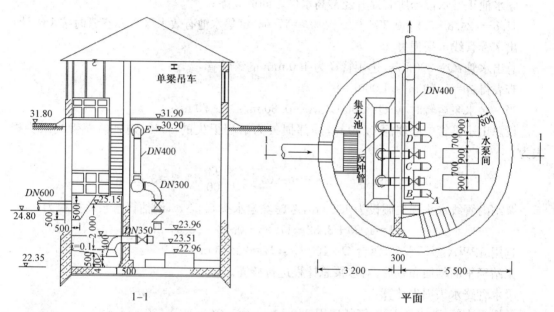

图 5-4　自灌式污水泵房

（1）城市人口为 80 000 人，生活污水量定额为 135 L/（人·d）。

（2）进水管管底高程为 24.80 m，管径 DN600，充满度 H/DN=0.75。

（3）出水管提升后的水面高程为 41.80 m，经 320.00 m 管长至处理构筑物。

（4）泵房选定位置不受附近河道洪水淹没和冲刷，原地面高程为 31.80 m。

（5）地质条件为砂黏土，地下水位高程为 29.30 m，最低为 28.00 m，地下水无侵蚀性，土壤冰冻深度为 0.70 m。

（6）供电电源为两个回路双电源（因无法设事故排出口），电源电压为 10 kV。

【解】

平均秒流量：

$$Q=\frac{135\times 80\,000}{86\,400}=125\ \text{L/s}$$

最大秒流量：

$$Q_1=QK_2=125\times 1.59=199\ \text{L/s}$$

取 200 L/s。

选择集水池与机器间合建式的圆形泵站,考虑 3 台水泵(其中一台备用),每台水泵的容量为 $\frac{200}{2}=100$ L/s。

集水池溶剂,采用相当于一台泵 6 min 的容量:

$$W=\frac{100\times60\times6}{1\,000}=30 \text{ m}^3$$

有效水深采用 $H=2$ m,则集水池面积为 $F=18 \text{ m}^2$

选泵前总扬程估算:

经过格栅的水头损失为 0.1 m

集水池正常水位与所需提升经常高水位之间的高差:

$41.8-(24.8+0.6\times0.75-0.1-1.0)=17.65$ m(集水池有效水深 2 m,正常时按 1 m 计)

出水管管线水头损失:

总出水管:$Q=200$ L/s,选用管径为 400 mm 的铸铁管

查表得:$v=1.59$ m/s,$1\,000i=8.93$ m

当一台水泵运转时 $Q=100$ L/s,$v=0.80$ m/s>0.70 m/s

设总出水管管中心埋深 0.90 m,局部损失为沿程损失的 30%,则泵站外管线水头损失为

$$\left[320+(39.80-31.80+0.90)\right]\times\frac{8.93}{1\,000}\times1.3=3.82 \text{ m}$$

泵站内管线水头损失假设为 1.50 m,考虑安全水头 0.50 m,则估算水泵总扬程为

$$H=1.50+3.82+17.65+0.50=23.47 \text{ m}$$

选用 6PWA 型污水泵,每台 $Q=100$ L/s,$H=23.30$ m

泵站经平面剖面布置后,对水泵总扬程进行核算。

吸水管路水头损失计算:

每根吸水管 $Q=100$ L/s,管径选用 350 mm,$v=1.04$ m/s,$1\,000i=4.62$

根据图 5-4 所示:

直管部分长度 1.20 m,喇叭口($\xi=0.1$)DN350×90°弯头一个($\xi=0.5$),DN350 闸门一个($\xi=0.1$),DN350×DN150 渐缩管(由大到小)($\xi=0.25$);

沿程损失:

$$1.20\times\frac{4.62}{1\,000}=0.005\,6 \text{ m}$$

局部损失:

$$(0.1+0.5+0.1)\frac{1.04^2}{2g}+0.25\times\frac{5.7^2}{2g}=0.453 \text{ m}$$

吸水管路水头总损失:$0.453+0.006=0.459\approx0.46$ m

出水管路水头损失计算:

每根出水管 $Q=100$ L/s,选用 300mm 的管径,$v=1.41$ m/s,$1\,000i=10.2$,以最不利点 A 为起点,沿 A、B、C、D、E 线顺序计算水头损失。

$A\sim B$ 段:

$DN150\times DN350$ 渐扩管 1 个($\xi=0.375$),$DN300$ 止回阀 1 个($\xi=1.7$),$DN350\times90°$弯头 1 个($\xi=0.5$),$DN300$ 阀门 1 个($\xi=0.1$):

局部损失:

$$0.375\times\frac{5.7^2}{19.62}+(1.7+0.5+0.1)\times\frac{1.41^2}{19.62}=0.85\text{ m}$$

$B\sim C$ 段(选 $DN400$ 管径,$v=0.8$ m/s,$1\,000i=2.37$):

沿程损失:

$$0.78\times\frac{2.37}{1\,000}=0.002\text{ m}$$

局部损失:

$$1.5\times\frac{1.41^2}{19.62}=0.152\text{ m}$$

$C\sim D$ 段(选 $DN400$ 管径,$Q=200$ L/s,$v=1.59$ m/s,$1\,000i=8.93$):

直管部分长度 0.78 m,丁字管 1 个($\xi=0.1$):

沿程损失:

$$0.78\times\frac{8.93}{1\,000}=0.007\text{ m}$$

局部损失:

$$0.1\times\frac{1.59^2}{19.62}=0.013\text{ m}$$

$D\sim E$ 段:

直管部分长 5.5 m,丁字管 1 个($\xi=0.1$),$DN400$ mm$\times90°$弯头 2 个($\xi=0.6$):

沿程损失:

$$5.5\times\frac{8.93}{1\,000}=0.049\text{ m}$$

局部损失:

$$(0.1+0.6\times2)\times\frac{1.59^2}{19.62}=1.13\times0.129=0.168\text{ m}$$

出水管路水头总损失:

$$3.82+0.85+0.002+0.152+0.007+0.013+0.049+0.168=5.061\text{ m}$$

则水泵所需总扬程(不再加安全水头):

$$H=0.46+5.016+17.65=23.171\text{ m}$$

故选用 6PWA 水泵是合适的。

【算例 2】　非自灌式(见图 5-5)

(1) 进水管管径 $DN700$mm,充满度 $h/DN=0.75$,坡度 $i=0.0015$,流速 $v=0.98$ m/s,设计流量 $Q=300$ L/s,进水管管底标高 54.575 m。

(2) 出水管提升后排入灌渠,灌渠距泵房 23 m,灌渠水面 67.00 m。

(3) 泵房位置不受洪水淹没,原地面标高为 59.50 m。

(4) 地质情况为粘砂土,地下水位为 55.00～53.00 m,土壤冰冻深度为 0.70 m。

(5) 供电为单电源。设有溢流口,在停电或发生故障时可溢流至附近排洪沟,沟底标高为 55.10 m。

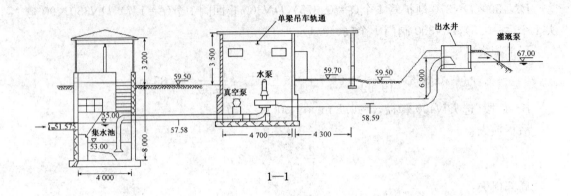

1—1

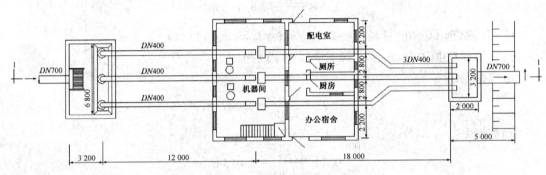

图5-5 非自灌式污水泵房

【解】

按进水管设计流量 $Q=300$ L/s,设 3 台水泵(其中 1 台备用),每台水泵的容量为 $300/2=150$ L/s。

集水池选用方形,与机器间分建。集水池容积,采用相当于 1 台泵 6 min 的容量:

$$W=\frac{150\times60\times6}{1\,000}=54\ \mathrm{m}^3$$

有效水深采用 2.00 m,则集水池面积:

$$F=\frac{54}{2.00}=27.00\ \mathrm{m}^3$$

集水池尺寸:宽度采用 4.00 m,长度为 $27/4=6.75$ m,采用 6.80 m。

选泵前总扬程估算:

经过格栅的水头损失为 0.10 m

集水池正常水位与灌渠水位差为

$$67.00-(54.575+0.70\times0.75-0.10-1.00)=13.00\ \mathrm{m}$$

(集水池有效水深 2.00 m,正常时按 1.00 m 计)

出水管水头损失:按每台有单独的出水管计:$Q=150$ L/s,选用管径 $DN400$ 的铸铁管。

已知 DN、Q,可求得:

$$v=1.19\ \mathrm{m/s},1\,000i=5.04$$

出水管水头损失为

沿程损失:$(6.9+18)\times0.005\,04=0.125\ \mathrm{m}$

局部损失按沿程损失的 30% 为 0.125×0.3＝0.038 m

吸水管水头损失为

沿程损失：(4.99＋12)×0.005 04＝0.086 m

局部损失：0.086×30%＝0.026 m

吸水管吸程按 5.70 m 计。

则泵轴高程：53.00＋5.70－0.086－0.026＝58.588≈58.59 m

吸水管水平段管底高程：58.59－0.41－0.4－0.2＝57.58 m

总扬程：

67.00＋0.70－0.20－53.00－1.00＋0.086＋0.026＋0.125＋0.038＝13.775 m

选泵：选用 8PWL 型立式污水泵，流量 $Q＝150$ L/s；扬程 $H＝13.50$ m；真空度 $H_s＝6.00$ m；水泵进口 $DN250$；水泵出口 $DN200$；功率 40 kW。

根据泵站布置，对水泵总扬程及吸程进行核算：

(1) 吸水高度（指泵轴中心至最低水位距离）：

$$H_s＝H_s'＋(H_q－10)－h_1－\frac{v_1^2}{2g}＋(0.24－H_z)(\text{m}) \tag{5-4}$$

式中：H_s'——泵样本吸水真空高度，m；

H_q——大气压力，MPa；

H_z——饱和蒸汽压力水头，m；

g——重力加速度 9.81 m/s²；

v_1——水泵吸入口的流速，m/s；

0.24——水温为 20 ℃时的饱和蒸汽压力水头，MPa；

h_1——吸水管路全部水头损失，m。

$\sum\xi_{吸}$：无底阀滤水网 $DN＝400$，$\xi＝3$；90°铸铁弯头 2 个、$DN400$，$\xi＝0.6$；偏心渐缩管 $DN400×DN250$，$\xi＝0.19$

$$h_1＝0.005\,4×(4.99＋12)＋(3＋2×0.6＋0.19)×\frac{1.19^2}{19.62}＝0.403\text{ m}$$

$$H_s＝H_s'＋(H_q－10)－h_1－\frac{v_1^2}{2g}＋(0.24－H_s)$$

$$＝6＋(10.25－10)－0.403－\frac{1.19^2}{19.62}＋(0.24－0.24)＝5.77\text{ m}$$

(2) 总扬程

$$H＝h_1＋h_2＋h_3' \tag{5-5}$$

式中：h_2——出水管路全部水头损失，m；

h_3'——集水池最低水位与灌渠水位差；

$\sum\xi_{出}$：偏心渐扩管 $DN250×DN400$，$\xi＝0.24$

90°弯头 $DN400$（2 个），$\xi＝0.48$

45°弯头 $DN400$（2 个），$\xi＝0.30$

活门（拍门），$\xi＝1.70$（开启 70°）

$$h_2＝0.004\,6×(18＋6.9)＋(0.24＋0.48×2＋1.7＋0.3×2)×\frac{1.19^2}{19.62}＝0.374\text{ m}$$

$$h_3' = h_3 + D = 65.00 - 53.00 + 0.7 - 0.2 = 12.50 \text{ m}$$
$$H = 0.403 + 0.374 + 12.50 = 13.277 \text{ m}$$

5.3 泵房平面布置及高度

（1）泵房机器间平面布置

① 机器间

机器间布置应满足设备安装、运行、检修的要求，要有良好的运输、巡视和工作的条件，符合防火、防噪声及采光的技术规定，做到管理方便、安全可靠、整齐美观。

a. 机器间的平面尺寸

主要决定于设计水量、所选水泵的型号和数目、管件的布置、起重条件以及泵站的深度，要求对地面和空间充分利用，为保证管理人员的同行和水泵的拆卸安装，泵站机器间布置应符合有关规定，机组的一般布置尺寸见表5-2。

表5-2 机组布置间距

序号	布置情况	最小距离	一般采用距离
1	两相邻机组基础间的净距： (1) 电动机容量≤55 kW时 (2) 电动机容量＞55 kW时 (3) 轴流泵和混液泵泵轴间距	不得＜0.8 m 不得＜1.2 m 应为口径的3倍	1.0～1.2 m 1.5～1.6 m
2	无吊车起重设备的泵房	至少在每个机组的一侧应有比机组宽度大0.5 m的通道，但不得小于1条之规定	
3	相邻两机组突出基础部分的间距（或与墙的间距）	应保证水泵及电动机能在检修时方便拆卸，并不得小于1条之规定	
4	作为主要通道的宽度	不得＜1.2 m	1.5～2.0 m
5	配电盘前面的通道宽度 (1) 低压配电时 (2) 高压配电时 当采用在配电盘后面检修时	不得＜1.5 m 不得＜2.0 m 距后墙不得＜1.0 m	1.5～1.6 m 2.0～2.2 m 1.0 m
6	有桥式吊车设备的泵房内应有吊运设备的通道	应保证吊车运行时，不影响管理人员通行	吊装最大部件尺寸加0.8～1.0 m
7	设专用装修点时	应根据机组外形尺寸决定，并应在周围设有不小于0.7 m的通道	周围设有0.7～1.0 m的通道
8	辅助泵（真空泵、排水泵等）	利用泵房内的空间不增加泵房尺寸，可靠墙设置，只需一边留出通道	

b. 地面式泵房高度

高度是指泵房室内地面与屋顶梁底距离。泵房内不设吊车时,泵房高度以满足临时架设起吊设备和采光通风的要求为原则,一般不小于 3 m。泵房内设吊车时,其高度通过计算确定。辅助用房的高度一般采用 3 m。

地面式泵房(见图 5 - 6)

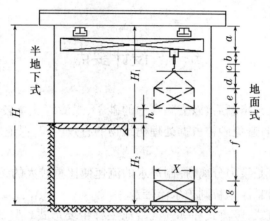

图 5 - 6　设有单梁悬挂式吊车的地面式和地下式泵房高度简图

$$H=a+b+c+d+e+f+g \qquad (5-6)$$

式中：H——泵房高度,m;

a——单轨吊车梁的高度,m;

b——起吊设备净高,m;

c——起重葫芦在钢丝绳绕紧状态下的长度,m;

d——起重绳的垂直长度(对于水泵为 0.85X,对于电动机为 1.2X,X 为起重部件宽度),m;

e——最大一台水泵或电动机的高度,m;

f——吊起物底部和最高一台机组顶部的距离(一般不小于 0.5 m);

g——最高一台水泵或电动机顶至室内地坪的高度,m。

其中,a、b、c、d 值的选择参见《给水排水设计手册》第 11 册:常用设备中的起重设备。

其中,e、g 则根据选择水泵样本、型号确定。

其中,f 高度值应注意将水泵提升至检修车上。

第6章 沉砂池

6.1 设计要点

沉砂池通常设置在细格栅后,以去除水中的砂子、煤渣等比重较大的无机颗粒;保护水泵叶轮和管道不被磨损;避免砂粒占据处理构筑物的有效容积;保证后续处理构筑物及设备的正常运行。

沉砂池的工作原理是重力分离,控制进水的流速使比重较大的无机颗粒下沉,而比重较小的无机颗粒以及有机悬浮颗粒则被水流带走。

沉砂池可分为平流式、竖流式和曝气沉砂池三种主要形式。竖流式沉砂池是污水自下而上由中心管进入池内,无机颗粒借助重力沉于池底,处理效果较差,很少在污水厂中使用。目前国内外普遍采用的是平流式沉砂池、曝气沉砂池、旋流式沉砂池(钟氏及比氏)等。传统的平流式沉砂池越来越多地被曝气沉砂池所代替,而旋流式沉砂池越来越多地在城市污水处理厂中得到应用。

平流式沉砂池、曝气沉砂池和旋流式沉砂池的特点及适用场合如表6-1所示。

表6-1 目前常用的沉砂池的特点及适用场合

池型	优点	缺点	适用场合
平流式	截流效果好,工作稳定,构造简单	当进水波动较大时,对砂粒的去除效果很难保证。同时由于不具备分离砂粒上有机物的能力,对于脱除的砂粒必须进行专门的砂洗	一般的城市污水处理厂
曝气沉砂池	可以通过调节曝气量来控制污水的旋流速度,有良好的耐冲击性,除砂效果受流量变化的影响较小;通过曝气形成水的旋流产生洗砂作用,有利于实现砂粒与粘附其上的有机物的分离,避免脱除的沉砂发生腐败,利于沉砂的干燥脱水;对污水起到预曝气、脱臭、防止污水发生厌氧分解	实际运行中曝气量的调节难以掌握,气量过大虽能将砂粒冲洗干净,却会降低细小砂粒的去除率;过小又无法保证足够的旋流速度,起不到曝气沉砂的作用。实际运行中往往会存在过度曝气的问题,浪费能量。另外,曝气沉砂池的操作环境较差,特别是夏季对空气的污染较大。此外,如果不设消泡设施,可能会有泡沫产生溢出池体污染环境	当主体生物处理工艺对有机物的含量有要求时(如厌氧法、生物脱氮除磷等);水量变化较大的污水处理厂,目前比较常用

池型	优点	缺点	适用场合
旋流式沉砂池	占地省、操作环境好、设备运行可靠、除砂效率高,有利于实现砂粒与有机物分离	对进水流速有一个范围要求,对于水量的变化有较严格的适用范围,以保证砂粒不沉积。对细格栅的运行效果要求较高,如果格栅运行不正常,带入的布条、树枝等易导致搅拌桨的损坏、排砂设备及管路的堵塞,导致设备无法正常运行。由于目前国内采用的旋流沉砂池多为国外产品,造价较高	目前较常用,尤其适用于主体工艺对有机物的含量有要求的场合(如厌氧法、生物脱氮除磷等)

6.2　平流沉砂池

6.2.1　设计原则

(1) 城市污水处理厂一般均应设沉砂池。

(2) 沉砂池的设计流量:

① 当污水自流进入时,应按最大设计流量计算;

② 当污水由泵房提升进入时,应按水泵的最大组合流量计算。

(3) 沉砂池的个数或分格数不应少于 2 个,并应按并联方式设计。当污水量较小时,可一格工作,一格备用。

(4) 城市污水的沉砂量可按 30 m^3 沉砂/(10^4 m^3 污水)计算,含水率为 60%,容重为 1 500 kg/m^3。

(5) 砂斗容积应按不大于 2 日的沉砂量计算,斗壁与水平面的倾角不宜小于 55°。

(6) 除砂一般采用机械方法,排砂管直径不应小于 200 mm。

(7) 沉砂池的超高不宜小于 0.3 m。

6.2.2　设计参数与设计计算

平流式沉砂池采用分散性颗粒的沉淀理论设计,只有当污水在沉砂池中的停留时间大于砂粒沉降时间,才能够实现砂粒的截留。因此,沉砂池的池长按照水流的水平流速和砂粒在污水中的停留时间来确定。

平流式沉砂池的上部实际是加宽的明渠,池体的前后两端各设有闸门以控制水流进出;池子底部设有 1~2 个砂斗,砂斗下接排砂管。图 6-1 是典型的平流式沉砂池构型。

(1) 设计参数

① 最大流速为 0.3 m/s,最小流速为 0.15 m/s;

② 最大流量时停留时间不小于 30 s,一般采用 30~60 s;

③ 有效水深不应大于 1.2 m,一般采用 0.25~1 m,每格宽度不宜小于 0.6 m;

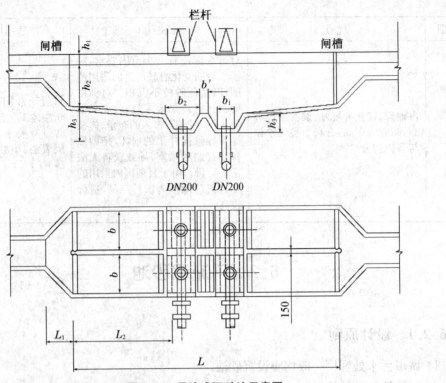

图 6-1 平流式沉砂池示意图

④ 进水头部都应采取消能和整流措施;

⑤ 池底坡度一般为 0.01~0.02,当设置除砂设备时,可根据设备要求考虑池底形状。

(2) 设计计算

当有砂粒沉降资料时,可按砂粒平均沉降速度计算。而在一般情况下没有砂粒沉降资料时,按照以下方法进行计算,各符号参见图 6-1:

① 池长 L

$$L = vt \tag{6-1}$$

式中:v——最大设计流量时的流速,m/s;

t——最大设计流量时的停留时间,s。

② 水流断面积 A

$$A = Q_{max}/v \tag{6-2}$$

式中:Q_{max}——最大设计流量,m³/s。

③ 池宽 B

$$B = A/h_2 \tag{6-3}$$

式中:h_2——设计有效水深,m。

④ 贮砂斗所需容积 V

$$V = \frac{Q_{max}XT \cdot 86\,400}{K_z \cdot 10^6} \tag{6-4}$$

式中:X——城市污水的沉砂量,一般采用 30 m³ 沉砂/(10^6 m³ 污水);

T——排除沉砂的间隔时间，d；

K_z——生活污水流量的总变化系数。

⑤ 贮砂斗尺寸计算

可以通过关于 h_3' 和 b_2 的方程组来求解。

设贮砂斗底宽 $b_1 = 0.5$ m；斗壁和水平面的夹角为 $60°$；则贮砂斗的上口宽 b_2：

$$b_2 = \frac{2h_3'}{\tan 60°} + b_1 \qquad (6-5)$$

贮砂斗的高度 h_3'：

$$h_3' = \frac{3V}{S_1 + S_2 + \sqrt{S_1 S_2}} \qquad (6-6)$$

式中：S_1，S_2——分别为贮砂斗上口和下口的面积，m²。

⑥ 贮砂室的高度 h_3

设采用重力排砂，池底坡度为 6％坡向砂斗，则

$$h_3 = h_3' + 0.06 L_2 = h_3' + 0.06(L - 2b_2 - b')/2 \qquad (6-7)$$

⑦ 池总高度 h

$$h = h_1 + h_2 + h_3 \qquad (6-8)$$

式中：h_1——超高，m。

⑧ 验算最小流速 v_{min}

$$v_{min} = \frac{Q_{min}}{n_1 A_{min}} \qquad (6-9)$$

式中：Q_{min}——最小设计流量，m³/s；

n_1——最小流量时工作的沉砂池数目，个；

A_{min}——最小流量时沉砂池的水流断面面积，m²。

6.2.3　算例

【算例 1】　平流式沉砂池设计与计算

某城市污水处理厂的最大设计流量为 $Q_{max} = 0.25$ m³/s，最小设计流量为 $Q_{min} = 0.10$ m³/s，总变化系数 $K_z = 1.50$，求平流沉砂池（见图 6-1）各部分尺寸。

【解】

设 $v = 0.25$ m/s，$t = 30$ s

(1) 池体长度：

$L = vt = 0.25 \times 40 = 10.00$ m

(2) 水流断面积：

$$A = \frac{Q_{max}}{v} = \frac{0.25}{0.25} = 1.00 \text{ m}^2$$

(3) 池总宽度：

设 $n = 2$ 格，每个格宽 $b = 0.60$ m

$$B = nb = 2 \times 0.60 = 1.20 \text{ m}$$

(4) 有效水深：

$$h_2 = \frac{A}{B} = \frac{1.00}{1.20} = 0.84 \text{ m}$$

(5) 沉砂室所需容积:设 $T = 2$ d,

$$V = \frac{Q_{max} X T \times 86\,400}{K_z \times 10^6} = \frac{0.25 \times 30 \times 2 \times 86\,400}{1.50 \times 10^6} = 0.87 \text{ m}$$

(6) 每个沉砂斗容积:设每一分格有 2 个沉砂斗,

$$V_0 = \frac{0.87}{2 \times 2} = 0.22 \text{ m}^3$$

(7) 沉砂斗各个部分尺寸:设斗宽 $b_1 = 0.50$ m,斗壁与水平面的倾角为 $55°$,斗高 $h'_3 = 0.35$ m。

沉砂斗上口宽:$b_2 = \dfrac{2h'_3}{\tan 55°} + b_1 = \dfrac{2 \times 0.35}{\tan 55°} + 0.50 = 1.00$ m

沉砂斗容积:

$$V_0 = \frac{h'_3}{6}(2b_2^2 + 2b_1 b_2 + 2b_1^2) = \frac{0.35}{6}(2 \times 1.00^2 + 2 \times 1.00 \times 0.50 + 2 \times 0.50^2) = 0.20 \text{ m}^3$$

(8) 沉砂室高度:采用重力排砂,设池底坡度为 0.06,坡向砂斗,

$$h_3 = h'_3 + 0.06 L_2 = 0.35 + 0.06 \times 2.65 = 0.51 \text{ m}$$

(9) 池总高度:设超高 $h_1 = 0.30$ m,

$$H = h_1 + h_2 + h_3 = 0.30 + 0.84 + 0.51 = 1.65 \text{ m}$$

(10) 验算最小流速:在最小流量时,只用一格工作($n_1 = 1$)

$$v_{min} = \frac{Q_{min}}{n_1 \omega_{min}} = \frac{0.125}{1 \times 0.6 \times 0.84} = 0.25 \text{ m/s} > 0.15 \text{ m/s}$$

6.3 曝气沉砂池

曝气沉砂池的常见构造如图 6-2 所示。

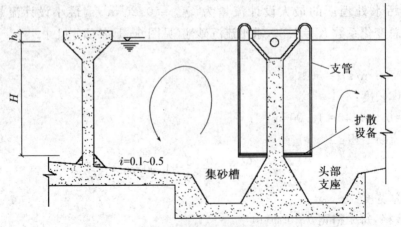

图 6-2 曝气沉砂池示意图

曝气沉砂池是在一个长形廊道的一侧安装曝气装置,池底设有沉砂斗,并有 0.1～0.5 的坡度以利于砂粒滑入砂斗。必要时可在曝气的一侧安装挡板来形成回流作用。

污水经过沉砂池存在两种运动形式,一是水流原来的水平流动,同时由于曝气作用,水流在横断面上形成旋转运动,因此水流整体上产生螺旋前进的运动形式。由于曝气及水流的旋转作用,污水中的悬浮颗粒相互碰撞,摩擦,并受到上升气泡的冲刷作用,使粘附在砂粒上的有机物得以分离并被水流带走,减少了对污水中有机物含量的损失。最终沉于池底的砂粒较为纯净,有机物的含量只有 5% 左右,长期搁置也不会发生腐败。

实际运行中,可以通过调节空气供给量来调节曝气强度,从而控制池中污水的旋流速度。曝气沉砂池的这一特点,使其具有良好的耐冲击性,对于流量波动较大的污水处理厂较为适用。

6.3.1　设计参数

(1) 设计参数
① 旋流速度应保持 0.25～0.30 m/s;
② 水平流速为 0.10 m/s;
③ 最大流量时停留时间为 1～3 min;
④ 有效水深为 2～3 m,宽深比一般采用 1～1.5;
⑤ 长宽比可达 5,当池长比池宽大得多时,应考虑设置横向挡板;
⑥ 每 1 m³ 污水的曝气量为 0.2 m³ 空气;
⑦ 空气扩散装置设在池的一侧,距池底约 0.6～0.9 m,送气管应设置调节气量的闸门;
⑧ 池子的形状应尽可能不产生偏流或死角,在集砂槽附近可安装纵向挡板;
⑨ 池子的进口和出口布置,应防止发生短路,进水方向应与池中旋流方向一致,出水方向应与进水方向垂直,并宜考虑设置挡板;
⑩ 池内应考虑设消泡装置。

6.3.2　设计计算

(1) 池子总的有效容积 V
$$V=Q_{max}t$$
式中:Q_{max}——最大设计流量,m³/s;
　　t——最大设计流量时的停留时间,s。
(2) 水流断面积 A
$$A=Q_{max}/v_1$$
式中:v_1——最大设计流量时的水平流速,一般采用 0.08～0.12 m/s。
(3) 池总宽度 B
$$B=A/h_2$$
式中:h_2——设计有效水深,m。
(4) 池长 L
$$L=V/A$$
(5) 每小时所需空气量 q

$$q = dQ_{\max} \cdot 3\,600$$

式中:d——每 1 m³ 污水所需空气量,一般采用 0.2 m³/(m³ 污水)。

6.3.3 算例

【算例 1】 曝气沉砂池设计与计算

某城市污水处理厂最大的设计流量为 $Q_{\max} = 1.5$ m³/s,求曝气沉砂池各部分尺寸(见图 6-3)。

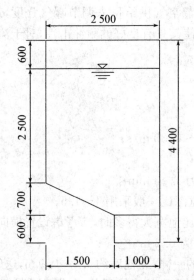

图 6-3 曝气沉砂池示意图(单位:mm)

【解】

(1) 池子总有效容积:设 $t = 2$ min,

$$V = Q_{\max} t \times 60 = 1.5 \times 2 \times 60 = 180 \text{ m}^3$$

(2) 水流断面积:$A = \dfrac{Q_{\max}}{v} = \dfrac{1.5}{0.1} = 15.0$ m²

(3) 沉砂池设 2 个格,每格断面尺寸如图 6-3 所示,池宽为 2.5 m,池底坡度为 0.5,超高为 0.6 m,全池总高为 4.4 m。

(4) 池长:$L = \dfrac{V}{A} = \dfrac{180}{15} = 12$ m

(5) 每格沉砂池沉砂斗容量:$V_0 = 0.6 \times 1.0 \times 12 = 7.2$ m³

(6) 每格沉砂池实际沉砂量:设含砂量为 20 m³/10⁶ m³ 污水,每 2 天排砂 1 次,

$$V_0' = \frac{20 \times 0.6}{10^6} \times 86\,400 \times 2 = 2.1 \text{ m}^3 < 7.2 \text{ m}^3$$

(7) 每小时所需的空气量:设曝气管浸水深度为 3.0 m,单位池长所需空气量为 28 m³/(h·m),

$$q = 28 \times 12 \times (1 + 15\%) \times 2 = 772.8 \text{ m}^3$$

式中(1+15%)为考虑到进出口条件而增加的池长。

6.4　旋流式沉砂池

近年来新建的污水处理厂中,旋流式沉砂池得到了越来越多的应用。

旋流式沉砂池是通过旋流式水流的剪切力将无机颗粒表面的有机物去除,实现砂粒与粘附其上的有机污染物的分离,沉砂中有机物含量较低。

沉砂由砂泵经砂抽吸管和排砂管清洗后排除,清洗水回流至沉砂区,净砂卸入汽车外运。图6-4所示是一种比较典型的旋流式沉砂池。

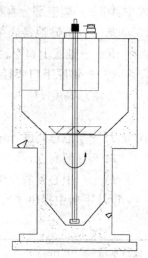

图6-4　旋流沉砂池示意图

6.4.1　设计参数

① 最大流速为0.10 m/s,最小流速为0.02 m/s;

② 最大流量时,停留时间不小于20 s,一般采用30～60 s;

③ 进水管最大流速为0.3 m/s。

6.4.2　设计计算

① 进水管直径 d

$$d=\sqrt{\frac{4Q_{max}}{\pi v_1}}$$

式中:d——进水管直径,m;

$\quad v_1$——污水在中心管内的流速,m/s;

$\quad Q_{max}$——最大设计流量,m³/s。

② 沉砂池直径 D

$$D=\sqrt{\frac{4Q_{max}(v_1+v_2)}{\pi v_1 v_2}}$$

式中:D——沉砂池直径,m;

$\quad v_1$——污水在中心管内的流速,m/s;

$\quad v_2$——池内水流上升流速,m/s。

③ 水流部分高度 h_2

$$h_2=v_2 t$$

④ 沉砂部分所需容积 V

$$V=\frac{Q_{max}XT86\,400}{K_z\,10^6}$$

式中:V——沉砂部分所需容积,m³;

$\quad X$——城市污水沉砂量;

$\quad T$——2次清除沉砂相隔的时间,d;

K_z——生活污水流量总变化系数。

⑤ 圆截锥部分实际容积 V_1

$$V_1 = \frac{\pi h_4}{3}(R^2 + Rr + r^2)$$

式中:V_1——圆锥部分容积,m^3;

  h_4——沉砂池锥底部分高度,m;

  R——锥底上口半径,m;

  r——锥底下口半径,m。

⑥ 池总高度 H

$$H = h_1 + h_2 + h_3 + h_4$$

式中:H——池总高度,m;

  h_1——超高,m;

  h_3——中心管底至沉砂砂面的距离,一般采用 0.25 m。

设计手册中提供了旋流沉砂池的设计参数表(表6-2)供参考。

表6-2 旋流沉砂池规格参数表

设计水量($\times 10^4$ m^3/d)	0.38	0.95	1.50	2.65	4.50	7.60
沉砂池直径(m)	1.83	2.13	2.44	3.05	3.66	4.88
沉砂池深度(m)	1.12	1.12	1.22	1.45	1.52	1.68
砂斗直径(m)	0.91	0.91	0.91	1.52	1.52	1.52
砂斗深度(m)	1.52	1.52	1.52	1.68	2.03	2.08
驱动机构(W)	0.56	0.86	0.86	0.75	0.75	1.50
桨板转速(r/min)	20	20	20	14	14	13

第7章 初次沉淀池

7.1 设计要点

初次沉淀池简称初沉池,用于生物处理法中作预处理,去除比重较大的有机悬浮固体。对于一般的城市污水,初沉池可以去除 30% 的有机物和 55% 的悬浮物。

初沉池有五个部分组成,即进水区、出水区、沉淀区、贮泥区和缓冲区。进水区和出水区的功能是使水流的进入与流出保持均匀平稳,以提高沉淀效率。贮泥区起贮存、浓缩、排放污泥的作用。缓冲区介于沉淀区和贮泥区之间,作用是避免水流带走沉在池底的污泥。

初沉池按水流方向来区分有平流式、竖流式和辐流式三种。三种形式沉淀池的结构剖面如图 7-1、图 7-2、图 7-3 所示。

各种初沉池的特点和适用场合见表 7-1。

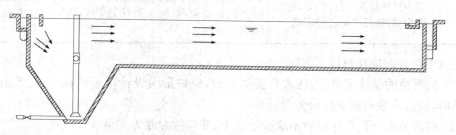

图 7-1 平流沉淀池

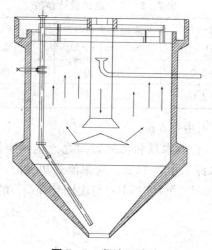

图 7-2 竖流沉淀池

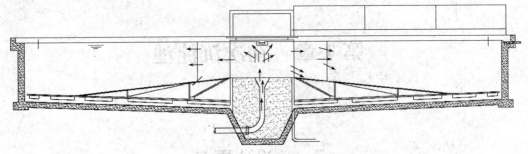

图 7-3 辐流沉淀池

表 7-1 各种初沉池的特点和适用条件

池型	优点	缺点	适用场合
平流式	沉淀效果好；对水量变化适应能力强；施工简单，造价较低。	池子配水不易均匀；采用多斗排泥时，每个泥斗单独设排泥管和排泥泵，操作量大。	适用于地下水位较高的地区；适用于大、中、小型污水处理厂。
竖流式	排泥方便，管理简单，占地面积小。	池子深度大，施工困难，对水量变化适应能力较差，造价较高；池径不宜过大。	适用于处理水量不大的小型污水处理厂。
辐流式	多为机械排泥，运行较好，管理较简单，排泥设备已趋定型。	沉淀效果不如平流式好，机械排泥设备复杂，对施工质量要求高。	适用于地下水位较高的地区；适用于大、中型污水处理厂。

初沉池设计时应注意以下方面：

(1) 初沉池的设计流量：当污水自流进入时，应按最大设计流量计算；当污水由泵房提升进入时，应按水泵的最大组合流量计算。

(2) 初沉池的个数和分格数不应少于 2 个，并应按并联方式设计。

(3) 当无实测资料时，城市污水初沉池的设计数据可参照表 7-2 选用。

表 7-2 初沉池的设计参数

沉淀池类型	沉淀时间 (h)	表面水力负荷 ($m^3/(m^2 \cdot h)$)	污泥量(干物质) (g/(人·天))	污泥含水率 (%)
初沉池	1.0~2.0	1.5~3.0	14~25	95~97
二沉池	1.5~2.5	1.0~1.5	7~19	99.2~99.6

(4) 初沉池的超高至少采用 0.3 m。

(5) 当表面负荷一定时，有效水深和沉淀时间之比也是定值，即 $H/t=q'$。一般而言，沉淀时间不小于 1 h，有效水深采用 2~4 m。对辐流式初沉池，有效水深指池边水深。

(6) 初沉池的有效水深(H)、沉淀时间(t)与表面负荷(q')的关系见表 7-3。

表 7-3　有效水深、沉淀时间与表面负荷的关系

表面负荷 q' ($m^3/m^2 \cdot h$)	沉淀时间 t(h)				
	$H=2.0$ m	$H=2.5$ m	$H=3.0$ m	$H=3.5$ m	$H=4.0$ m
2.0	1.00	1.25	1.50	1.75	2.00
1.5	1.33	1.67	2.00	2.33	2.67
1.0	2.00	2.50	3.00	3.50	4.00

（7）初沉池的缓冲层高度,一般采用 0.3～0.5 m。

（8）污泥斗的斜壁与水平面的倾角,方斗不宜小于 60°,圆斗不宜小于 55°。

（9）初沉池的污泥区容积一般按不大于 2 日的污泥量计算,采用机械排泥时,可按 4 h 污泥量计算。

（10）排泥管直径不应小于 200 mm。

（11）初沉池的污泥一般采用静水压力排除,静水头不应小于 1.5 m。

（12）初沉池应设置撇渣设施。

（13）初沉池的入口和出口均应采取整流措施。

（14）初沉池出水堰最大负荷不宜大于 2.9 L/(s·m)。

（15）当每组初沉池有两个池以上时,为使每个池的入流量均等,应设置调节阀门,以调整流量。

（16）排泥管一般采用铸铁管,在水面以下 1.5～2.0 m 处接水平排出管,污泥由静水压力排出池外。

对一般的城市污水,初沉池的常见设计尺寸如表 7-4 所示。

表 7-4　矩形和圆形初沉池的常见尺寸

池型	尺寸	
	范围	常见
矩形池		
池深(m)	3.0～5.0	3.6
池长(m)	15～90	25～40
池宽(m)	3～24	6～10
圆形池		
池深(m)	3.5～5.0	4.5
直径(m)	3.6～60	12～45
底坡(1‰)	60～160	80

7.2　平流式初沉池

池型呈长方形,废水从池的一端流入,水平方向流过池子,从池的另一端流出。在池的

进口处底部设储泥斗,其他部位池底有坡度,倾向储泥斗,见图 7-1。

7.2.1 设计参数

(1) 池子的长宽比不小于 4,以 4~5 为宜。当长宽比过小时,池内水流的均匀性差,容积效率低,影响沉降效果。大型沉淀池可考虑设导流墙。

(2) 采用机械排泥时,池子宽度根据排泥设备确定。

(3) 池子的长深比一般采用 8~12。

(4) 池底坡度:采用机械刮泥时,不小于 0.005,一般采用 0.01~0.02。

(5) 进出口处应设置挡板,高出池内水面 0.1~0.15 m。挡板淹没深度,在入口处不小于 0.25 m,一般为 0.5~1.0 m;出口处一般为 0.3~0.4 m。挡板位置距离进水口为 0.5~1.0 m,距出水口 0.25~0.50 m。

(6) 入口整流措施:如图 7-4 所示,可采用溢流式入流装置,并设置多孔整流墙(穿孔墙);底孔式入流装置,底部设有挡流板;淹没孔与挡流板的组合;淹没孔与有孔整流墙的组合。有孔整流墙的开孔面积为池断面面积的 6%~20%。

(7) 出口的整流措施可采用溢流式集水槽。其中锯齿形三角堰应用最普遍,水面宜位于齿高的 1/2 处。为适应水流的变化或构筑物的不同沉降,在堰上处需设置使堰板能上下移动的调整装置。

(8) 在出水堰前应设置收集与排除浮渣的设施(如可移动的排渣管,浮渣槽等)。当采用机械排泥时可以一并结合考虑,见图 7-5,图 7-6。

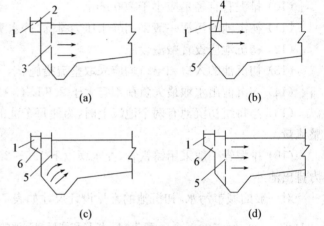

图 7-4 平流式初沉池入口的整流措施
1—进水槽;2—溢渣堰;3—有孔整流墙;4—底孔;5—挡流板;6—潜孔

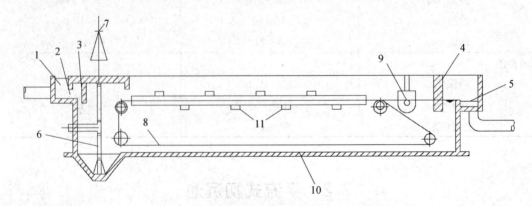

图 7-5 设有链带式刮泥机的平流式初沉池
1—进水槽;2—进水孔;3—进水挡板;4—出水挡板;5—出水槽;6—排泥管;
7—排泥闸门;8—链带;9—排渣管槽(能够转动);10—导轨;11—支撑

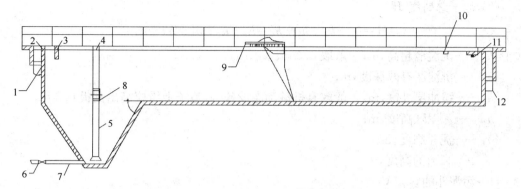

图 7 - 6　设有行车刮泥机的平流式初沉池

1—进水管;2—穿孔墙;3—挡流板;4—通气管;5—排泥管;6—阀门
7—排空管;8—三通;9—刮泥车;10—浮渣槽;11—出水挡板;12—出水管

7.2.2　设计计算

(1) 池子总表面积 A

$$A=\frac{Q_{max} \cdot 3\,600}{q'}$$

式中:Q_{max}——最大设计流量,m^3/s;

q'——表面负荷,$m^3/(m^2 \cdot h)$,初沉池一般采用 1.5～3,二沉池一般采用 1～2。

(2) 沉淀部分有效水深 h_2

$$h_2=q't$$

式中:t——沉淀时间,h,初沉池一般采用 1～2,二沉池一般采用 1.5～2。

(3) 沉淀部分有效容积 V'

$$V'=Q_{max}t \cdot 3\,600 \quad 或 \quad V'=Ah_2$$

(4) 池长 L

$$L'=vt \cdot 3.6$$

式中:v——最大设计流量的水平流速,mm/s,一般不大于 5 mm/s。

(5) 池宽 B

$$B=A/L$$

(6) 池子个数或分格数 n

$$n=B/b$$

式中:b——每个池子(或分格)的宽度,m。

(7) 污泥部分所需的总容积 V

对于生活污水,污泥区的总容积

$$V=SNT/1\,000$$

式中:S——每人每日的污泥量,L/(d·人),可参考表,注意单位转换,一般采取 0.5～0.8;

N——设计人口数,人;

T——污泥贮存的时间,即 2 次清除污泥的相隔时间,d。

（8）池子总高度 H

$$H=h_1+h_2+h_3+h_4=h_1+h_2+h_3+h_4'+h_4''$$

式中：h_1——沉淀池超高，m，一般取 0.3 m；

h_2——沉淀区有效深度，m；

h_3——缓冲层高度，m，一般取有机械刮泥设备时，池子上缘应高出刮板 0.3 m；

h_4——污泥区高度，m；

h_4'——泥斗高度，m；

h_4''——梯形的高度，m。

（9）污泥斗的容积 V_1

$$V_1=\frac{1}{3}h_4'(S_1+S_2+\sqrt{S_1S_2})$$

式中：S_1——污泥斗的上口面积，m^2；

S_2——污泥斗的下口面积，m^2。

（10）污泥斗以上梯形部分污泥容积 V_2

$$V_2=\frac{L_1+L_2}{2}h_4'b$$

式中：L_1，L_2——污泥上下底边长，m。

7.2.3 算例

【算例1】 平流式初沉池设计与计算

某城镇污水处理厂的最大设计流量为 43 200 m^3/d，设计人口 25 万人，沉淀时间 1.5 h，采用链条式刮泥机，求沉淀池各部分尺寸。

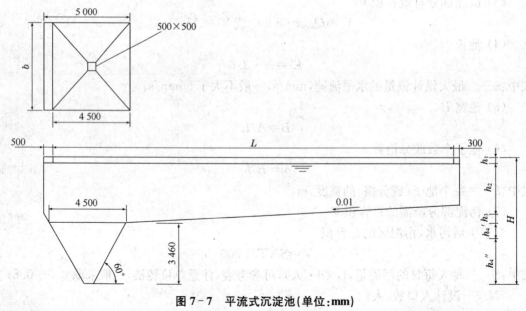

图 7-7 平流式沉淀池（单位：mm）

【解】

(1) 池子总面积

$$A = \frac{Q_{max} \times 3\,600}{q'} = \frac{0.5 \times 3\,600}{2} = 900\ m^2$$

(2) 沉淀部分有效水深 h_2

$$h_2 = q't = 2 \times 1.5 = 3.0\ m$$

(3) 沉淀部分有效容积 V'

$$V' = Q_{max}t \times 3\,600 = 0.5 \times 1.5 \times 3\,600 = 2\,700\ m^3$$

(4) 池长 L

$$L = vt \times 3.6 = 4.4 \times 1.5 \times 3.6 = 23.76\ m \approx 24\ m$$

式中：v——最大设计流量时的水平流速，mm/s，取 $v = 4.4$ mm/s。

(5) 池子总宽度 B

$$B = \frac{A}{L} = \frac{900}{24} = 37.5\ m$$

(6) 池子个数 n

$$n = \frac{B}{b} = \frac{37.5}{4.8} = 7.81 \approx 8\ 个$$

式中：b——每个池子（或分格）宽度，m，取每个池子宽 4.8 m。

(7) 校核长宽比

$$\frac{L}{b} = \frac{24}{4.8} = 5 > 4.0（符合要求）$$

(8) 污泥部分需要的总容积 V

$$V = \frac{SNT}{1\,000}$$

式中：S——每人每日污泥量，L/(人·d)，一般采用 0.3～0.8 L/(人·d)；

$\quad\ \ N$——设计人口数，人；

$\quad\ \ T$——两次清除污泥间隔时间，d，取 $T = 2$ d。

取污泥量为 25 g/(人·d)，污泥含水率为 95%，则

$$S = \frac{25 \times 100}{(100 - 95) \times 1\,000} = 0.5\ L/(人·d)$$

$$V = \frac{0.5 \times 250\,000 \times 2}{1\,000} = 250\ m^3$$

(9) 每格池污泥所需容积 V''

$$V'' = \frac{V}{n} = \frac{250}{8} = 31.25\ m^3$$

(10) 污泥斗容积　采用污泥斗见图 7-7。

$$h_4'' = \frac{4.5 - 0.5}{2} \times \tan 60° = 3.46\ m$$

$$V_1 = \frac{1}{3} \times h_4''(f_1 + f_2 + \sqrt{f_1 f_2})$$

$$\frac{1}{3} \times 3.46 \times (4.5 \times 4.5 + 0.5 \times 0.5 + \sqrt{4.5^2 \times 0.5^2}) = 26.0\ m^3$$

(11) 污泥斗以上梯形部分污泥容积 V_2

$$V_2 = \left(\frac{l_1 + l_2}{2}\right)h_4'b$$

式中：l_1——污泥斗以上梯形部分上底长度，m；

l_2——污泥斗以上梯形部分下底长度，m。

$$h_4' = (24 + 0.3 - 4.5)\times 0.01 = 0.198 \text{ m}$$
$$l_1 = 24 + 0.3 + 0.5 = 24.8 \text{ m}$$
$$l_2 = 4.5 \text{ m}$$
$$V_2 = \frac{(24.8 + 4.5)}{2}\times 0.198 \times 4.8 = 13.92 \text{ m}^3$$

(12) 污泥斗和梯形部分污泥容积

$$V_1 + V_2 = 26 + 13.92 = 39.92 \text{ m}^3 > 31.25 \text{ m}^3$$

(13) 池子总高度(见图 7 - 7)

设缓冲层高度 $h_3 = 0.50$ m，则

$$H = h_1 + h_2 + h_3 + h_4$$
$$h_4 = h_4' + h_4'' = 0.198 + 3.46 = 3.66 \text{ m}$$
$$H = 0.3 + 2.4 + 0.5 + 3.66 = 6.86 \text{ m}$$

7.3 竖流式初沉池

7.3.1 设计参数

池型多为圆形，废水从设在池中央的中心管由上向下流入，经中心管下端的反射板后均匀缓慢地分布在池的横断面上。由于出水口设置在池面或池墙四周，所以水在池中的流向为由下向上。污泥贮积在底部的污泥斗，见图 7 - 8。

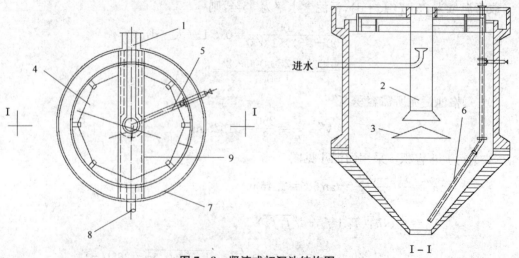

图 7 - 8 竖流式初沉池结构图

1—进水槽；2—中心管；3—反射板；4—挡板；5—排泥管；6—缓冲管；7—集水槽；8—出水管；9—过桥

（1）池子直径与有效水深之比一般不大于 3。池径不宜大于 8 m，一般为 4～7 m。

（2）中心管内水流速度应不大于 0.03 m/s。

（3）中心管下端应为喇叭口形，其下方设反射板（见图 7-9）。喇叭口的直径和高度均为中心管直径的 1.35 倍；反射板的直径为喇叭口直径的 1.3 倍；反射板表面倾角为 17°；反射板底距泥面至少 0.3 m；中心管喇叭口下缘至反射板表面的垂直距离为 0.25～0.5 m。

（4）排泥管下端距池底距离应不大于 0.2 m，管上端敞口，高出水面不小于 0.4 m。

（5）在距周边集水槽 0.25～0.5 m 处设置浮渣挡板，挡板应高出水面 0.1～0.15 m，淹没深度 0.3～0.4 m，参见竖流式沉淀池结构图（图 7-9）。

（6）集水槽每米出水堰的过水负荷应不大于 2.9 L/s，否则出水堰长度应另行加长，如设辐射状集水支槽等。

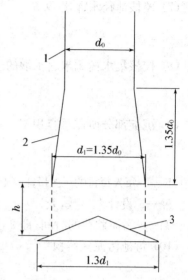

图 7-9　竖流式初沉池中心管下部构造
1—中心管；2—喇叭口；3—反射板

7.3.2　设计计算

（1）中心管面积 A_0

$$A_0 = \frac{q_{\max}}{v_0}$$

式中：$q_{\max}$——每池最大设计流量，m^3/s；

　　　V_0——中心管内流速，m/s。

（2）中心管直径 d_0

$$d_0 = \sqrt{\frac{4A_0}{\pi}}$$

（3）中心管与喇叭口之间的缝隙高度 h_3

$$h_3 = \frac{q_{\max}}{v_1 \pi d_1}$$

式中：v_1——污水由中心管喇叭口与反射板之间的缝隙流出速度，m/s；

　　　d_1——喇叭口直径，m。

（4）沉淀部分有效断面积 A

$$A = \frac{q_{\max}}{v}$$

式中：v——污水在沉淀池中流速，m/s。

（5）沉淀池直径 D

$$D = \sqrt{\frac{4(A+A_0)}{\pi}}$$

（6）沉淀部分有效水深 h_2

$$h_2 = vt \cdot 3\,600$$

式中:t——沉淀时间,s。

(7) 校核池径水深比 D/h_2

$$\frac{D}{h_2}<3$$

(8) 校核集水槽每米出水堰的过水负荷 q_0

$$q_0=\frac{q_{max}}{\pi D}<2.9\ \text{L/s}$$

(9) 沉淀部分所需总容积 V

$$V=\frac{SNT}{1\ 000}$$

式中:S——每人每日的污泥量,L/(d·人),可参考表,注意单位转换,一般取 0.5~0.8 L/(d·人);

N——设计人口数,人;

T——污泥贮存的时间,即 2 次清除污泥的相隔时间,d。

(10) 每池污泥区体积

$$V_1=\frac{V}{n}$$

式中:n——沉淀池个数,个。

(11) 污泥室圆截锥部分的高度 h_5

$$h_5=\left(\frac{D}{2}-\frac{d'}{2}\right)\tan\alpha$$

式中:d'——圆截锥底部直径,m,一般可以取 0.5 m 左右;

α——截锥侧壁倾角,圆斗不应小于 55°。

(12) 圆截锥部分容积 V_2

$$V_2=\frac{\pi h_5}{3}(R^2+r^2+Rr)$$

式中:R——圆截锥上部半径,m;

r——圆截锥下部半径,m。

(13) 沉淀池总高度 H

$$H=h_1+h_2+h_3+h_4+h_5$$

式中:h_1——沉淀池超高,m,一般取 0.3 m;

h_4——缓冲层高度,m。

7.3.3 算例

【算例 1】 竖流式初沉池设计与计算

某城市污水处理厂的最大设计流量为 $Q_{max}=0.064\ \text{m}^3/\text{s}$,$N=40\ 000$ 人,求竖流式沉淀池(见图 7-10)各部分尺寸。

【解】

(1) 中心管面积

设 $v_0=0.03$ m/s,采用 4 个竖流式沉淀池,

每池的最大的设计流量为:

$$q_{max}=\frac{Q_{max}}{n}=\frac{0.064}{4}=0.016 \text{ m}^3/\text{s}$$

$$f=\frac{q_{max}}{v_0}=\frac{0.016}{0.03}=0.54 \text{ m}^2$$

（2）中心管直径

$$d_0=\sqrt{\frac{4f}{\pi}}=\sqrt{\frac{4\times0.54}{\pi}}=0.82 \text{ m}，取\ d_0=0.9 \text{ m}$$

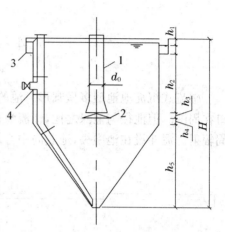

图 7-10　竖流式沉淀池示意图
1—中心管；2—反射管；3—集水槽；4—排泥

（3）中心管喇叭口与反射板之间的缝隙高度

设 $v_1=0.02 \text{ m/s}，d_1=1.35，d_0=1.35\times1=$ 1.35 m

$$h_3=\frac{q_{max}}{v_1\pi d_1}=\frac{0.016}{0.02\times\pi\times1.35}=0.19 \text{ m}$$

（4）沉淀部分有效断面积

设表面负荷 $q'=1.5 \text{ m}^3/(\text{m}^2\cdot\text{h})$，则 $v=\frac{1.5}{3\,600}\times1\,000=4 \text{ mm/s}$

$$F=\frac{q_{max}}{k_z v}=\frac{0.016}{1.65\times0.000\,4}=24.3 \text{ m}$$

（5）沉淀池直径

$$D=\sqrt{\frac{4(F+f)}{\pi}}=\sqrt{\frac{4\times(24.3+0.54)}{\pi}}=5.64 \text{ m}，采用 6 m。$$

（6）沉淀部分有效水深

设 $t=2 \text{ h}，h_2=vt\times3\,600=0.000\,4\times2\times3\,600=2.9 \text{ m}$，取 $h_2=3 \text{ m}$。

$$3h_2=3\times3=9 \text{ m}>7 \text{ m}(D)(符合要求)$$

（7）校核集水槽出水堰负荷

集水槽每米出水堰负荷为：$\frac{q_{max}}{\pi D}=\frac{16}{\pi\times6}=0.85 \text{ L/s}<2.9 \text{ L/s}(符合要求)$

（14）沉淀部分所需总容积

设 $T=2，S=0.5 \text{ L/(人×d)}，V=\frac{SNT}{1\,000}=\frac{0.5\times40\,000\times2}{1\,000}=40 \text{ m}^3$

每个池子所需污泥室容积为：$\frac{40}{4}=10 \text{ m}^3$

（15）圆截锥部分容积

设圆截锥体下底直径为 0.4 m，则：

$$h_5=(R-r)\tan55°=(3-0.2)\times\tan55°=4 \text{ m}$$

$$V_1=\frac{\pi h_5}{3}(R^2+Rr+r^2)=\frac{\pi\times4}{3}(3^2+3\times0.2+0.2^2)=40.38 \text{ m}^3>12.5 \text{ m}^3$$

（16）沉淀池总高度

设超高及缓冲层各为 0.3 m，

$$H=h_1+h_2+h_3+h_4+h_5$$

$$=0.3+3+0.2+0.3+4=7.8 \text{ m}$$

7.4 辐流式初沉池

辐流式沉淀池池型多呈圆形。池的进、出口布置基本上与竖流池相同,进口在中央,出口在周围。但池径与池深之比,辐流池比起竖流池大许多倍。水流在池中呈水平方向向四周辐射。泥斗设在池中央,池底向中心倾斜,污泥通常用机械排出,见图 7-11。

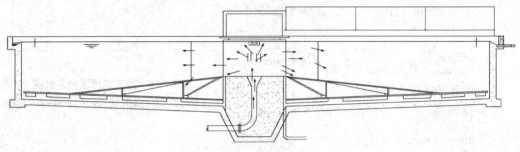

图 7-11 辐流式初沉池

7.4.1 设计参数

(1) 池子直径与有效水深之比一般采用 6~12。

(2) 池径不宜小于 16 m。

(3) 池底坡度一般采用 0.05。

(4) 一般采用机械刮泥,也可附有气力提升或静水头排泥设施。

(5) 当池径较小(<20 m)时,也可采用多斗排泥,见图 7-12。

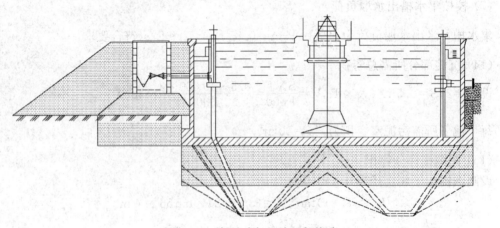

图 7-12 辐流式初沉池下部构造

(6) 进出水的布置方式可分为:

① 中心进水周边出水;周边进水中心出水;周边进水周边出水。

② 池径<20 m,一般采用中心传动的刮泥机;池径>20 m 时,一般采用周边传动的刮泥机,其驱动装置设在支架的外缘。

③ 在进水口的周围设置整流板,整流板的开口面积为池断面积的 10%～20%。

④ 浮渣用刮渣板收集,刮渣板装在刮泥桁架的一侧,在出水堰前应设置浮渣挡板。

7.4.2　设计计算

辐流式初沉池的计算草图见图 7-13。

(1) 沉淀部分水面面积 A

$$A=\frac{Q_{\max}}{nq'}$$

式中:$Q_{\max}$——最大设计流量,m^3/h;

　　　n——池数,个;

　　　q'——表面负荷,$m^3/(m^2 \cdot h)$,一般
采用 2～3。

(2) 池子直径 D

$$D=\sqrt{\frac{4A}{\pi}}$$

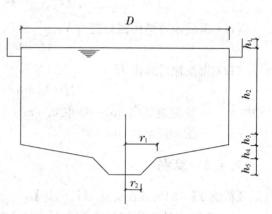

图 7-13　辐流式初沉池计算草图

(3) 沉淀部分有效水深 h_2

$$h_2=q't$$

式中:t——沉淀时间,h,一般采用 1～2 h。

(4) 校核径深比 D/h_2

$$\frac{D}{h_2}=6～12$$

(5) 沉淀部分有效容积 V'

$$V'=\frac{q_{\max}t}{n}\text{或}V'=Ah_2$$

(6) 污泥部分所需容积 V

$$V=\frac{SNT}{1\,000\,n}$$

式中:S——每人每日的污泥量,$L/(d \cdot 人)$,可参考表,注意单位转换,一般取 0.5～
0.8 $L/(d \cdot 人)$;

　　　N——设计人口数,人;

　　　T——污泥贮存的时间,即 2 次清除污泥的相隔时间,d。

(7) 泥斗高度 h_5

$$h_5=(r_1-r_2)\tan\alpha$$

式中:r_1——泥斗上口半径,m,一般可以取 2 m 左右;

　　　r_2——泥斗底部半径,m,一般可以取 1 m 左右。

(8) 污泥斗容积 V_1

$$V_1=\frac{\pi h_5}{3}(r_1^2+r_2^2+r_1 r_2)$$

(9) 泥斗以上池底积泥厚度 h_4

$$h_4=(R-r_1)i$$

式中:R——池子半径,m;

i——池底坡度,一般取 0.05 左右。

(10) 泥斗以上池底污泥容积 V_2

$$V_2=\frac{\pi h_4}{3}(R^2+r_1^2+Rr_1)$$

(11) 沉淀池容纳污泥总能力 V_0

$$V_0=V_1+V_2>V$$

(12) 沉淀池总高度 H

$$H=h_1+h_2+h_3+h_4+h_5$$

式中:h_1——沉淀池超高,m;一般取 0.3 m;

h_3——缓冲层高度,m。

7.4.3 算例

【算例 1】 辐流式沉淀池设计与计算

某城市污水处理厂的日平均流量 $Q=2\,000$ m³/h,设计人口 $N=30$ 万人,采用机械刮泥,求辐流式沉淀池(见图 7-14)各个部分的尺寸。

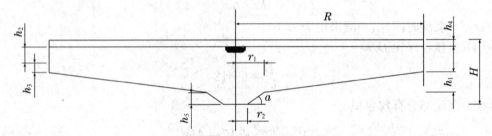

图 7-14 辐流式沉淀池计算示意图

【解】

(1) 沉淀部分水面面积 F

设表面负荷 $q'=2$ m³/(m²·h),$n=2$,

$$F=\frac{Q}{nq'}=\frac{2\,000}{2\times2}=500\text{ m}^2$$

(2) 池子直径 D

$$D=\sqrt{\frac{4F}{\pi}}=\sqrt{\frac{4\times500}{\pi}}=25.2\text{ m,取 }D=26\text{ m}。$$

(3) 沉淀部分有效水深 h_2

设 $t=1.5$ h,$h_2=q't=2\times1.5=3$ m

(4) 沉淀部分有效容积 V'

$$V'=\frac{Q}{n}t=\frac{2\,000}{2}\times1.5=1\,500\text{ m}^3$$

(5) 污泥部分所需的容积 V

设 $S=0.5$ L/(人·d),$T=4$ h,$V=\frac{SNT}{1\,000n\times24}=\frac{0.5\times300\,000\times4}{1\,000\times2\times24}=12.5$ m³,

T——排泥周期,h;n——沉淀池个数,个。

(6)污泥斗容积 V_1

设 $r_1=2$ m,$r_2=1$ m,$\alpha=60°$,则:

$$h_5=(r_1-r_2)\tan\alpha=(2-1)\tan 60°=1.73 \text{ m}$$

$$V_1=\frac{\pi h_5}{3}(r_1^2+r_1 r_2+r_2^2)=\frac{\pi\times 1.73}{3}(2^2+2\times 1+1^2)=12.7 \text{ m}^3$$

(7)污泥斗以上圆锥体部分污泥容积 V_2

设池底径向坡度为 0.05,则:

$$h_4=(R-r)\times 0.05=(13-2)\times 0.05=0.55 \text{ m}$$

$$V_2=\frac{\pi h_4}{3}(R^2+Rr_1+r_1^2)=\frac{\pi\times 0.55}{3}(13^2+13\times 2+2^2)=114.7 \text{ m}^3$$

(8)污泥总容积

$$V_1+V_2=12.7+114.7=127.4 \text{ m}^3>12.5 \text{ m}^3$$

(9)沉淀池总高度 H

设 $h_1=0.3$ m,$h_3=0.5$ m,

$$H=h_1+h_2+h_3+h_4+h_5=0.3+3+0.5+0.55+1.73=6.08 \text{ m}$$

(10)沉淀池池边高度 H'

$$H'=h_1+h_2+h_3=0.3+3+0.5=3.8 \text{ m}$$

径深比:$D/h_2=26/3=8.6$(符合要求)

7.5　斜板、斜管沉淀池

7.5.1　设计参数

斜板(管)沉淀池是根据"浅层沉淀"理论,在沉淀池中加设斜板或蜂窝斜管,以提高沉淀效率的一种新型沉淀池,它具有沉淀效率高、停留时间短、占地少等优点。斜板(管)沉淀池应用于城市污水的初次沉淀池中,其处理效果稳定,维护管理工作量也不大;斜板(管)沉淀池应用于城市污水的二次沉淀池中,当固体负荷过大时,其处理效果不太稳定,耐冲击负荷的能力较差。

按水流与沉泥的相对运动方向,斜板(管)沉淀池可分为异向流、同向流和侧向流 3 种形式,在城市污水处理中主要采用升流式异向流斜板(管)沉淀池。

主要设计参数如下:

(1)为提高沉淀池的沉淀效率,或减小沉淀池占地面积,可采用斜板(管)沉淀池。

(2)斜板垂直净距一般采用 80~100 mm,斜管孔径一般采用 50~80 mm。

(3)斜板(管)长度一般采用 1.0~1.2 m,倾角一般采用 60°。

(4)斜板(管)区底部缓冲层高度一般采用 0.5~1.0 m。

(5)斜板(管)区上部水深一般采用 0.5~1.0 m。

(6)在池壁与斜板的间隙处应装设阻流板,以防止水流短路。斜板上缘宜向池子进水端倾斜安装（见图 7-15）。

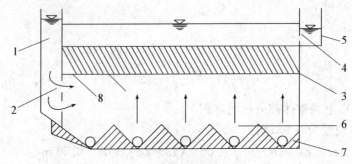

图 7-15　斜板沉淀池

1—排水槽；2—穿孔墙；3—斜管或斜板；4—淹没孔口；
5—集水槽；6—集泥斗；7—排泥管；8—阻流板

（7）进水方式一般采用穿孔墙整流布水，出水方式一般采用多槽出水，在池面上增设几条平行的出水堰和集水槽，以改善出水水质，加大出水量。

（8）斜板（管）沉淀池一般采用重力排泥，每日排泥次数至少 1~2 次，或连续排泥。

（9）池内停留时间：初沉池不超过 30 min，二沉池不超过 60 min。

（10）斜板（管）沉淀池的设计表面负荷，比普通沉淀池的设计表面负荷提高 1 倍左右，即斜板（管）初沉池表面负荷采用 3.0~6.0 m³/(m²·h)，斜板（管）二沉池表面负荷采用 2.0~3.0 m³/(m²·h)。

7.5.2　设计计算

（1）池子水面面积 A

$$A = \frac{Q_{max}}{nq' \cdot 0.91}$$

式中：Q_{max}——最大设计流量，m³/h；

n——池子个数，个；

q'——设计表面负荷，m³/(m²·h)，一般采用 4~6；

0.91——斜板面积利用系数。

（2）池子平面尺寸

圆形池直径 D

$$D = \sqrt{\frac{4A}{\pi}}$$

方形池边长 a

$$a = \sqrt{A}$$

（3）池内停留时间 t

$$t = \frac{(h_2 + h_3) \cdot 60}{q'}$$

式中：h_2——斜板（管）区上部水深，m，一般采用 0.5~1.0；

h_3——斜板（管）高度，m，一般为 0.866~1。

（4）污泥部分所需容积 V

$$V=\frac{SNT}{1\,000}$$

式中：S——每人每日的污泥量，L/（d·人），可参考表，注意单位转换；一般取 0.5 ~0.8 L/（d·人）；

N——设计人口数，人；

T——污泥贮存的时间，即 2 次清除污泥的相隔时间，d。

（5）污泥斗高度 h_5

圆锥体污泥斗高度 h_5

$$h_5=\left(\frac{D}{2}-\frac{d'}{2}\right)\tan\alpha$$

式中：D——圆形池直径，m；

d'——圆截锥底部直径，m，一般可以取 0.5 m 左右；

α——截锥侧壁倾角，圆斗不应小于 55°。

方椎体污泥斗高度 h_5

$$h_5=\left(\frac{a}{2}-\frac{a_1}{2}\right)\tan\alpha$$

式中：a——方形池边长，m；

a_1——方截锥底部边长，m，一般可以取 0.5 m 左右；

α——截锥侧壁倾角，方斗不应小于 60°。

（6）污泥斗容积 V_1

圆锥形污泥斗容积 V_1

$$V_1=\frac{\pi h_5}{3}(R^2+Rr+r^2)$$

式中：R——圆形池半径，m；

r——泥斗下部半径，m。

方锥形污泥斗容积 V_1

$$V_1=\frac{\pi h_5}{3}(2a^2+2\,aa_1+2a_1^2)$$

（7）沉淀池总高度 H

$$H=h_1+h_2+h_3+h_4+h_5$$

式中：h_1——沉淀池超高，m；一般取 0.3 m；

h_4——斜板（管）区底部缓冲层高度，m；一般采用 0.6~1.2。

7.5.3 算 例

【算例1】 斜管沉淀池设计与计算

某城市污水处理厂的日平均流量 $Q=600$ m³/h，初次沉淀池采用升流式异向流斜管沉淀池，斜管斜长为 1 m，斜管倾角为 60°，设计表面负荷 $q'=4$ m³/（m²·h），进水悬浮物浓度 $C_1=300$ mg/L，$C_2=150$ mg/L，污泥含水率平均为 96%，求斜管沉淀池格部分尺寸（见图 7-16）。

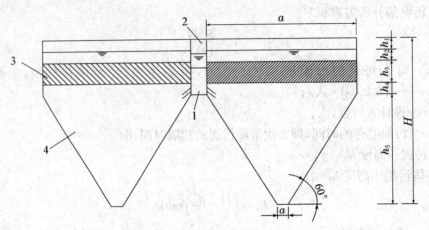

图 7-16　斜管沉淀池计算示意图

1—集水槽；2—出水槽；3—斜管；4—污泥斗

【解】

池子水面面积：设 $n=4$，$F=\dfrac{Q}{nq'\times0.91}=\dfrac{600}{4\times4\times0.91}=41.2\ \text{m}^2$

(1) 池子边长：$a=\sqrt{F}=\sqrt{41.2}=6.5\ \text{m}$

(2) 池内停留时间：设 $h_2=0.7\ \text{m}$，$h_3=1\times\sin60°=0.866\ \text{m}$，

$$t=\frac{(h_2+h_3)60}{q'}=\frac{(0.7+0.866)\times60}{4}=23.5\ \text{min}$$

(3) 污泥部分所需容积：设 $T=2\ \text{d}$，则：

$$V=\frac{Q(C_1-C_2)24\times100\times T}{\gamma(100-\rho_0)n}=\frac{600\times(0.000\,3-0.000\,15)\times24\times100\times2}{1\times(100-96)\times4}=27\ \text{m}^3$$

(4) 污泥斗容积：设 $a_1=0.8\ \text{m}$，

$$h_5=\left(\frac{a}{2}-\frac{a_1}{2}\right)\tan60°=\left(\frac{7}{2}-\frac{0.8}{2}\right)\tan60°=5.37\ \text{m}，则：$$

$$V_1=\frac{h_5}{6}(2a^2+2\,aa_1+2a_1^2)=\frac{5.73}{6}(2\times7^2+2\times7\times0.8+2\times0.8^2)$$

$$=98.3\ \text{m}^3>27\ \text{m}^3$$

(5) 沉淀池总高度：$h_1=0.3\ \text{m}$，$h_4=0.764\ \text{m}$

$$H=h_1+h_2+h_3+h_4+h_5=0.3+0.7+0.866+0.764+5.37=8.0\ \text{m}$$

第8章 生化池

8.1 传统活性污泥法

8.1.1 设计计算

常用设计运行参数如表8.1所示。

表8.1 几种活性污泥法系统设计与运行参数(对城市污水)

活性污泥运行方式	BOD-SS负荷 (kgBOD₅/(kgMLVSS·d))	BOD-容积负荷 (kgBOD₅/(m³·d))	生物固体停留时间(污泥龄)(d)	混合液悬浮固体浓度 (mg/L)		污泥回流比 (%)	曝气时间 (h)	剩余污泥量 (%Q)
表示符号	NS	NV	θ_c	MLSS	MLVSS	R	t	ES
1 传统活性污泥法	0.2~0.4	0.4~0.9	5~15	1 500~3 000	1 500~2 500	25~75	4~8	
2 阶段曝气活性污泥法	0.2~0.4	0.4~1.2	5~15	2 000~3 500	1 500~2 500	25~95	3~5	
3 吸附—再生活性污泥法	0.2~0.4	0.9~1.8	5~15	吸附池 1 000~3 000 再生池 4 000~10 000	吸附池 800~2 400 再生池 3 200~8 000	50~100	吸附池 0.5~1.0 再生池 3~6.0	
4 延时曝气活性污泥法	0.05~0.1	0.15~0.3	20~30	3 000~6 000	2 500~5 000	60~200	20~36~48	0.25
5 高负荷活性污泥法	1.5~3.0	1.5~3.0	0.2~2.5	200~500	500~1 500	10~30	1.5~3.0	
6 合建式完全混合活性污泥法	0.25~0.5	0.5~1.8	5~15	3 000~6 000	2 000~4 000	100~400	—	
7 深井曝气活性污泥法	1.0~1.2	5.0~10.0	5	5 000~10 000	—	50~150	>0.5	—
8 纯氧曝气活性污泥法	0.4~0.8	2.0~3.2	5~15	—	—	—	—	

(1) 曝气池容积计算

① 按污泥负荷率计算

$$V = \frac{QS_a}{XN_s} \quad (8-1)$$

式中：N_s——BOD-污泥负荷率，kgBOD$_5$/(kgMLSS·d)；

  Q——污水设计流量，m^3/d；

  S_a——原污水的 BOD$_5$ 值，mg/L 或 kg/m^3；

  X——曝气池内混合液悬浮固体浓度(MLSS)，mg/L 或 kg/m^3；

  V——曝气池容积，m^3。

② 按容积负荷率计算

$$V = \frac{QS_a}{N_v} \quad (8-2)$$

$$N_v = \frac{QS_a}{V} = N_s X$$

式中：N_v——BOD-容积负荷率，kgBOD$_5$/(m^3·d)；

  Q——污水设计流量，m^3/d；

  S_a——原污水的 BOD$_5$ 值，mg/L 或 kg/m^3；

  V——曝气池容积，m^3。

a. BOD-污泥负荷率(N_s)的确定

按处理后水 BOD$_5$ 值(S_e)计算

完全混合式

$$N_s = \frac{K_2 S_e f}{\eta} \quad (8-3)$$

式中：K_2——动力学常数；

  S_e——出水 BOD$_5$ 值，mg/L；

  f——MLVSS/MLSS，一般取值 0.75；

  η——BOD$_5$ 去除率，%。

其中 K_2 值的确定：

对于完全混合式曝气池：

城市污水：$K_2 = 0.0168 \sim 0.0281$

工业废水：

表 8.2 几种工业废水完全混合式曝气池 K_2

工业废水名称	合成橡胶废水	化学废水	脂肪精制废水	石油化工废水
K_2 值	0.067 2	0.001 44	0.036	0.006 72

推流式：

F/M 值沿池长变化，K_2 值非常数，推导 BOD-污泥负荷率与处理水 BOD(S_e)之间的关系不现实，实际应用中近似使用完全混合式公式。

日本专家桥本奖教授经验公式：

$$N_s = 0.012\,95 S_e^{1.1918} \tag{8-4}$$

b. 按经验参数选定

见表 8.1 中的设计运行参数。一般而言,对于城市污水 BOD-污泥负荷率多取值为 0.3~0.5 kgBOD₅/(kgMLSS·d),BOD₅ 的去除率可达到 90% 以上,污泥吸附性能和沉降性能较好,SVI 值在 80~150 之间。

出于考虑剩余污泥减量或污泥不便处置的污水处理厂,应采用较低的 BOD-污泥负荷率,一般不高于 0.2 kgBOD₅/(kgMLSS·d),以加强污泥自身氧化过程,实现污泥减量。

对于处理水要求达到硝化阶段时,还必须结合污泥龄(生物固体停留时间)考虑 BOD-污泥负荷率。例如在 20 ℃条件下,硝化菌的世代时间是 3 d 左右,则与 BOD-污泥负荷率相应的污泥龄必须大于 3 d。

在寒冷地区修建的活性污泥法系统,曝气池应采用较低的 BOD-污泥负荷率,一般不宜高于 0.2 kgBOD₅/(kgMLSS·d),以在一定程度上补偿由于水温低对生物反应带来的不利影响。

c. 校核 SVI

在计算确定 BOD-污泥负荷率的基础上,根据图 8.1 进一步复核相应的污泥指数 SVI 是否在正常运行的允许范围内。

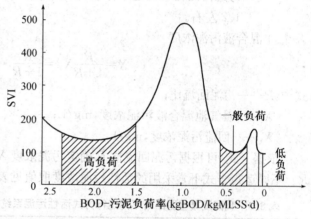

图 8.1　SVI 与 BOD-污泥负荷率关系图

③ 按污泥龄(θ_c)进行计算

$$V = \frac{Q\theta_c Y(S_a - S_e)}{X_V(1 + K_d\theta_c)} \tag{8-5}$$

式中:Q——曝气池的设计流量,m³/d;

θ_c——设计污泥龄,d,高负荷时取值 0.2~2.5;中负荷时为 5~15,低负荷时取值 20~30;

Y——污泥产率系数,在 20 ℃时以 BOD 计,Y=0.4~0.8,如处理系统无初沉池,Y 值须通过试验确定;

S_e——处理水的 BOD 值,mg/L;

X_V——混合液挥发性悬浮固体平均浓度,mg/L;

K_d——衰减系数,d⁻¹,20 ℃时的常数值为 0.04~0.075。K_d 值应按当地冬季和夏季的污水温度加以修正,修正公式为:

$$K_{dT} = K_{d20}(\theta_T)^{T-20} \tag{8-6}$$

式中:K_{dT}——T ℃时的 K_d 值,d⁻¹;

K_{d20}——20 ℃时的 K_d 值,d⁻¹;

θ_T——温度系数,取值 1.02~1.06。

④ 按水力停留时间计算

根据某种工艺的经验停留时间和经验去除率,确定曝气池的水力停留时间,然后计算曝气池容积,工业废水曝气池计算经常采用此法,但必须基于大量工程经验及数据的基础上才能确定准确的停留时间。该方法也常用于工业废水处理校核污泥负荷法计算结果。

（2）混合液污泥浓度（X）的确定

① 回流污泥浓度

回流污泥来自二沉池,混合液在量筒中沉淀 30 min 后形成的污泥基本可以代表混合液在二沉池中形成的污泥。

$$X_r = \frac{10^6}{SVI} \cdot r \tag{8-7}$$

式中:X_r——回流污泥浓度,mg/L;

SVI——污泥容积指数,mL/g;

r——考虑污泥在二沉池中停留时间、池深、污泥厚度等因素的有关系的数,一般为1.2左右。

② 混合液污泥浓度

$$X = \frac{R}{1+R}X_r = \frac{R}{1+R} \cdot \frac{10^6}{SVI} \cdot r \tag{8-8}$$

式中:R——污泥回流比;

X——曝气池混合液污泥浓度,mg/L;

X_r——回流污泥浓度,mg/L。

依据上式,可根据污泥回流比 R 确定污泥浓度 X,或根据污泥浓度 X 确定污泥回流比 R。不同运行方式下常采用的活性污泥浓度取值见表 8.3。

表 8.3 我国及某些国家对不同运行方式活性污泥系统常采用的混合液污泥浓度（X）值(mg/L)

	传统曝气池	阶段曝气池	生物吸附曝气池	曝气沉淀池	延时曝气池	高率曝气池
中国	2 000~3 000	—	4 000~6 000	4 000~6 000	2 000~4 000	—
美国	1 500~2 500	3 500	1 500~2 000	2 500~3 500	5 000~7 000	320~1 100
日本	1 500~2 000	1 500~2 000	4 000~6 000	—	5 000~8 000	400~600
英国	—	1 600~4 000	2 200~5 500	—	1 600~6 400	300~800

（3）剩余污泥量计算

① 根据污泥产率或表观产率系数计算

a. 根据污泥产率系数计算

$$\Delta X = Y(S_a - S_e)Q - K_d V X_v \tag{8-9}$$

式中:ΔX——每日增长（排放）的挥发性污泥量（VSS）,kg/d;

$Q(S_a - S_e)$——每日的有机物降解量,kg/d;

$V X_v$——曝气池内混合液挥发性悬浮固体总量,kg;X_v=MLVSS;

Y——污泥产率系数（kgVSS/kgBOD₅）,20 ℃为 0.4~0.8;

K_d——衰减系数（污泥自身氧化率）,kgVSS/kgVSS·d 或 d^{-1},20 ℃为 0.04~0.075。

K_d 值应按当地冬季和夏季的污水温度加以修正,修正公式为:

$$K_{dT} = K_{d20}(\theta_T)^{T-20} \tag{8-10}$$

式中：K_{dT}——T ℃时的 K_d 值，d^{-1}；

$\quad K_{d20}$——20 ℃时的 K_d 值，d^{-1}；

$\quad \theta_T$——温度系数，取值 1.02～1.06，一般为 1.04。

b. 根据污泥表观产率系数计算

$$\Delta X = Y_{obs} Q(S_a - S_e) = \frac{Y}{1 + K_d \theta_c} Q(S_a - S_e) \tag{8-11}$$

② 按污泥龄计算

$$\Delta X = \frac{VX}{\theta_c} \tag{8-12}$$

式中：ΔX——每天排出的总固体量，$gVSS/d$；

$\quad X$——曝气池中 MLVSS 浓度，$gVSS/m^3$；

$\quad V$——曝气池容积，m^3；

$\quad \theta_c$——污泥龄，d。

(4) 曝气系统与空气扩散装置的计算与设计

① 供气量计算

$$R_0 = \frac{RC_{S(20)}}{\alpha[\beta \cdot \rho \cdot C_{Sb(T)} - C] \cdot 1.024^{(T-20)}} \tag{8-13}$$

式中：α——混合液 K_{La} 与清水 K_{La} 比值，一般为 0.8～0.85；

$\quad \beta$——混合液饱和溶解氧 C_s 与清水饱和溶解氧 C_s 比值，一般为 0.9～0.97；

$\quad \rho$——氧分压修正系数；

$\quad T$——计算水温，℃；

$\quad C_{S(20)}$——水温为 20 ℃、标准大气压条件下的溶解氧饱和度，mg/L；

$\quad C$——混合液中溶解氧浓度，一般为 2～3 mg/L；

$$\rho = \frac{所在地区实际气压(Pa)}{1.013 \times 10^5}$$

$\quad C_{Sb(T)}$——在温度 T ℃条件下鼓风曝气池内混合液溶解氧饱和度平均值，mg/L；

$$C_{Sb(T)} = C_s(T)\left(\frac{P_b}{2.026 \times 10^5} + \frac{O_t}{42\%}\right) \tag{8-14}$$

式中：$C_{S(T)}$——在温度 T ℃、大气压条件下清水溶解氧饱和度，mg/L；(查表)

$\quad P_b$——空气扩散装置出口处的绝对压力，Pa；

$$P_b = P + 9.8 \times 10^3 H \tag{8-15}$$

式中：H——空气扩散装置的安装深度，m；

$\quad P$——大气压力，$P = 1.013 \times 10^5 \, Pa$；

$\quad O_t$——气泡离开池面时，氧的百分比，%。

$$O_t = \frac{21(1 - E_A)}{79 + 21(1 - E_A)} \cdot 100\% \tag{8-16}$$

式中：E_A——空气扩散装置的氧转移效率，一般在 6%～12% 之间。

则供气量：

$$G_S = \frac{R_0}{0.3 E_A} \tag{8-17}$$

② 需氧量计算

要计算 R_0，关键要计算在实际条件下的需氧量 R。实际条件下需氧量的计算如下。

a. 根据有机物降解需氧率和内源代谢需氧率计算

在曝气池内活性污泥，活性污泥对有机物的氧化分解和其本身的内源代谢都是好氧过程。两部分氧化需氧量之和：

$$O_2 = a'QS_r + b'VX_V \qquad (8-18)$$

式中：O_2——混合液需氧量，kg/d；

a'——活性污泥微生物氧化分解有机物过程中的需氧率，即活性污泥微生物每代谢 1 kgBOD$_5$ 所需的氧量，kgO$_2$/kgBOD$_5$；

Q——污水流量，m^3/d；

S_r——经活性污泥微生物代谢活动被降解的有机污染物量，kg/m^3，$S_r = S_0 - S_e$；

b'——活性污泥自身代谢需氧率，即每 kg 活性污泥每天自身氧化所需要的氧量，kgO$_2$/kgMLVSS·d；

X_V——混合液挥发性悬浮固体浓度，kg/m^3。

表 8.4　活性污泥系统不同运行方式的 a'、b' 值及 ΔO_2 值（处理城市污水）

运行方式	a'	b'	ΔO_2
完全混合	0.42	0.11	0.7～1.1
生物吸附			0.7～1.1
传统曝气	↓	↓	0.8～1.1
阶段曝气	0.53	0.188	1.4～1.8

表 8.5　部分工业废水的 a'、b' 值

工业废水名称	a'	b'	工业废水名称	a'	b'
石油化工废水	0.75	0.16	炼油废水	0.55	0.12
含酚废水	0.56	—	制药废水	0.35	0.354
漂染废水	0.5～0.6	0.065	制浆造纸废水	0.38	0.092
合成纤维废水	0.55	0.142	亚硫酸浆粕废水	0.40	0.185

b. 根据微生物对有机物的氧化分解需氧量计算

$$O_2 = \frac{Q(S_0 - S_e)}{0.68} - 1.42\Delta X_V \qquad (8-19)$$

式中：S_0——系统进水 BOD$_5$，kg/m^3；

S_e——系统出水 BOD$_5$，kg/m^3；

ΔX_V——剩余污泥产量，kg/d。（计算方法如前所述）

③ 鼓风曝气系统的计算与设计

鼓风曝气系统包括：鼓风机、空气输送管道（干管、支管及分支管）。

鼓风曝气系统设计的主要内容：空气扩散装置的选定，其空气管道布置与计算，鼓风机型号与台数的确定，鼓风机房的设计。

a. 空气扩散装置的选定与布置

主要考虑如下因素：

(a) 应具有较高的氧利用率(E_A)和动力效率(E_P)；

(b) 不易堵塞，出现故障易排除，便于维护管理；

(c) 构造简单，便于安装，造价及成本低；

(d) 污水水质、地区条件及曝气池池型、水深等。

根据计算出的总供气量和每个空气扩散装置的通气量、服务面积、曝气池池底面积等数据，计算确定空气扩散装置的数目，并进行布置。

b. 空气管道系统的计算与设计

一般规定：

(a) 空气管道系统是从鼓风机出口到空气扩散装置的空气输送管道，一般使用焊接钢管；

(b) 小型污水处理站的空气管道系统一般为枝状，而大、中型污水处理厂则宜联成环状，以安全供气；

(c) 空气管道一般敷设在地面上，接入曝气池的管道，应高于池水面 0.5 m，以免产生回水现象；

(d) 空气管道的流速：干、支管为 10～15 m/s，通向空气扩散装置的竖管、小支管为 4～5 m/s。

空气管道的计算：空气管道和空气扩散装置的压力损失，一般控制在 14.7 kPa(1.5 m)以内，其中空气管道的总损失控制在 4.9 kPa(0.5 m)以内，空气扩散装置的阻力损失为 4.9～9.8 kPa(0.5～1.0 m)。

空气管道计算，根据流量(Q)、流速(v)按《排水工程》下册附录 2 选定管径，然后再核算压力损失，调整管径。

空气管道的压力损失：$h = h_1 + h_2$

式中：h_1——沿程阻力损失；

h_2——局部阻力损失。

沿程阻力可按《排水工程》下册附录 3 查出，查表时气温可按 30 ℃计算，空气压力按下式估算：$P = (1.5 + H) \times 9.8 \text{(kPa)}$

式中：P——空气压力，kPa；

H——空气扩散装置距水面的深度，m。

局部阻力损失根据下式将各配件换算成管道的当量长度：

$$l_0 = 55.5 K D^{1.2} \tag{8-20}$$

式中：l_0——管道的当量长度，m；

D——管径，m；

K——长度换算系数，见表 8.6。

表 8.6　长度换算系数

配　件	长度换算系数
三通:气流转弯	1.33
直流异口径	0.42~0.67
直流等口径	0.33
弯头	0.40~0.70
大小头	0.10~0.20
球阀	2.00
角阀	0.90
闸阀	0.25

鼓风机所需压力:

$$H = h_1 + h_2 + h_3 + h_4 \tag{8-21}$$

式中:h_1——沿程阻力损失;

h_2——局部阻力损失;

h_3——空气扩散装置安装深度(以装置出口处为准);

h_4——空气扩散装置阻力,按产品样本或试验资料确定。(见《给水排水设计手册》12
　　　册—器材与装置 P598-P606)

c. 鼓风机的选定与鼓风机房设计

根据上述计算出的供气量和风压,核算每台鼓风机的设计风量和风压选择鼓风机。(鼓
风机设备样本见《给水排水设计手册》11 册—常用设备 P466-P500)

定容式罗茨鼓风机噪声大,应设消声器等消声措施,一般用于中小型污水处理厂;离心
式鼓风机噪声较小,效率较高,适用于大中型污水处理水厂;变速离心鼓风机,节省能源,根
据混合液溶解氧浓度,自动调整开启台数和转速。

轴流式通风机(风压在 1.2 m 以下),一般用于浅层曝气池。

在同一供气系统中,应尽量选用同一型号的鼓风机。鼓风机的备用台数:工作台数≤3
台时,备用 1 台;工作台数≥4 台,备用 2 台。

鼓风机应设双电源,供电设备的容量,应按全部机组同时启动时的负荷设计。

每台空压机应单设基础,基础间距应在 1.5 m 以上。

鼓风机房一般包括机器间、配电室、进风室(设空气净化设备)、值班室,值班室与机器间
之间应有隔音设备和观察窗,还应设自控设备。

空压机房内、外应采取防止噪声的措施,使其符合《工业企业噪声卫生标准》和《城市环
境噪声标准》。

(5)污泥回流系统的设计与剩余污泥的处置

① 污泥回流系统的设计

分建式曝气池,污泥从二次沉淀池回流需设污泥回流系统,其中包括污泥提升装置和污
泥输送管渠系统。

污泥回流系统的计算与设计内容包括:回流污泥量的计算和污泥提升设备的选择和
设计。

a. 回流污泥量的计算

$$X = \frac{R}{1+R} X_r = \frac{R}{1+R} \cdot \frac{10^6}{\text{SVI}} \cdot r \qquad (8-22)$$

可根据上式先确定混合液污泥浓度 X,再计算回流比 R;也可先确定回流比 R,但混合液污泥浓度需由上式推算。

表 8.7 SVI、X 及 X_r 三者关系

SVI	X_r (mg/L)	在下列 X 值(mg/L)时的回流比					
		1 500	2 000	3 000	4 000	5 000	6 000
60	20 000	0.08	0.11	0.18	0.25	0.33	0.43
80	15 000	0.11	0.15	0.25	0.36	0.50	0.66
120	10 000	0.18	0.25	0.43	0.67	1.00	1.50
150	8 000	0.24	0.33	0.60	1.00	1.70	3.00
240	5 000	0.43	0.67	1.50	4.00	—	—

在实际运行的曝气池内,SVI 值在一定的幅度内变化,而且混合液浓度(X)也需要根据进水负荷的变化而加以调整。因此,在进行污泥回流系统的设计时,应按最大回流比考虑,并使其具有能够在较小回流比条件下工作的可能,即使回流污泥量可以在一定幅度内变化。

b. 污泥提升设备的选择与设计

常用污泥泵、空气提升器和螺旋泵。污泥泵和螺旋泵根据污泥回流量、提升高度及扬程选泵。

污泥泵的主要形式是轴流泵,运行效率较高。可用于较大规模的污水处理工程。在选择时,首先应考虑的因素是不破坏活性污泥的絮凝体,使污泥能够保持其固有的特性,运行稳定可靠。采用污泥泵时,将从二次沉淀池流出的回流污泥集中到污泥井,从那里再用污泥泵抽送曝气池,大、中型污水厂则设回流污泥泵站。泵的台数视条件而定,一般采用 2~3 台,此外,还应考虑适当台数的备用泵。

空气提升器是利用升液管内外液体的密度差而使污泥提升的(参见图 8.2),它的结构简单,管理方便,而且有利于提高活性污泥中的溶解氧和保持活性污泥的活性,多为中、小型污水处理厂所采用。

空气提升器一般设在二次沉淀池的排泥井中或在曝气池进口处专设的回流井中。在每座回流井内只

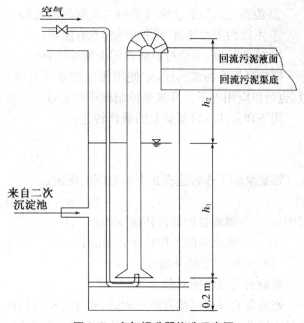

图 8.2 空气提升器构造示意图

设一台空气提升器,而且只接受一座二次沉淀池污泥斗的来泥,以免造成二次沉淀池排泥量的相互干扰,污泥回流量则通过调节阀门加以控制。

从图 8.2 可见,h_1 为淹没水深,h_2 为提升高度。升液筒在回流井中最小的淹没深度($h_{1(\min)}$)按下式计算:

$$h_{1(\min)} = \frac{h_2}{n-1} \tag{8-23}$$

式中:n——密度系数,一般取值 2~2.5。

在一般情况下,

$$\frac{h_1}{h_1+h_2} \geq 0.5$$

空气用量(Q_u)一般为最大提升污泥量的 3~5 倍,也可以按下式计算:

$$Q_u = \frac{K_u Q_s h_1}{\left(231g\frac{h_1+10}{10}\right)\eta} \tag{8-24}$$

式中:Q_u——空气用量,m³/h;

K_u——安全系数,一般采用 1.2;

Q_s——每台空气提升器设计提升流量,m³/h;

η——效率系数,一般为 0.35~0.45。

空气压力应大于淹没深度 $h_1 \times 3$ kPa 以上。

升液筒的最小直径为 75 mm,而空气管的最小直径为 25 mm。

近几十年来,国内外在污泥回流系统中,比较广泛的使用螺旋泵。螺旋泵是由泵轴,旋转叶片,上、下支座,导槽,挡水板和驱动装置所组成。

采用螺旋泵的污泥回流系统,具有以下各项特征:

① 效率高,而且稳定,即使进泥量有所变化,仍能够保持较高的效率;

② 能够直接安装在曝气池与二次沉淀池之间,不必另设污泥井及其他附属设备;

③ 不因污泥而堵塞,维护方便,节省能源;

④ 转速较慢,不会打碎活性污泥絮凝体颗粒。

螺旋泵提升回流污泥,常使用无级变速或有级变速的传动装置,以便能够改变提升流量,也可以应用电子计算机来控制回流污泥量。

用下列公式求定螺旋泵的最佳转速:

$$v_1 = \frac{50}{\sqrt[3]{D^2}} \tag{8-25}$$

螺旋泵的工作转速应在下列范围内确定:

$$0.6v_1 < v_g < 1.1v_1$$

式中:v_1——螺旋泵的最佳转速,r/min;

v_g——螺旋泵的工作转速,r/min;

D——螺旋泵的外缘直径,m。

螺旋泵安设的倾斜角为 30°~38°。

螺旋泵的导槽可用混凝土砌造,亦可采用钢结构。当使用混凝土导槽时,混凝土的强度等级不得低于 C30。泵体外缘与导槽内壁之间必须保持一定的间隙(δ)。δ 值按下式计算:

$$\delta = 0.142\sqrt{D} \pm 1 \tag{8-26}$$

式中：δ——允许间隙，mm；

　　　D——螺旋泵的外缘直径，m。

② 剩余污泥排放量计算（用于污泥处理处置系统的设计计算）

算法 1：按照二沉池排出剩余污泥浓度计算

$$Q_s = \frac{\Delta X}{fX_r} \tag{8-27}$$

式中：Q_s——每日从系统中排除的剩余污泥量，m^3/d；

　　　ΔX——挥发性污泥量（干重），kg/d；

　　　f——MLVSS/MLSS，生活污水约为 0.75；

　　　X_r——回流污泥浓度，g/L。

算法 2：按照二沉池排出剩余污泥含水率计算，二沉池剩余污泥含水率为 99.0%～99.5%（典型值 99.2%）

$$Q_s = \frac{\Delta X}{f(1-P)} \tag{8-28}$$

式中：Q_s——每日从系统中排除的剩余污泥量，kg/d；

　　　ΔX——挥发性污泥量（干重），kg/d；

　　　f——MLVSS/MLSS，生活污水约为 0.75；

　　　P——剩余污泥含水率，%。

（6）处理后水的水质

活性污泥处理水的 BOD_5 包括溶解性和非溶解性 BOD。活性污泥系统的净化功能，是去除溶解性 BOD。处理水中非溶解性 BOD 按下述公式计算：

$$非溶解性 BOD_5 = 5(1.42bX_aC_e) = 7.1bX_aC_e \tag{8-29}$$

式中：b——微生物自身氧化率，d^{-1}，取值范围 0.05～0.1；

　　　X_a——在处理水的悬浮固体中，有活性的微生物所占比例。

X_a 的取值：高负荷活性污泥处理系统为 0.8，延时曝气系统为 0.1，其他活性污泥系统（在一般负荷条件下）为 0.4；

　　　C_e——活性污泥系统的处理水的悬浮固体浓度，mg/L；

　　　5——BOD 的五天培养期；

　　　1.42——完全氧化 1 个单位的细胞（以 $C_5H_7NO_2$ 表示细胞分子式）需要 1.42 单位的氧。

处理后水的溶解性 BOD_5：

$$S_e = BOD_5 - 7.1bX_aC_e \tag{8-30}$$

式中：S_e——溶解性 BOD_5。

8.1.2　算例

【算例 1】　活性污泥法处理系统及曝气系统计算

某城市污水处理厂，设计处理流量为 30 000 m^3/d，时变化系数为 1.4，原污水 BOD_5 为 225 mg/L，要求处理水 BOD_5 为 25 mg/L，计算水温 30 ℃。拟采用活性污泥法进行处理（不考虑硝化）：

1. 计算、设计该活性污泥法处理系统；

2. 计算、设计鼓风曝气系统。

【解】

（1）污水处理程度的计算及曝气池的运行方式

① 污水处理程度的计算

原污水的 BOD_5 值(S_0)为 225 mg/L，经初次沉淀池处理，BOD_5 去除率按 25% 计算，则进入曝气池的污水 $BOD_5(S_a)$为：

$$S_a = 225 \times (1-25\%) = 168.75 \text{ mg/L}$$

首先计算处理后水的非溶解性 BOD_5：

$$BOD_5 = 7.1bX_aC_e$$

式中：b——微生物自身氧化率，d^{-1}，取值范围 0.05～0.1，取值 0.09；

X_a——处理水中活性微生物所占比例，取值 0.4；

C_e——活性污泥系统的处理水的悬浮固体浓度，取值 25 mg/L。

带入上式得：

$$BOD_5 = 7.1 \times 0.09 \times 0.4 \times 25 = 6.4 \text{ mg/L}$$

处理后水中溶解性 $BOD_5 = 25 - 6.4 = 18.6$ mg/L

BOD_5 去除率：

$$\eta = \frac{168.75 - 18.6}{168.75} = \frac{150.15}{168.75} = 0.899 \approx 0.90$$

② 曝气池的运行方式

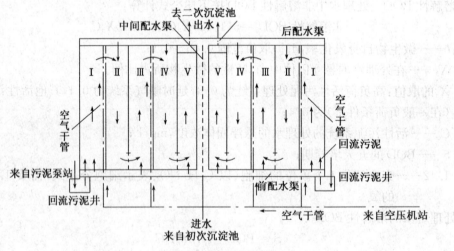

图 8.3　曝气池平面图

运行方式灵活性和多样化：a. 传统推流式活性污泥法；b. 阶段曝气；c. 再生-曝气系统。

（2）曝气池的计算与各部位尺寸的确定

曝气池按 BOD-负荷法计算

① BOD-污泥负荷率的确定

K_2 取 0.0185，$S_e=18.6$ mg/L，$\eta=0.90$，$f=0.75$

$$N_s=\frac{K_2 S_e f}{\eta}=\frac{0.0185\times18.6\times0.75}{0.9}=0.30 \text{ kgBOD}_5/(\text{kgMLSS}\cdot\text{d})$$

或直接按 N_s 为 $0.2\sim0.4$ kgBOD$_5$/(kgMLSS·d)取值。

② 确定混合液污泥浓度(X)

根据已确定的 N_s 值，查图 8.1 确定相应的 SVI 为 120。

$$X=\frac{R}{1+R}X_r=\frac{R}{1+R}\cdot\frac{10^6}{\text{SVI}}\cdot r$$

取 $r=1.2$，$R=50\%$ 得：

$$X=\frac{0.5\times1.2\times10^6}{(1+0.5)\times120}=3\,333\approx3\,300 \text{ mg/L}$$

（3）确定曝气池容积

$$S_a=168.75 \text{ mg/L}\approx169 \text{ mg/L}$$

$$V=\frac{QS_a}{XN_s}=\frac{30\,000\times169}{3\,300\times0.3}=5\,121 \text{ m}^3$$

（4）确定曝气池各部位尺寸

设 2 组曝气池，则每组曝气池的容积为 $5\,121/2=2\,560$ m^3，池深一般为 $3\sim5$ m，取 4.2 m，则每组曝气池的面积为：

$$F=\frac{2\,560}{4.2}=609.6 \text{ m}^3$$

池宽取 4.5 m，宽深比 $B/H=4.5/4.2=1.07$，介于 $1\sim2$ 之间，符合规定。

池长：

$$L=\frac{F}{B}=\frac{609.6}{4.5}=135.5$$

长宽比 $L/B=135.5/4.5=30\geqslant5\sim10$，符合规定。

设五廊道式曝气池，则廊道长：$L_1=L/5=135.5/5=27.1\approx27.0$ m

取超高 0.5 m，则池总高为：$4.2+0.5=4.7$ m

（5）曝气系统的计算与设计

① 平均时需氧量的计算

查表得：$a'=0.5$，$b'=0.15$

$$\frac{X_v}{X}=\frac{\text{MLVSS}}{\text{MLSS}}=f=0.75$$

$$X_v=f\cdot X=0.75\times3\,300=2\,475\approx2\,500 \text{ mg/L}$$

$$O_2=a'QS_r+b'VX_v=0.5\times30\,000\times\left(\frac{169-25}{1\,000}\right)+0.15\times5\,121\times\frac{2\,500}{1\,000}$$

$$=4\,080.4 \text{ kg/d}=170 \text{ kg/h}$$

② 最大时需氧量的计算

时变化系数 $K=1.4$

$$O_{2(\text{max})}=a'QS_r+b'VX_v=0.5\times1.4\times30\,000\times\left(\frac{169-25}{1\,000}\right)+0.15\times5\,121\times\frac{2\,500}{1\,000}$$

$$=4\ 920.4\ \text{kg/d}=205.0\ \text{kg/h}$$

③ 每日去除的 BOD_5 值

$$\text{BOD}_r=\frac{30\ 000\times(169-25)}{1\ 000}=4\ 320\ \text{kg/d}$$

④ 去除每 kgBOD 的需氧量

$$\Delta O_2=\frac{4\ 080.4}{4\ 320.0}=0.945\approx0.95\ \text{kgO}_2/\text{kgBOD}$$

⑤ 最大时需氧量与平均时需氧量之比

$$\frac{O_{2(\text{max})}}{O_2}=\frac{205.0}{170.0}=1.2$$

(6) 供气量的计算

采用网状膜型中微孔空气扩散器,敷设于池底 0.2 m 处,淹没水深 4.0 m,计算温度定为 30 ℃。

查表得水中溶解氧饱和度:

$$C_{\text{S}(20)}=9.17\ \text{mg/L} \qquad C_{\text{S}(30)}=7.63\ \text{mg/L}$$

① 空气扩散装置出口处的绝对压力计算

$$P_b=1.013\times10^5+9.8\times10^3\times H=1.013\times10^5+9.8\times10^3\times4.0$$
$$=1.405\times10^5\ \text{Pa}$$

② 空气离开曝气池面时,氧的百分比按扩散装置出口的绝对压力计算

$$O_t=\frac{21(1-E_A)}{79+21(1-E_A)}\cdot100\%=\frac{21\times(1-0.12)}{79+21\times(1-0.12)}\times100\%=18.43\%$$

③ 曝气池混合液中平均氧饱和度(按最不利温度 30 ℃条件考虑)

$$C_{\text{Sb}(T)}=C_{\text{S}}\left(\frac{P_b}{2.026\times10^5}+\frac{O_t}{42\%}\right)=7.63\times\left(\frac{1.405\times10^5}{2.026\times10^5}+\frac{18.43\%}{42\%}\right)=8.54\ \text{mg/L}$$

④ 换算为 20 ℃条件下,脱氧清水的充氧量

$$R_0=\frac{RC_{\text{S}(20)}}{\alpha[\beta\cdot\rho\cdot C_{\text{Sb}(T)}-C]\cdot1.024^{(T-20)}}$$

取 $\alpha=0.82$;$\beta=0.95$;$C=2.0$,$\rho=1.0$,代入各值,则平均时需氧量:

$$R_0=\frac{170\times9.17}{0.82\times[0.95\times1.0\times8.54-2.0]\times1.024^{(30-20)}}=250\ \text{kg/h}$$

相应的最大时需氧量为:

$$R_0=\frac{205.0\times9.17}{0.82\times[0.95\times1.0\times8.54-2.0]\times1.024^{(30-20)}}=303\ \text{kg/h}$$

⑤ 曝气池平均时供气量

$$G_{\text{S}}=\frac{R_0}{0.3E_A}=\frac{250}{0.3\times12\%}=6\ 946\ \text{m}^3/\text{h}$$

⑥ 曝气池最大时供气量

$$G_{\text{S}}=\frac{R_0}{0.3E_A}=\frac{303}{0.3\times12\%}=8\ 418\ \text{m}^3/\text{h}$$

⑦ 去除每 kgBOD₅ 的供气量

$$\frac{6\ 946}{4\ 320}\times24=38.6\ \text{m}^3\ \text{空气}/\text{kgBOD}$$

⑧ 每 m³ 污水的供气量

$$\frac{6\ 946}{30\ 000} \times 24 = 5.56\ \text{m}^3\ 空气/\text{m}^3\ 污水$$

⑨ 本系统的空气总用量

除采用鼓风曝气外,本系统还采用气提法回流污泥,空气量按回流污泥量的 8 倍考虑,最大回流比按 60% 计算,则提升回流污泥所需空气量为:

$$\frac{8 \times 0.6 \times 30\ 000}{24} = 6\ 000\ \text{m}^3/\text{h}$$

实际应按气提法相关公式计算,本例题中仅为估算。

空气总用量:$8\ 418 + 6\ 000 = 14\ 418\ \text{m}^3/\text{h}$

(7) 空气管路系统计算

按图 8.3 所示平面布置图布置空气管道,在相邻的两个廊道设一根干管,共 5 根干管。在每根干管上设 5 对配气竖管,共十条配气竖管,全曝气池共设 50 条配气竖管。每条竖管的空气量为:

$$\frac{8\ 418}{50} = 168\ \text{m}^3/\text{h}$$

曝气池平面面积:

$$27 \times 45 = 1\ 215\ \text{m}^2$$

每个空气扩散器的服务面积按 0.49 m² 计,则所需空气扩散器的总数为:

$$\frac{1\ 215}{0.49} = 2\ 479\ 个$$

为安全计,本设计采用 2 500 个空气扩散器,每个竖管上安设的空气扩散器的数目为:

$$\frac{2\ 500}{50} = 50\ 个$$

每个空气扩散器的配气量为:

$$\frac{8\ 418}{2\ 500} = 3.37\ \text{m}^3/\text{h}$$

将已布置的空气管路及布设的空气扩散器绘制成空气管路计算图(图 8.4)。

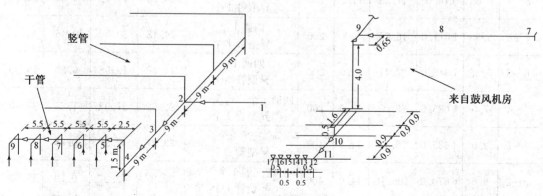

图 8.4　空气管路计算图

选择从鼓风机房开始的最长最远的管路作为计算管路,在流量变化处设节点编号。

空气干管和支管以及配气竖管直径,根据通过的空气量和相应的流速查图确定计算结果列入计算表8.8中第6项。

空气管路的局部阻力损失,根据配件的类型按式(8-20)折算成当量长度损失 l_0,并计算出管道的计算长度 $l+l_0$,列入第8、9项。

空气管道的沿程阻力损失,根据空气管管径(D)mm、空气量 m^3/min、计算温度℃和曝气池水深查图计算,计算结果列入第10项。

第9项与第10项相乘,得压力损失 h_1+h_2,结果列入计算表第11项。

表8.8 空气管路计算表

管段编号	管段长度 L (m)	空气流速		空气流速 v (m/s)	管径 D (mm)	配件	管段常量长度 L_0 (m)	管段计算长度 L_0+L (m)	压力损失 h_1+h_2	
		m^3/h	m^3/min						9.8 (Pa/m)	9.8 (Pa)
1	2	3	4	5	6	7	8	9	10	11
17~16	0.5	3.37	0.06	—	32	弯头1个	0.62	1.12	0.18	0.2
16~15	0.5	6.47	0.11	—	32	三通1个	1.18	1.68	0.32	0.54
15~14	0.5	10.11	0.17	—	32	三通1个	1.18	1.68	0.65	1.09
14~13	0.5	13.48	0.22	—	32	三通1个	1.18	1.68	0.90	1.51
13~12	0.25	16.85	0.28		32	三通1个 异型管1个	1.27	1.52	1.25 0.38	1.90
12~11	0.9	33.70	0.56	4.5	50	三通1个 异型管1个	2.18	3.08	0.50	1.54
11~10	0.9	67.40	1.12	3.2	80	四通1个 异型管1个	3.83	4.73	0.38	1.80
10~9	6.75	168.50	2.81	5.0	100	阀门1个 弯头3个 三通1个	11.30	18.05	0.70	12.33
9~8	5.55	337.0	5.62	12.5	100	四通1个 异型管1个	6.41	11.91	2.50	29.78
8~7	5.55	674.0	11.23	11.5	150	四通1个 异型管1个	10.25	15.75	0.90	14.18
7~6	5.55	1 011.0	16.85	9.5	200	四通1个 异型管1个	14.48	20.00	0.45	9.00
6~5	5.55	1 348.0	22.47	12.0	200	四通1个 异型管1个	14.48	19.98	0.80	16.00
5~4	7.0	1 685.0	28.08	13.0	200	四通1个 弯头2个 异型管1个	20.92	27.92	1.25	37.40
4~3	9.0	4 685.0	78.10	11.0	400	三通1个 异型管1个	33.27	42.27	0.28	11.28
3~2	9.0	6 370.0	106.16	14.0	400	三通1个 异型管1个	33.27	42.27	0.70	29.59
2~1	30	14 418.0	240.3	15.0	600	四通1个 异型管1个	54.12	84.12	0.40	33.65
合计										201.99

将表中第 11 项各值累加,得空气管道系统的总压力损失为:

$$\sum (h_1 + h_2) = 201.99 \times 9.8 = 1.979 \text{ kPa}$$

网状空气扩散器的压力损失为 5.88 kPa(0.6 m),则总压力损失为:

$$5.88 + 1.979 = 7.859 \text{ kPa} = 0.802 \text{ m}$$

为安全计,取 9.8 kPa,相当于 1.0 m 水柱。

(8) 空压机的选定

空气扩散装置安装在距离曝气池池底 0.2 m 处,空压机所需压力:

$$P = (4.2 - 0.2 + 1.0) \times 9.8 = 49 \text{ kPa} = 5.0 \text{ m}$$

空压机供气量:

最大时:$8\,418 + 6\,000 = 14\,418 \text{ m}^3/\text{h} = 240.3 \text{ m}^3/\text{min}$

平均时:$6\,946 + 6\,000 = 12\,946 \text{ m}^3/\text{h} = 215.76 \text{ m}^3/\text{min}$

根据所需压力及空气量,选用 LG60 型空压机 5 台。风压 50 kPa,风量 60 m³/min,4 用 1 备或 3 用 2 备。

(9) 剩余污泥量的计算

每日污泥的增长量(剩余污泥量)为:

$$\Delta X = Y(S_a - S_e)Q - K_d V X_V$$

根据实验或手册,取 Y 值为 0.6,K_d 值为 0.075,则剩余污泥量为:

$$\Delta X = 0.6 \times 30\,000 \times (169 - 25) - 0.075 \times 5\,121 \times (3\,300 \times 0.75)$$
$$= 1\,641\,414 \text{ g/d} = 1.64 \text{ t/d}$$

按每日排放的含水率为 99.2% 的湿污泥量算法:

① 按照排出的剩余污泥量计算

$$Q_S = \frac{\Delta X}{f X_r} = \frac{1.64}{0.75 \times \dfrac{10^6}{\text{SVI}} \times 1.2 \times 10^{-6}} = \frac{1.64}{0.75 \times \dfrac{1}{100}} = 219 \text{ m}^3/\text{d}$$

② 按污泥含水率计算

排出的剩余污泥含水率为 99.2%,则排出的剩余污泥量为:

$$Q_S = \frac{\Delta X}{f(1-p)} = \frac{1.64}{0.75 \times (1 - 99.2\%)} = 273.3 \text{ t/d}$$

【算例 2】　按污泥负荷法、污泥龄法设计推流式曝气池

某城镇污水处理厂海拔高度 900 m,设计处理水量 $Q = 20\,000 \text{ m}^3/\text{d}$,总变化系数 $K_z = 1.51$,设计采用传统曝气活性污泥法,鼓风微孔曝气。曝气池设计进水水质 $COD_{Cr} = 350 \text{ mg/L}$,$BOD_5 = 180 \text{ mg/L}$,$NH_3 - N = 30 \text{ mg/L}$,$SS = 160 \text{ mg/L}$,夏季平均水温 $T = 25 \text{ ℃}$,冬季平均水温 $T = 10 \text{ ℃}$,设计出水水质 $COD_{Cr} = 120 \text{ mg/L}$,$BOD_5 = 30 \text{ mg/L}$,$NH_3 - N = 25 \text{ mg/L}$,$SS = 30 \text{ mg/L}$,VSS 与 SS 的比例 $f = 0.75$。

【解】

(1) 估算出水溶解性 BOD_5

二沉池出水 BOD_5 由溶解性 BOD_5 和悬浮性 BOD_5 组成,其中只有溶解性 BOD_5 与工艺计算有关。出水溶解性 BOD_5 可用下式估算。

$$S_e = S_z - 7.1 K_d f C_e$$

式中：S_e——出水溶解性 BOD_5，mg/L；

S_z——二沉池出水总 BOD_5，mg/L；

K_d——活性污泥自身氧化系数，d^{-1}，典型值为 $0.06\ d^{-1}$；

f——二沉池出水 SS 中 VSS 所占比例；

C_e——二沉池出水 SS，mg/L。

$$S_e = 30 - 7.1 \times 0.06 \times 0.75 \times 30 = 20.4\ mg/L$$

（2）确定污泥负荷 N_s

曝气池进水 BOD_5 浓度 $S_0 = 180\ mg/L$

曝气池 BOD_5 去除率 η 为

$$\eta = \frac{S_0 - S_e}{S_0} \times 100\% = \frac{180 - 20.4}{180} \times 100\% = 89\%$$

污泥负荷 N_s 计算公式为

$$N_s = \frac{K_2 S_e f - S_e}{\eta}$$

式中：K_2——动力学参数，取值范围 $0.016\,8 \sim 0.028\,1$。

$$N_s = \frac{0.018 \times 20.4 \times 0.75}{0.89} = 0.31\ kgBOD_5/kgMLSS \cdot d$$

（3）曝气池有效容积 V

用污泥负荷法计算，设计进水量 $Q = 20\,000\ m^3/d$，曝气池混合液污泥浓度 $X = 2\,500\ mgMLSS/L$。

$$V = \frac{QS_0}{XN_s} = \frac{20\,000 \times 180}{2\,500 \times 0.31} = 4\,645\ m^3$$

曝气池设两座，每座有效容积 $4\,645/2 = 2\,322.5\ m^3$。

（4）复核容积负荷 F_v

$$F_v = \frac{QS_0}{1\,000V} = \frac{20\,000 \times 180}{2\,500 \times 4\,645} = 0.78\ kgBOD_5/(m^3 \cdot d)$$

F_v 大于 $0.4\ kgBOD_5/(m^3 \cdot d)$，小于 $0.9\ kgBOD_5/(m^3 \cdot d)$，符合《室外排水设计规范》（GB 50014—2006）的要求。

（5）污泥回流比 R

污泥指数 SVI 取 150，回流污泥浓度 X_R 为

$$X_R = \frac{10^6}{SVI}r = \frac{10^6}{150} \times 1.2 = 8\,000\ mg/L$$

式中：r——与二沉池有关的修正系数。

污泥回流比 R 为

$$R = \frac{X}{X_R - X} \times 100\% = \frac{2\,500}{8\,000 - 2\,500} \times 100\% = 45\%$$

（6）剩余污泥量

剩余污泥由生物污泥和非生物污泥组成，生物污泥由微生物的同化作用产生，并因微生物的内源呼吸而减少。非生物污泥由进水悬浮物中不可生化部分产生。活性污泥产率系数，剩余生物污泥计算公式为：

$$\Delta X_{\text{v}} = YQ\frac{S_0 - S_e}{1\,000} - K_{\text{D}}Vf\frac{X}{1\,000}$$

式中：K_{d}——活性污泥自身氧化系数，d^{-1}。与水温有关，水温为 20 ℃时，$K_{\text{d}(20)} = 0.06\ \text{d}^{-1}$。根据《室外排水设计规范》(GB 50014—2006)的有关规定，不同水温时应进行修正。本例中污水温度夏季 $T = 25$ ℃，冬季 $T = 10$ ℃。

$$K_{\text{d}(25)} = K_{\text{d}(20)}1.04^{T-20} = 0.06 \times 1.04^{25-20} = 0.073\ \text{d}^{-1}$$
$$K_{\text{d}(10)} = K_{\text{d}(20)}1.04^{T-20} = 0.06 \times 1.04^{10-20} = 0.041\ \text{d}^{-1}$$

夏季剩余生物污泥量：

$$\Delta X_{\text{V}(25)} = 0.6 \times 20\,000 \times \frac{180 - 20.4}{1\,000} - 0.073 \times 4\,645 \times 0.75 \times \frac{2\,500}{1\,000} = 1\,279.4\ \text{kg/d}$$

冬季剩余生物污泥量：

$$\Delta X_{\text{V}(10)} = 0.6 \times 20\,000 \times \frac{180 - 20.4}{1\,000} - 0.041 \times 4\,645 \times 0.75 \times \frac{2\,500}{1\,000} = 1\,558.1\ \text{kg/d}$$

剩余非生物污泥 ΔX_{s} 计算公式：

$$\Delta X_{\text{s}} = Q(1 - f_{\text{b}}f)\frac{C_0 - C_e}{1\,000}$$

式中：C_0——设计进水 SS，mg/L，$C_0 = 160\ \text{mg/L}$；

f_{b}——进水 VSS 中可生化部分比例，设 $f_{\text{b}} = 0.7$。

$$\Delta X_{\text{s}} = Q(1 - f_{\text{b}}f)\frac{C_0 - C_e}{1\,000} = 20\,000 \times (1 - 0.7 \times 0.75) \times \frac{160 - 30}{1\,000} = 1\,235\ \text{kg/d}$$

夏季剩余污泥量 $\Delta X_{(25)}$ 为

$$\Delta X_{(25)} = \Delta X_{\text{V}(25)} + \Delta X_{\text{s}} = 1\,279.4 + 1\,235 = 2\,514.4\ \text{kg/d}$$

冬季剩余污泥量 $\Delta X_{(10)}$ 为

$$\Delta X_{(10)} = \Delta X_{\text{V}(10)} + \Delta X_{\text{s}} = 1\,558.1 + 1\,235 = 2\,793.1\ \text{kg/d}$$

剩余污泥含水率按 99.2%计算，湿污泥量夏季为 314.3 m³/d，冬季为 349.1 m³/d。

(7) 复核污泥龄 θ_{c}

夏季污泥龄 $\theta_{\text{c}(25)}$ 为

$$\theta_{\text{c}(25)} = \frac{XVf}{1\,000\Delta X_{\text{V}(25)}} = \frac{2\,500 \times 4\,645 \times 0.75}{1\,000 \times 1\,279.4} = 6.8\ \text{d}$$

冬季污泥龄 $\theta_{\text{c}(10)}$ 为

$$\theta_{\text{c}(10)} = \frac{XVf}{1\,000\Delta X_{\text{V}(10)}} = \frac{2\,500 \times 4\,645 \times 0.75}{1\,000 \times 1\,558.1} = 5.6\ \text{d}$$

复核结果表明，无论冬季或夏季，污泥龄都在允许范围内。

(8) 复核出水 BOD_5

根据生物动力学原理，当曝气池体积 V，曝气池混合液浓度 X 已知时，进水 BOD_5 浓度 S_0 与出水 BOD_5 浓度 S_e 之间的关系可用下式表示：

$$\frac{Q(S_0 - S_e)}{XfV} = K_2 S_e$$

上式演变成

$$S_e = \frac{QS_0}{Q + K_2 XfV} = \frac{20\,000 \times 180}{20\,000 + 0.018 \times 2\,500 \times 0.75 \times 4\,645} = 20.4\ \text{mg/L}$$

复核结果表明,出水 BOD_5 可以达到设计要求,且与设计值十分接近。

(9) 复核出水 $NH_3 - N$

微生物合成去除的氨氮 N_w 可用下式计算。

$$N_w = 0.12 \frac{\Delta X_V}{Q}$$

冬季微生物合成去除的氨氮 $N_{w(10)}$ 为

$$N_{w(10)} = 0.12 \frac{\Delta X_{V(10)}}{Q} \times 1\,000 = 0.12 \times \frac{1\,558.1}{20\,000} \times 1\,000 = 9.4 \text{ mg/L}$$

冬季出水氨氮为

$$N_{e(10)} = N_0 - N_{w(10)} = 30 - 9.4 = 20.6 \text{ mg/L}$$

夏季微生物合成去除的氨氮 $N_{w(25)}$ 为

$$\Delta N_{w(25)} = 0.12 \frac{\Delta X_{V(25)}}{Q} \times 1\,000 = 0.12 \times \frac{1\,279.4}{20\,000} \times 1\,000 = 7.7 \text{ mg/L}$$

冬季出水氨氮为

$$N_{e(25)} = N_0 - N_{w(25)} = 30 - 7.7 = 22.3 \text{ mg/L}$$

复核结果表明,无论冬季或夏季,本例仅靠生物合成就可使出水氨氮低于设计出水标准。如果考虑硝化作用,出水氨氮计算采用动力学公式:

$$\mu_N = \mu_m \frac{N}{K_N + N}$$

式中:μ_N——硝化菌比增长速度,d^{-1};

μ_m——硝化菌最大比增长速度,d^{-1};

N——曝气池内氨氮浓度,mg/L;

K_N——硝化菌增长半速度常数,mg/L。

设出水氨氮 $N_e = N$,将上式进行变换,得

$$N_e = \frac{K_N \mu_N}{\mu_m - \mu_N}$$

μ_m 与水温、溶解氧、pH 值有关,设计水温条件下 $\mu_{m(T)}$ 为

$$\mu_{m(T)} = \mu_{m(15)} e^{0.098 \times (T-15)} \times \frac{DO}{K_0 + DO} \times [(1-0.833) \times (7.2 - pH)]$$

式中:$\mu_{m(15)}$——标准水温(15 ℃)时硝化菌最大比增长速度,d^{-1},$\mu_{m(15)} = 0.5 \text{ d}^{-1}$;

T——设计条件下污水温度,℃,夏季 $T = 25$ ℃,冬季 $T = 10$ ℃;

DO——曝气池内平均溶解氧,mg/L,$DO = 2$ mg/L;

K_0——溶解氧半速度常数,mg/L,$K_0 = 2$ mg/L;

pH——污水 pH 值,pH = 7.2。

将有关参数代入,得

$$\mu_{m(25)} = 0.5 \times e^{0.098 \times (25-15)} \times \frac{2}{1.3+2} \times [(1-0.833) \times (7.2-7.2)] = 0.81$$

$$\mu_{m(10)} = 0.5 \times e^{0.098 \times (10-15)} \times \frac{2}{1.3+2} \times [(1-0.833) \times (7.2-7.2)] = 0.19$$

硝化菌增长半速度常数 K_N 也与温度有关,计算公式为

$$K_{N(T)} = K_{N(15)} \times e^{0.118 \times (T-15)}$$

式中：$K_{N(15)}$——标准水温($15\ ℃$)时硝化菌半速度常数，mg/L，$K_{N(15)}=0.5\ \text{mg/L}$。

$$K_{N(25)}=0.5\times e^{0.118\times(25-15)}=1.63\ \text{mg/L}$$

$$K_{N(10)}=0.5\times e^{0.118\times(10-15)}=0.28\ \text{mg/L}$$

硝化菌增长速度可用下式计算：

$$\mu_N=\frac{1}{\theta_c}+b_N$$

式中：b_N——硝化菌自身氧化系数，d^{-1}，b_N 也受污水温度影响，其修正计算公式为

$$b_{N(T)}=b_{N(20)}\times 1.04^{T-20}$$

式中：$b_{N(20)}$——$20\ ℃$时的 b_N 值，d^{-1}，$b_{N(20)}=0.04\ \text{d}^{-1}$。

$$b_{N(25)}=0.04\times 1.04^{25-20}=0.049\ \text{d}^{-1}$$

$$b_{N(10)}=0.04\times 1.04^{10-20}=0.027\ \text{d}^{-1}$$

本例夏季污泥龄 $\theta_c=6.8\ \text{d}$，冬季污泥龄 $\theta_c=5.6\ \text{d}$，硝化菌比增长速度为

$$\mu_{N(25)}=\frac{1}{6.8}+0.049=0.2$$

$$\mu_{N(10)}=\frac{1}{5.6}+0.049=0.21$$

夏季出水氨氮为

$$N_{e(25)}=\frac{K_{N(25)}\mu_{N(25)}}{K_{m(25)}-\mu_{N(25)}}=\frac{1.63\times 0.2}{0.81-0.2}=0.53\ \text{mg/L}$$

冬季 μ_m 小于 μ_N，说明本例曝气池冬季基本没有硝化作用。如果要在冬季保持硝化功能，达到较低的出水氨氮，需提高 MLSS，增加污泥龄。

如果将 MLSS 增加到 $4\ 000\ \text{mg/L}$，出水 BOD_5 为

$$S_e=\frac{20\ 000\times 180}{20\ 000+0.018\times 4\ 000\times 0.75\times 4\ 645}=13.3\ \text{mg/L}$$

剩余生物污泥量为

$$\Delta X_{V(10)}=0.6\times 20\ 000\times\frac{180-13.3}{1\ 000}-0.041\times 4\ 645\times 0.75\times\frac{4\ 000}{1\ 000}=1\ 429.1\ \text{kg/d}$$

污泥龄为

$$\theta_{c(10)}=\frac{XVf}{1\ 000\Delta X_{V(10)}}=\frac{4\ 000\times 4\ 645\times 0.75}{1\ 000\times 1\ 558.1}=9.8\ \text{d}$$

硝化菌比增长速度为

$$\mu_{N(10)}=\frac{1}{9.8}+0.027=0.13\ \text{d}^{-1}$$

出水氨氮为

$$N_{e(10)}=\frac{K_{N(10)}\mu_{N(10)}}{\mu_{m(10)}-\mu_{N(10)}}=\frac{0.28\times 0.13}{0.19-0.13}=0.61\ \text{mg/L}$$

计算结果表明：冬季提高 MLSS，可以有效地促进硝化进程，降低出水氨氮。

(10) 进出水口设计

本例进水口、回流污泥入口和出水口采用自由出流矩形堰。其形式如图 8.5 所示。

堰上水头一般为 $0.1\sim 0.2\ \text{m}$，池壁厚度为 $0.3\sim 0.5\ \text{m}$，其水力学特征为自由出流宽顶堰。水力学计算公式如下：

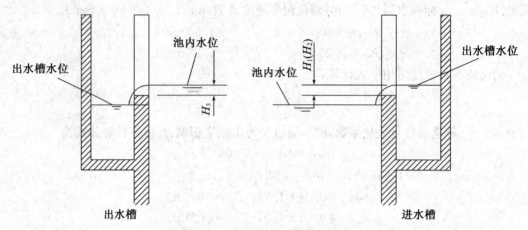

图 8.5 曝气池进、出水堰示意

$$Q = mb\sqrt{2g}\,H^{\frac{3}{2}}$$

$$H = \left(\frac{q}{mb\sqrt{2g}}\right)^{\frac{2}{3}}$$

式中：H——堰上水头，m；

　　q——设计流量，m^3/s；

　　m——流量系数，$m=0.32$；

　　b——堰宽，m；

　　g——重力加速度，$9.8\ m/s^2$。

考虑到水量变化的影响，曝气池进水口、回流污泥入口和出水口设计流量应按最大时流量计算。

对于进水口：

$$q_1 = \frac{K_z Q}{86\,400n} = \frac{1.51 \times 20\,000}{86\,400 \times 2} = 0.175\ m^3/s$$

$$H_1 = \left(\frac{0.175}{0.32 \times 2.75 \times \sqrt{2 \times 9.8}}\right)^{\frac{2}{3}} = 0.126\ m$$

进水管设计流速 $v=0.7\ m/s$，进水管管径为

$$d_1 = \sqrt{\frac{4q_1}{v\pi}} = \sqrt{\frac{4 \times 0.175}{0.7 \times 3.14}} = 0.56 \approx 0.6\ m$$

对于回流污泥入口有

$$q_2 = Rq_1 = 0.45 \times 0.175 = 0.079\ m^3/s$$

$$H_2 = \left(\frac{0.079}{0.32 \times 5.5 \times \sqrt{2 \times 9.8}}\right)^{\frac{2}{3}} = 0.074\ m$$

污泥回流管设计流速 $v=0.6\ m/s$，污泥回流管管径为

$$d_2 = \sqrt{\frac{4q_2}{v\pi}} = \sqrt{\frac{4 \times 0.079}{0.6 \times 3.14}} = 0.41 \approx 0.4\ m$$

对于出水口：

$$q_3 = q_1 + q_2 = 0.175 \times 0.079 = 0.254 \text{ m}^3/\text{s}$$

$$H_2 = \left(\frac{0.254}{0.32 \times 5.5 \times \sqrt{2 \times 9.8}}\right)^{\frac{2}{3}} = 0.102 \text{ m}$$

出水管设计流速 $v=0.7$ m/s，出水管管径：

$$d_3 = \sqrt{\frac{4q_3}{v\pi}} = \sqrt{\frac{4 \times 0.254}{0.7 \times 3.14}} = 0.68 \approx 0.7 \text{ m}$$

（11）设计需氧量

本例中：生物池不具有反硝化功能，需氧量只计算有机物需氧。硝化氨氮需氧量和生物合成减少的需氧量，设计公式为

$$AOR = 0.001aQ(S_0 - S_e) + b[0.001Q(N_k - N_{ke}) - 0.12\Delta X_v] - c\Delta X_v$$

式中：a——以 BOD_5 表示有机物时的氧当量，$kgO_2/kgBOD_5$，$a=1.47$ $kgO_2/kgBOD_5$；

$\quad b$——氨氮硝化需氧系数，kgO_2/kgN，$b=4.57$ kgO_2/kgN；

$\quad c$——微生物的氧当量，$kgO_2/kgVSS$，$c=1.42$ $kgO_2/kgVSS$；

$\quad N_k$——进水凯氏氮，mg/L；

$\quad N_{ke}$——出水凯氏氮，mg/L，经过好氧反应后，进水有机氮全部被氨化，出水凯氏氮数值上等于氨氮。

夏季时水温较高，污泥龄较长，在有机物氧化的同时，氨氮的硝化也在进行。设计需氧量应包括氧化有机物需氧量，污泥自身氧化需氧量和氨氮硝化需氧量。

夏季设计需氧量 $AOR_{(25)}$ 为

$$AOR_{(25)} = 1.47 \times 20\,000 \times \frac{180-20.4}{1\,000} + 4.6 \times \left(20\,000 \times \frac{30-0.53}{1\,000}\right) - \left(0.12 \times \right.$$
$$\left.\frac{4\,645 \times 2\,500 \times 0.75}{1\,000 \times 6.8}\right) - 1.42 \times \frac{4\,645 \times 2\,500 \times 0.75}{1\,000 \times 6.8} = 4\,692 + 2\,004 + 1\,819 = 4\,877 \text{ kg/d} = $$
203.2 kg/h

本例冬季时污泥龄较低，且水温较低，当 $X=2\,500$ mg/L 时，不会发生氨氮的硝化，设计需氧量只包括氧化有机物需氧量，污泥自身氧化需氧量。设计需氧量 $AOR_{(10)}$ 为

$$AOR_{(10)} = aQ\frac{S_0-S_e}{1\,000} - c\frac{VXf}{1\,000\theta_{c(10)}} = 1.47 \times 20\,000 \times \frac{180-14.25}{1\,000} - 1.42 \times$$
$$\frac{4\,615 \times 2\,500 \times 0.75}{1\,000 \times 6.6} = 4\,873 - 2\,234 = 2\,639 \text{ kg/d} = 110 \text{ kg/d}$$

冬季单位 BOD_5 去除量耗氧为 0.8 $kgO_2/kgBOD_5$，符合 GB50014—2006 $0.7 \sim 1.2$ $kgO_2/kgBOD_5$ 的要求。如果冬季将 X 提高至 $4\,000$ mg/L，设计需氧量将增加到

$$AOR_{(10)} = 1.47 \times 20\,000 \times \frac{180-13.3}{1\,000} + 4.6 \times \left(2\,000 \times \frac{30-0.61}{1\,000} - 0.12 \times \right.$$
$$\left.\frac{4\,645 \times 4\,000 \times 0.75}{1\,000 \times 9.8}\right) - 1.42 \times \frac{4\,645 \times 4\,000 \times 0.75}{1\,000 \times 9.8} = 4\,901 + 1\,919 - 2\,019 = 4\,801 \text{ kg/d} = $$
200 kg/h

计算结果说明冬季提高 MLSS 后，设计需氧量也将大幅度增加。

（12）标准需氧量 SOR 和用气量

标准需氧量计算公式为

$$SOR=\frac{AOR\times C_{S(20)}}{a[\beta\rho C_{Sb(T)}-C]\times1.024^{T-20}}$$

式中：$C_{S(20)}$——20 ℃时氧在清水中饱和溶解度，mg/L，$C_{s(20)}=9.17$ mg/L；

a——氧总转移系数，$a=0.85$；

β——氧在污水中饱和溶解度修正系数，$\beta=0.95$；

ρ——因海拔高度不同而引起的压力修正系数，$\rho=\dfrac{p}{1.013\times10^5}$；

T——设计污水温度，℃，本例冬季 $T=10$ ℃，夏季 $T=25$ ℃；

$C_{Sb(T)}$——设计水温条件下曝气池内平均溶解氧饱和度，mg/L，$C_{Sb(T)}=C_{S(T)}\left(\dfrac{p_b}{2.026\times10^5}\right.$

$\left.+\dfrac{O_t}{42}\right)$；

$C_{S(T)}$——设计水温条件下氧在清水池中饱和溶解度，mg/L；

P_b——空气扩散装置处的绝对压力，Pa，$P_b=P+9.8\times10^3H$；

H——空气扩散装置淹没深度，m；

O_t——气泡离开水面时含氧量，%，$O_t=\dfrac{21(1-E_A)}{79+21(1-E_A)}\times100\%$；

E_A——空气扩散装置氧转移效率，可由设备样本查得；

C——曝气池内平均溶解氧浓度，mg/L，取 $C=2$ mg/L。

工程所在地海拔高度为 900 m，大气压力 $p=0.91\times10^5$ Pa，压力修正系数 ρ 为：

$$\rho=\frac{p}{1.013\times10^5}=\frac{0.91\times10^5}{1.013\times10^5}=0.9$$

微孔曝气头安装在距池底 0.3 m 处，淹没深度 4.2 m，其绝对压力 P_b 为

$$P_b=P+9.8\times10^3H=1.013\times10^5+0.098\times10^5\times4.2=1.42\times10^5 \text{ Pa}$$

微孔曝气头氧转移效率 E_A 为 20%，气泡离开水面时含氧量 O_t 为

$$O_t=\frac{21(1-E_A)}{79+21(1-E_A)}\times100\%=\frac{21\times(1-0.2)}{79+21\times(1-0.2)}\times100\%=17.5\%$$

夏季清水氧饱和度 $C_{S(25)}$ 为 8.4 mg/L，曝气池内平均溶解氧饱和度 $C_{Sb(25)}$ 为

$$C_{Sb(25)}=C_{S(25)}\left(\frac{P_b}{2.026\times10^5}+\frac{O_t}{42}\right)=8.4\times\left(\frac{1.42\times10^5}{2.026\times10^5}+\frac{17.5}{42}\right)=9.4 \text{ mg/L}$$

夏季标准需氧量 $SOR_{(25)}$ 为

$$SOR_{(25)}=\frac{AOR_{(25)}\times C_{S(20)}}{a[\beta\rho C_{Sb(25)}-C]\times1.024^{T-20}}=\frac{203.3\times9.17}{0.85\times(0.95\times0.9\times9.4-2)\times1.024^{25-20}}$$
$$=322.8 \text{ kg/h}$$

夏季空气用量 $Q_{F(25)}$ 为

$$Q_{F(25)}=\frac{SOR_{(25)}}{0.3E_A}=\frac{322.8}{0.3\times0.2}=5380.5 \text{ m}^3/\text{h}=89.7 \text{ m}^3/\text{min}$$

冬季清水氧饱和度 $C_{S(10)}$ 为 11.33 mg/L，曝气池内平均溶解氧饱和度 $C_{Sb(10)}$ 为

$$C_{Sb(10)}=C_{S(10)}\left(\frac{P_b}{2.026\times10^5}+\frac{O_t}{42}\right)=11.33\times\left(\frac{1.42\times10^5}{2.026\times10^5}+\frac{17.5}{42}\right)=12.7 \text{ mg/L}$$

冬季标准需氧量 $SOR_{(10)}$ 为

$$\text{SOR}_{(10)} = \frac{\text{AOR}_{(10)} C_{S(20)}}{\alpha \left[\beta \rho C_{Sb(10)} - C \right] \times 1.204^{T-20}} = \frac{110 \times 9.17}{0.85 \times (0.95 \times 0.9 \times 11.33 - 2) \times 1.204^{10-20}}$$

$$= 156.8 \, \text{kg/h}$$

冬季空气用量 $Q_{F(10)}$ 为

$$Q_{F(10)} = \frac{\text{SOR}_{(10)}}{0.3 E_A} = \frac{156.8}{0.3 \times 0.2} = 2613.3 \, \text{m}^3/\text{h} = 43.6 \, \text{m}^3/\text{min}$$

（13）曝气池布置

设曝气池 2 座，单座池容为

$$V_{\text{单}} = V/2 = 4645/2 = 2322.5 \, \text{m}^3$$

曝气池有效水深 $h = 4.5 \, \text{m}$，单座曝气池有效面积为

$$A_{\text{单}} = V_{\text{单}}/h = 2322.5/4.5 = 516.11 \, \text{m}^3$$

采用 3 廊道式，廊道宽 $b = 5.5 \, \text{m}$，曝气池宽度为

$$B = 3b = 3 \times 5.5 = 16.5 \, \text{m}$$

曝气池长度为

$$L = A_{\text{单}}/B = 516.11/16.5 = 31.3 \, \text{m}$$

校核宽深比：

廊道宽/水深 $= b/h = 5.5/4.5 = 1.22$，宽深比大于 1，小于 2，满足 GB 50014—2006 要求。

校核长宽比：

池长/廊道宽 $= L/b = 31.3/5.5 = 5.7$，长宽比大于 5，小于 10，满足 GB 50014—2006 要求。

曝气池超高取 0.8 m，曝气池总高为

$$H = 4.5 + 0.8 = 5.3 \, \text{m}$$

曝气池平面布置如图 8.6 所示。

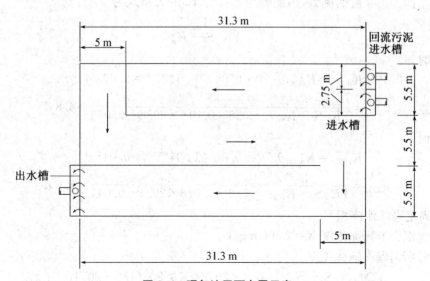

图 8.6　曝气池平面布置示意

(14) 曝气设备布置

选用某微孔曝气器，其技术性能参数如下：氧转移效率 $16\%\sim25\%$；阻力损失 $3\sim8$ kPa；服务面积 $0.3\sim0.75$ m²/个；供气量 $1.5\sim3$ m³/(h·个)；曝气器均匀布置，每廊道布置 8 列，45 排，两座曝气池共布置曝气器 2 160 个。

$$每个曝气器服务面积 = \frac{2LB}{n} = \frac{2\times31.1\times16.5}{2\,160} = 0.48 \text{ m}^2/\text{个}$$

$$夏季每个曝气器供气量 = Q_F/n = 5\,380.5/2\,160 = 2.5 \text{ m}^3/(\text{h·个})$$

$$冬季每个曝气器供气量 = Q_F/n = 2\,613.3/2\,160 = 1.2 \text{ m}^3/(\text{h·个})$$

以上复核结果表明，曝气器服务面积和夏季曝气器供气量在设备允许范围之内，冬季单个曝气器供气量小于设备最低供气量，说明冬季曝气设备利用率较低。

【算例3】 按污泥龄法设计推流式曝气池

已知条件同【算例2】，不考虑氨氮的硝化。

【解】

(1) 出水溶解性 BOD_5

计算方法和参数同【算例2】，出水溶解性 BOD_5 为

$$S_e = 30 - 7.1 \times 0.06 \times 0.75 \times 30 = 20.4 \text{ mg/L}$$

(2) 确定污泥龄 θ_c

根据生物动力学原理，当曝气池体积 V，曝气池混合液污泥浓度 X 已知时，进水 BOD_5 浓度 S_0 与出水 BOD_5 浓度 S_e 之间的关系可用下式表示：

$$\frac{Q(S_0 - S_e)}{XfV} = K_2 S_e$$

上式两面同时乘产率系数 Y，两面再同时减污泥自身氧化系数 K_d，可得

$$\frac{YQ(S_0 - S_e)}{XfV} - K_d = YK_2 S_e - K_d$$

等式左面为污泥龄的倒数，污泥龄与 K_2、S_e、K_d 的关系式为

$$\theta_c = \frac{1}{YK_2 S_e - K_d}$$

夏季时

$$K_{d(25)} = K_{d(20)} \theta_t^{T-20} = 0.06 \times 1.04^{25-20} = 0.073 \text{ d}^{-1}$$

$$\theta_{c(25)} = \frac{1}{YK_2 S_e - K_{d(25)}} = \frac{1}{0.6 \times 0.018 \times 20.4 - 0.073} = 6.8 \text{ d}$$

冬季时

$$K_{d(10)} = K_{d(10)} \theta_t^{T-20} = 0.06 \times 1.04^{10-20} = 0.041 \text{ d}^{-1}$$

$$\theta_{c(10)} = \frac{1}{YK_2 S_e - K_{d(10)}} = \frac{1}{0.6 \times 0.018 \times 20.4 - 0.041} = 5.6 \text{ d}$$

(3) 确定曝气池体积 V

曝气池混合液污泥浓度 $X = 2\,500$ mg/L。

夏季时所需曝气池体积 $V_{(25)}$ 为

$$V_{(25)} = \frac{YQ\theta_{c(25)}(S_0 - S_e)}{Xf[1 + K_{d(25)}\theta_{c(25)}]} = \frac{0.6 \times 20\,000 \times 6.8 \times (180 - 20.4)}{2\,500 \times 0.75 \times (1 + 0.075 \times 6.8)} = 4\,642 \text{ m}^3$$

冬季时所需曝气池体积 $V_{(10)}$ 为

$$V_{(10)} = \frac{YQ\theta_{c(10)}(S_0 - S_e)}{Xf[1 + K_{d(10)}\theta_{c(10)}]} = \frac{0.6 \times 20\,000 \times 5.6 \times (180 - 20.4)}{2\,500 \times 0.75 \times (1 + 0.041 \times 5.6)} = 4\,652 \text{ m}^3$$

计算表明,冬季或夏季,曝气池体积基本相同,本例体积按冬季所需体积 $4\,652$ m^3 确定。

(4) 复核水力停留时间 T

$$T = 24V/Q = 24 \times 4\,652/20\,000 = 5.6 \text{ h}$$

(5) 污泥回流比 R

污泥指数 SVI 取 125,回流污泥浓度 X_R 为

$$X_R = 10^6/\text{SVI} = 10^6/125 = 8\,000 \text{ mg/L}$$

污泥回流比 R 为

$$R = \frac{X}{X_R - X} \times 100\% = \frac{2\,500}{8\,000 - 2\,500} \times 100\% = 45\%$$

(6) 复核污泥负荷 N_s

$$N_s = \frac{QS_0}{XV} = \frac{20\,000 \times 180}{2\,500 \times 4\,652} = 0.31 \text{ kgBOD}_5/\text{kgMLSS}$$

(7) 剩余污泥量 ΔX

剩余污泥由生物污泥和非生物污泥组成。

冬季剩余生物污泥 $\Delta X_{v(10)}$ 为

$$\Delta X_{v(10)} = \frac{Y}{1 + K_{d(10)}\theta_{c(10)}} \times \frac{S_0 - S_e}{1\,000}Q = \frac{0.6}{1 + 0.041 \times 5.6} \times \frac{180 - 20.4}{1\,000} \times 20\,000$$
$$= 1\,557.5 \text{ kg/d}$$

夏季剩余生物污泥 $\Delta X_{v(25)}$ 为

$$\Delta X_{v(25)} = \frac{Y}{1 + K_{d(25)}\theta_{c(25)}} \times \frac{S_0 - S_e}{1\,000}Q = \frac{0.6}{1 + 0.073 \times 6.8} \times \frac{180 - 20.4}{1\,000} \times 20\,000$$
$$= 1\,279.9 \text{ kg/d}$$

剩余非生物污泥 ΔX_s 为

$$\Delta X_s = Q(1 - f_b f)\frac{C_0 - C_e}{1\,000} = 20\,000(1 - 0.7 \times 0.75) \times \frac{160 - 30}{1\,000} = 1\,235 \text{ kg/d}$$

冬季剩余污泥量为

$$\Delta X_{(10)} = \Delta X_{v(10)} + \Delta X_s = 1\,557.6 + 1\,235 = 2\,792.6 \text{ kg/d}$$

夏季剩余污泥量为

$$\Delta X_{(25)} = \Delta X_{v(25)} + \Delta X_s = 1\,279.9 + 1\,235 = 2\,514.9 \text{ kg/d}$$

剩余污泥含水率按 99.2% 计算,湿污泥量夏季为 314.4 m^3/d,冬季为 349.1 m^3/d。

其余部分计算方法与【算例 2】相同,略。

【算例 2】与【算例 3】采用不同的设计方法,所得结果十分接近,可以互为校核。

【算例 4】 完全混合式曝气池设计

某城镇污水处理厂海拔高度 550 m,设计采用完全混合式活性污泥工艺,池型为合建式机械曝气沉淀池,处理水量 $Q = 5\,000$ m^3/d,污水温度 $T = 27$ ℃,总变化系数 $K_z = 1.65$。经粗细格栅和初沉池预处理后,曝气池进水 BOD$_5$ 浓度 $S_0 = 160$ mg/L,SS 浓度 $C_0 = 120$ mg/L,出水水质要求达到 BOD$_5$ 浓度 $S_e = 30$ mg/L,SS 浓度 $C_e = 30$ mg/L,VSS 与 SS 比值 $f =$

0.75,不考虑氨氮的硝化。

【解】

(1) 合建式机械曝气沉淀池

结构如图所示。

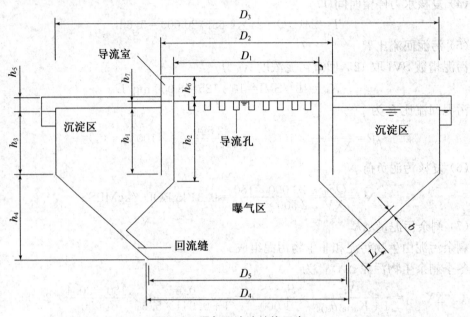

图 8.7 曝气沉淀池结构示意

(2) 曝气区容积 V_1

采用容积负荷法进行设计。根据 GB50014—2006,容积负荷 N_V 取 1.35 kgBOD$_5$/(m³·d),

V_1 为

$$V_1 = \frac{QS_0}{1\,000 N_V} = \frac{5\,000 \times 160}{1\,000 \times 1.35} = 593 \text{ m}^3$$

曝气池设 3 座,即 $n=3$,每座曝气池曝气区容积为 197.7 m³。

(3) 复核曝气区水力停留时间 T

$$T = 24 V_1 / Q = 24 \times 593 / 5\,000 = 2.85 \text{ h}$$

(4) 复核污泥负荷

曝气区混合液污泥浓度 X 取 3 500 mg/L。

$$N_S = \frac{QS_0}{XV} = \frac{5\,000 \times 160}{3\,500 \times 593} = 0.39 \text{ kgBOD}_5/(\text{kgMLSS} \cdot \text{d})$$

复核结果表明,污泥负荷 N_S 在规范允许的范围内 0.25~0.5 kgBOD$_5$/(kgMLSS·d)。

(5) 估算出水溶解性 BOD$_5$

污泥龄 θ_c 取 4.2 d,异养菌半速度常数 $K_s = 60$ mg/L,产率系数 $Y=0.6$,异养菌最大比

增长速度 $\mu_{max} = 5 \text{ d}^{-1}$,异养菌自身氧化系数 $K_d = 0.06 \text{ d}^{-1}$。

$$S_e = \frac{K_s(1+K_d\theta_c)}{Y\mu_{max}\theta_c - (1+K_d\theta_c)} = \frac{60 \times (1+0.06 \times 4.2)}{0.6 \times 5 \times 4.2 - (1+0.06 \times 4.2)} = 6.6 \text{ mg/L}$$

（6）剩余污泥产量 ΔX

$$\Delta X = \Delta X_V + \Delta X_S = \frac{YQ(S_0 - S_e)}{1\,000(1 + K_d\theta_c)} + \frac{Q(1 - f_b f)(C_0 - C_e)}{1\,000}$$

$$= \frac{0.6 \times 5\,000 \times (160 - 6.6)}{1\,000 \times (1 + 0.06 \times 4.2)} + \frac{5\,000 \times (1 - 0.7 \times 0.75) \times (120 - 30)}{1\,000}$$

$$= 367 + 214$$

$$= 581\ \text{kg/d}$$

剩余污泥含水率按 99.2% 计,剩余污泥湿泥量为 72.6 m³。

（7）复核污泥龄

$$\theta_c = \frac{XfV}{1\,000\Delta X_V} = \frac{3\,500 \times 0.75 \times 593}{1\,000 \times 367} = 4.2\ \text{d}$$

复核结果与假设值一致。

（8）设计需氧量 AOR

设计需氧量 AOR 计算采用下式:

$$\text{AOR} = a'Q\frac{S_0 - S_e}{1\,000} + b'\frac{X}{1\,000}Vf$$

式中:a'——有机物氧化需氧系数,kgO₂/kgBOD₅,取 $a' = 0.5$ kgO₂/kgBOD₅;

$\quad b'$——活性污泥需氧系数,kgO₂/kgMLVSS,取 $b' = 0.5$ kgO₂/kgMLVSS;

$$\text{AOR} = a'Q\frac{S_0 - S_e}{1\,000} + b'\frac{X}{1\,000}Vf = 0.5 \times 5\,000 \times \left(\frac{160 - 6.6}{1\,000}\right) + 0.12 \times \frac{3\,500}{1\,000} \times 593 \times 0.75$$

$$= 383.5 + 187 = 570.5\ \text{kg/d} = 23.8\ \text{kg/d}$$

单位 BOD₅ 去除量好氧为 0.75 kgO₂/kgBOD₅,负荷 GB50014—2006 的 0.7~1.2 kg O₂/kgBOD₅ 的要求。

（9）标准需氧量 SOR

标准需氧量计算公式为

$$\text{SOR} = \frac{\text{AOR} \times C_{S(20)}}{a(\beta\rho C_{S(T)} - C) \times 1.024^{27-20}}$$

工程所在地海拔高度 550 m,大气压力 P 为 0.95×10^5 Pa,大气压力修正系数为

$$\rho = \frac{P}{1.013 \times 10^5} = \frac{0.95 \times 10^5}{1.013 \times 10^5} = 0.94$$

本例 $C_{S(20)} = 9.17$ mg/L,$a = 0.85$,$\beta = 0.95$,$T = 27\ ℃$,$C = 2$ mg/L,代入公式有夏季标准需氧量为

$$\text{SOR} = \frac{\text{AOR} \times C_{S(20)}}{a(\beta\rho C_S - C) \times 1.024^{27-20}} = \frac{23.8 \times 9.17}{0.85 \times (0.95 \times 0.94 \times 8.07 - 2) \times 1.024^{27-20}}$$

$$= 41.8\ \text{kg/h}$$

（10）曝气设备选型

选用 3 台泵型叶轮,直径 $d = 0.75$ m,每台曝气设备标准充氧量为 13.9 kg/h,叶轮周边线速度为

$$v = \left(\frac{\text{SOR}}{0.379K_1d^{1.88}}\right)^{1/2.8} = \left(\frac{13.9}{0.379 \times 1 \times 0.75^{1.88}}\right)^{1/2.8} = 4.4\ \text{m/s}$$

曝气机轴功率为

$$N=0.080\ 4K_2v^3d^{2.08}=0.080\ 4\times1\times4.4^3\times0.75^{2.08}=3.79\ \text{kW}$$

曝气机最低转速为

$$n=\frac{60v}{\pi d}=\frac{60\times4.4}{3.14\times0.75}=112.3\ \text{s}^{-1}$$

曝气机充氧动力效率

$$\eta=SOR/N=13.9/3.79=3.7\ \text{kgO}_2/(\text{kW}\cdot\text{h})$$

(11) 曝气区直径

$$D_1=6d=6\times0.75=4.5\ \text{m}$$

(12) 导流室设计

导流室污水下降流速 $v_2=15\ \text{mm/s}$，污泥回流比 $R=300\%$，导流室面积为

$$F_2=\frac{Q(K_z+R)}{n\times86.4\times v_2}=\frac{5\ 000\times(1.65+3)}{3\times86.4\times15}=5.98\ \text{m}^2$$

曝气区外壁结构厚度 $\delta_1=0.2\ \text{m}$，导流室外径为

$$D_2=\sqrt{(D_1+\delta_1)^2+4F_2/\pi}=\sqrt{(4.5+0.2)^2+(4\times5.98)/3.14}=5.5\ \text{m}$$

导流室宽度为

$$B=(D_2-D_1-\delta_1)/2=(5.5-4.5-0.2)/2=0.4\ \text{m}$$

(13) 沉淀区设计

沉淀区表面负荷 $q_1=1.0\ \text{m}^3/(\text{m}^2\cdot\text{h})$，沉淀区面积为

$$F_3=\frac{K_zQ}{24nq}=\frac{1.65\times5\ 000}{24\times3\times1.0}=114.6\ \text{m}^2$$

导流室外壁采用 UPVC 结构板，厚度 $\delta_2=0.01\ \text{m}$，沉淀区直径为

$$D_3=\sqrt{(D_2+\delta_2)^2+4F_2/\pi}=\sqrt{(5.5+0.01)^2+(4\times114.6)/3.14}=13.3\ \text{m}$$

出水堰设在沉淀区周边，出水堰负荷为

$$q_2=\frac{K_zQ}{86.4n\pi D_3}=\frac{1.65\times5\ 000}{86.4\times3\times3.141\ 6\times13.3}=0.76\ \text{L}/(\text{s}\cdot\text{m})$$

(14) 其他部位尺寸

曝气区超高 $h_6=0.6\ \text{m}$，沉淀区超高 $h_5=0.3\ \text{m}$，曝气区与沉淀区水位差 $h_7=0.2\ \text{m}$。沉淀时间 $t=1.5\ \text{h}$，沉淀区高度为

$$h_1=qt=1.0\times1.5=1.5\ \text{m}$$

沉淀区直壁高度 $h_3=1.5\ \text{m}$，曝气区直壁高度为

$$h_2=h_1+0.414B=1.5+0.42\approx1.7\ \text{m}$$

曝气区深度 $H=4.5\ \text{m}$，斜壁高度为

$$h_4=H-h_3=4.5-1.5=3\ \text{m}$$

池底直径为

$$D_5=D_3-2h_4=13.3-2\times3=7.3\ \text{m}$$

回流窗流速 $v_2=100\ \text{mm/s}$，回流窗面积为

$$f_1=\frac{Q(K_z+R)}{86.4nv_2}=\frac{5\ 000\times(1.65+3)}{86.4\times2\times100}=1.35\ \text{m}^2$$

回流窗尺寸 $0.2\ \text{m}\times0.2\ \text{m}$，沿曝气外壁均匀布置，共布置 28 个。

回流缝宽度 $b=0.1\ \text{m}$，顺流圈长度 $L=0.3\ \text{m}$，顺流圈内径 $D_4=7.5\ \text{m}$，回流缝面积为

$$f_2 = b\pi\left(D_4 + \frac{L+b}{\sqrt{2}}\right) = 0.1 \times 3.14 \times \left(7.5 + \frac{0.5+0.1}{\sqrt{2}}\right) = 2.49 \text{ m}^2$$

回流缝流速为

$$v_2 = \frac{RQ}{86.4nf_2} = \frac{3 \times 5\,000}{86.4 \times 3 \times 2.49} = 23.2 \text{ mm/s}$$

v_2 大于 20 mm/s，小于 40 mm/s，符合要求。

（15）复核曝气区容积

曝气沉淀池总体积为

$$V = \frac{\pi D_3^2 h_3}{4} + \frac{\pi}{3} \times \frac{h_4}{4}(D_3^2 + D_3 D_5 + D_5^2)$$

$$= \frac{3.14 \times 13.3^2 \times 1.5}{4} + \frac{3.14}{3} \times \frac{3}{4} \times (13.3^2 + 13.3 \times 7.3 + 7.3^2)$$

$$= 465.43 \text{ m}^3$$

沉淀区体积为

$$V_3 = \frac{\pi(D_3^2 - D_2^2)h_1}{4} = \frac{3.14 \times (13.3^2 - 5.5^2) \times 1.5}{4} = 172.76 \text{ m}^3$$

曝气区及导流区实际有效体积为

$$V_2 = 0.95(V - V_3) = 0.95 \times (465.43 - 172.76) = 278.04 \text{ m}^3$$

曝气区及导流区实际有效体积大于计算所需。

【算例 5】 阶段曝气活性污泥工艺设计计算

已知条件同【算例 2】，不考虑氨氮的硝化，按阶段曝气工艺设计曝气池。

【解】

（1）工艺模式

本例考虑将曝气池平均分为 4 段，每段为一个完全混合反应器。每段进水比例均为 25%，回流污水从第一段首端进入，混合液从最后一段末端流出。工艺流程模式如图 8.8 所示。

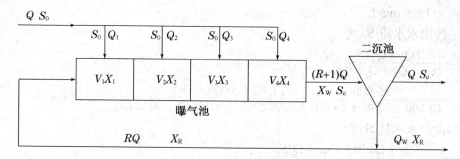

图 8.8 工艺流程模式

其中，Q、S_0 为进水流量和进水 BOD_5 浓度；R 为回流比；X_R 为回流污泥浓度；S_e 为出水 BOD_5 浓度；Q_w 为剩余湿污泥量；V 为曝气池体积；$Q_1 \sim Q_4$、$V_1 \sim V_4$、和 $X_1 \sim X_4$ 为曝气池各段进水流量、体积和混合液污泥浓度，且

$$V_1 = V_2 = V_3 = V_4 = 0.25V, \quad Q_1 = Q_2 = Q_3 = Q_4 = 0.25Q$$

（2）确定混合液污泥浓度

污泥回流比 R 为 60%，回流污泥浓度为 $8\,000\,\text{mg/L}$，曝气池混合液污泥浓度平均为

$$X = \frac{RX_R}{4}\left(\frac{1}{R+0.25}+\frac{1}{R+0.5}+\frac{1}{R+0.75}+\frac{1}{R+1}\right)$$

$$= \frac{0.6\times8\,000}{4}\times\left(\frac{1}{0.6+0.25}+\frac{1}{0.6+0.5}+\frac{1}{0.6+0.75}+\frac{1}{0.6+1}\right)$$

$$= 4\,142\,\text{mg/L}$$

各段污泥浓度为

$$X_1 = \frac{RX_R}{R+0.25} = \frac{0.6\times8\,000}{0.6+0.25} = 5\,647\,\text{mg/L}$$

$$X_2 = \frac{RX_R}{R+0.5} = \frac{0.6\times8\,000}{0.6+0.5} = 4\,364\,\text{mg/L}$$

$$X_3 = \frac{RX_R}{R+0.75} = \frac{0.6\times8\,000}{0.6+0.75} = 3\,556\,\text{mg/L}$$

$$X_4 = \frac{RX_R}{R+1} = \frac{0.6\times8\,000}{0.6+1} = 3\,000\,\text{mg/L}$$

（3）确定曝气池容积

采用污泥负荷法计算曝气池容积，污泥负荷 N_s 取 $0.26\,\text{kgBOD}_5/\text{kgMLSS}$。

曝气池容积 V 为

$$V = \frac{QS_0}{XN_s} = \frac{20\,000\times180}{4\,142\times0.26} = 3\,343\,\text{m}^3$$

（4）复核出水 BOD_5

第一段出水水质 S_{e1} 为

$$S_{e1} = \frac{Q_1S_{01}}{Q_1+K_2X_1\,fV_1} = \frac{5\,000\times180}{5\,000+0.022\times5\,647\times0.75\times835.75} = 10.86\,\text{mg/L}$$

第二段出水水质 S_{e2} 为

$$S_{e2} = \frac{Q_1S_{e1}+Q_2S_0}{(Q_1+Q_2)+K_2X_2\,fV_2} = \frac{5\,000\times10.86+5\,000\times180}{(5\,000+5\,000)+0.022\times4\,364\times0.75\times835.75}$$

$$= 13.6\,\text{mg/L}$$

第三段出水水质 S_{e3} 为

$$S_{e3} = \frac{(Q_1+Q_2)S_{e2}+Q_3S_0}{(Q_1+Q_2+Q_3)+K_2X_3\,fV_3}$$

$$= \frac{(5\,000+5\,000)\times13.65+5\,000\times180}{(5\,000+5\,000+5\,000)+0.022\times3\,556\times0.75\times835.75} = 16.18\,\text{mg/L}$$

第四段出水水质 S_{e4} 为

$$S_{e4} = \frac{(Q_1+Q_2+Q_3)S_{e3}+Q_4S_0}{(Q_1+Q_2+Q_3+Q_4)+K_2X_4\,fV_4}$$

$$= \frac{(5\,000+5\,000+5\,000)\times16.18+5\,000\times180}{(5\,000+5\,000+5\,000+5\,000)+0.022\times3\,000\times0.75\times835.75} = 18.62\,\text{mg/L}$$

如果采用推流式传统曝气工艺，$X=3\,000\,\text{mg/L}$，出水溶解性 BOD_5 浓度 S_e 为

$$S_e = \frac{QS_0}{Q+K_2XfV} = \frac{20\,000\times180}{20\,000+0.022\times3\,000\times0.75\times3\,343} = 19.41\,\text{mg/L}$$

复核结果表明，采用阶段曝气工艺运行，出水水质好于传统曝气工艺。

（5）计算剩余污泥

第一段剩余生物污泥 ΔX_{v1} 为

$$\Delta X_{v1}=Y\frac{Q_1S_0-Q_1S_{e1}}{1\,000}-K_d\frac{X_1}{1\,000}V_1f=Y\frac{Q}{4}\times\frac{S_0-S_{e1}}{1\,000}-K_d\frac{X_1}{1\,000}V_1f$$

$$=0.6\times\frac{20\,000}{4}\times\frac{180+10.86}{1\,000}-0.041\times\frac{5\,647}{1\,000}\times835.75\times0.75=362.3\ \text{kg/d}$$

第二段剩余生物污泥 ΔX_{v2} 为

$$\Delta X_{v2}=Y\frac{Q_1S_{e1}+Q_1S_0-(Q_1+Q_2)S_{e2}}{1\,000}-K_d\frac{X_2}{1\,000}V_2f$$

$$=Y\frac{Q}{4}\times\frac{S_{e1}+S_0-2S_{e2}}{1\,000}-K_d\frac{X_2}{1\,000}V_2f$$

$$=0.6\times\frac{20\,000}{4}\times\frac{180+10.86-2\times13.6}{1\,000}-0.041\times\frac{4\,364}{1\,000}\times835.75\times0.75$$

$$=378.84\ \text{kg/d}$$

第三段剩余生物污泥 ΔX_{v3} 为

$$\Delta X_{v3}=Y\frac{(Q_1+Q_2)S_{e2}+Q_3S_0-(Q_1+Q_2+Q_3)S_{e3}}{1\,000}-K_d\frac{X_3}{1\,000}V_3f$$

$$=Y\frac{Q}{4}\times\frac{2S_{e2}+S_0-3S_{e3}}{1\,000}-K_d\frac{X_3}{1\,000}V_3f$$

$$=0.6\times\frac{20\,000}{4}\times\frac{2\times13.6+180-3\times16.18}{1\,000}-0.041\times\frac{3\,556}{1\,000}\times835.75\times0.75$$

$$=384.6\ \text{kg/d}$$

第四段剩余生物污泥 ΔX_{v4} 为

$$\Delta X_{v4}=Y\frac{(Q_1+Q_2+Q_3)S_{e3}+Q_4S_0-(Q_1+Q_2+Q_3+Q_4)S_{e4}}{1\,000}-K_d\frac{X_4}{1\,000}V_4f$$

$$=Y\frac{Q}{4}\times\frac{3S_{e3}+S_0-4S_{e4}}{1\,000}-K_d\frac{N_{W4}}{1\,000}V_4f$$

$$=0.6\times\frac{20\,000}{4}\times\frac{3\times16.18+180-4\times18.62}{1\,000}-0.041\times\frac{3\,000}{1\,000}\times835.75\times0.75$$

$$=385.07\ \text{kg/d}$$

剩余非生物污泥为

$$\Delta X_3=Q(1-f_bf)\frac{C_0-C_e}{1\,000}=20\,000(1-0.7\times0.75)\times\frac{160-30}{1\,000}=1\,235\ \text{kg/d}$$

剩余污泥总量为

$$\Delta X=362.3+378.84+384.6+385.07+1\,235=2\,745.81\ \text{kg/d}$$

（6）复核污泥龄

$$\theta_c=\frac{XfV}{\Delta X_v}=\frac{4\,142\times0.75\times3\,343}{1\,000\times(362.3+378.84+384.6+385.07)}=6.9\ \text{d}$$

（7）设计需氧量计算

第一段设计需氧量 AOR_1 为

$$\text{AOR}_1=a'\frac{Q_1S_0-Q_1S_{e1}}{1\,000}+b'\frac{X_1}{1\,000}V_1f=a'\frac{Q}{4}\times\frac{S_0-S_{e1}}{1\,000}+b'\frac{X_1}{1\,000}V_1f$$

$$=0.5\times\frac{20\ 000}{4}\times\frac{180+10.86}{1\ 000}+0.12\times\frac{5\ 647}{1\ 000}\times835.75\times0.75=847.6\ \text{kg/d}$$

第二段设计需氧量 AOR_2 为

$$\text{AOR}_2=a'\frac{Q_1S_{e1}+Q_1S_0-(Q_1+Q_2)S_{e2}}{1\ 000}+b'\frac{X_2}{1\ 000}V_2f$$

$$=a'\frac{Q}{4}\times\frac{S_{e1}+S_0-2S_{e2}}{1\ 000}+b'\frac{X_2}{1\ 000}V_2f$$

$$=0.5\times\frac{20\ 000}{4}\times\frac{10.86+180-2\times13.6}{1\ 000}+0.12\times\frac{4\ 364}{1\ 000}\times835.75\times0.75$$

$$=737.41\ \text{kg/d}$$

第三段设计需氧量 AOR_3 为

$$\text{AOR}_3=a'\frac{(Q_1+Q_2)S_{e2}+Q_3S_0-(Q_1+Q_2+Q_3)S_{e3}}{1\ 000}+b'\frac{X_3}{1\ 000}V_3f$$

$$=a'\frac{Q}{4}\times\frac{2S_{e2}+S_0-3S_{e3}}{1\ 000}+b'\frac{X_3}{1\ 000}V_3f$$

$$=0.5\times\frac{20\ 000}{4}\times\frac{2\times13.6+180-3\times16.18}{1\ 000}+0.12\times\frac{3\ 556}{1\ 000}\times835.75\times0.75$$

$$=664.13\ \text{kg/d}$$

第四段设计需氧量 AOR_4 为

$$\text{AOR}_4=a'\frac{(Q_1+Q_2+Q_3)S_{e3}+Q_4S_0-(Q_1+Q_2+Q_3+Q_4)S_{e4}}{1\ 000}+b'\frac{X_4}{1\ 000}V_4f$$

$$=a'\frac{Q}{4}\times\frac{3S_{e3}+S_0-4S_{e4}}{1\ 000}+b'\frac{X_4}{1\ 000}V_4f$$

$$=0.5\times\frac{20\ 000}{4}\times\frac{3\times16.18+180-4\times18.62}{1\ 000}+0.12\times\frac{3\ 000}{1\ 000}\times835.75\times0.75$$

$$=610.79\ \text{kg/d}$$

总设计需氧量为

$$\text{AOR}=\text{AOR}_1+\text{AOR}_2+\text{AOR}_3+\text{AOR}_4$$
$$=847.6+737.41+664.13+610.79$$
$$=2\ 859.93\ \text{kg/d}=119.16\ \text{kg/h}$$

以上计算表明,采用阶段曝气工艺,可以提高曝气池混合液浓度,缩小曝气体积,均衡需氧量,出水水质优于传统曝气工艺。

(8) 标准需氧量 SOR 和用气量

工程所在地海拔高度 900 m,大气压力 p 为 0.91×10^5 Pa,压力修正系数 ρ 为

$$\rho=\frac{p}{1.013\times10^5}=\frac{0.91\times10^5}{1.013\times10^5}=0.9$$

微孔曝气头安装在距池底 0.3 m 处,淹没深度 4.2 m,其绝对压力 P_b 为

$$P_b=P+9.8\times10^3H=1.013\times10^5+0.098\times10^5\times4.2=1.42\times10^5\ \text{Pa}$$

微孔曝气头氧转移效率 E_A 为 20%,气泡离开水面时含氧量 O_t 为

$$O_t=\frac{21(1-E_A)}{79+21(1-E_A)}\times100\%=\frac{21\times(1-0.2)}{79+21\times(1-0.2)}\times100\%=17.5\%$$

清水氧饱和度 $C_{S(25)}$ 为 8.4 mg/L,曝气池内平均溶解氧饱和度 $C_{Sb(25)}$ 为

$$C_{S(25)}=C_{S(25)}\left(\frac{P_b}{2.026\times10^5}+\frac{O_t}{42}\right)=8.4\times\left(\frac{1.42\times10^5}{2.026\times10^5}+\frac{17.5}{42}\right)=9.4\text{ mg/L}$$

标准需氧量 SOR 为(公式见【算例 2】)

$$\text{SOR}=\frac{O_{AOR}C_{S(20)}}{\alpha[\beta\rho C_{Sb(25)}-C]\times1.204^{T-20}}=\frac{119.16\times9.17}{0.85\times(0.95\times0.9\times9.4-2)\times1.204^{25-20}}$$
$$=189.14\text{ kg/h}$$

空气用量 $Q_{F(25)}$ 为

$$Q_{F(25)}=\frac{\text{SOR}(25)}{0.3E_A}=\frac{343}{0.3\times0.2}=3\,152.33\text{ m}^3/\text{h}=52.54\text{ m}^3/\text{min}$$

(9)曝气池布置

曝气池分为两座。每座曝气池水深 18.6 m,长 18.6 m,宽 20 m,分为 4 个廊道。曝气池布置如图 8.9 所示。

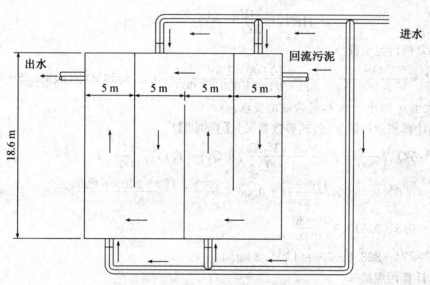

图 8.9 阶段曝气工艺曝气池布置示意

【算例 6】 吸附再生活性污泥工艺设计计算

某城镇污水处理厂设计采用吸附再生活性污泥工艺,处理水量 $Q=10\,000$ m³/d,总变化系数 $K_z=1.65$。经粗细格栅和沉砂池预处理后,曝气池进水溶解性 $BOD_5=70$ mg/L,悬浮性 $BOD_5=80$ mg/L,SS$=260$ mg/L,出水水质要求达到 $BOD_5=30$ mg/L,SS$=30$ mg/L,不考虑氨氮的硝化。试对曝气池进行设计。

【解】

(1)曝气池容积确定

根据 GB 50014—2006 表 6.6.10 的规定,容积负荷 $N_v=0.9\sim1.8$ BOD$_5$/(m³·d)L,本例题取 1.25 BOD$_5$/(m³·d)L,曝气池容积 V 为

$$V=\frac{QS_0}{1\,000N_v}=\frac{10\,000\times150}{1\,000\times1.25}=1\,200\text{ m}^3$$

(2)确定吸附区容积 V_1

根据 GB 50014—2006,吸附区容积不小于曝气池容积的 1/4,水力停留时间不小于

0.5 h。本例吸附区容积按曝气池容积的 1/4 计,吸附区容积 V_1 为

$$V_1 = V/4 = 1\,200/4 = 300 \text{ m}^3$$

(3) 吸附区水力停留时间 HRT_1

$$HRT_1 = 24V_1/Q = 24 \times 300/10\,000 = 0.72 \text{ h}$$

HRT_1 大于 0.5 h,符合设计规范的要求。

(4) 计算吸附区污泥浓度 X

设回流污泥浓度 $X_R = 6\,000$ mg/L,污泥回流比 $R=1$,吸附区污泥浓度 X 为

$$X = \frac{RX_R + C_0}{1+R} = \frac{6\,000 + 260}{1+1} = 3\,130 \text{ mg/L}$$

(5) 再生区容积 V_2

$$V_2 = V - V_1 = 1\,200 - 300 = 900 \text{ m}^3$$

(6) 再生区水力停留时间 HRT_2

$$HRT_2 = \frac{24V}{RQ} = \frac{24 \times 900}{1 \times 10\,000} = 2.16 \text{ h}$$

(7) 复核污泥负荷 N_s

$$N_s = \frac{QS_0}{V_1 X + V_2 X_R} = \frac{10\,000 \times 150}{300 \times 3\,130 + 900 \times 6\,000} = 0.24 \text{ kgBOD}_5/(\text{kgMLSS} \cdot \text{d})$$

N_s 大于 0.2,小于 0.4,符合规范要求。

(8) 计算剩余污泥量(公式参数意义见【算例 2】)

$$\Delta X = YQ\frac{S_0 - S_e}{1\,000} - K_d\frac{V_1 X + V_2 X_R}{1\,000}f + Q(1-f_b f)\frac{C_0 - C_e}{1\,000}$$

$$= 0.6 \times 10\,000 \times \frac{150-21}{1\,000} - 0.06 \times \frac{300 \times 3\,130 + 900 \times 6\,000}{1\,000} \times 0.6 + 10\,000 \times (1-$$

$$0.5 \times 0.6) \times \frac{260-30}{1\,000}$$

$$= 774 - 228.2 + 690 = 1\,235.8 \text{ kg/d}$$

(9) 计算污泥龄

$$\theta_c = \frac{V_1 X + V_2 X_R}{1\,000\Delta X_V}f = \frac{300 \times 3\,130 + 900 \times 6\,000}{1\,000 \times (772-228.2)} \times 0.6 = 7 \text{ d}$$

(10) 计算设计需氧量

$$AOR = aQ\frac{S_0 - S_e}{1\,000} - c\Delta X_v = 1.47 \times 10\,000 \times \frac{150-21}{1\,000} - 1.42 \times (774-228.2)$$

$$= 2\,171.7 \text{ kg/d} = 90.5 \text{ kg/h}$$

(11) 计算标准需氧量

工程所在地海拔高度 900 m,大气压力 p 为 0.91×10^5 Pa,压力修正系数 ρ 为

$$\rho = \frac{p}{1.013 \times 10^5} = \frac{0.91 \times 10^5}{1.013 \times 10^5} = 0.9$$

微孔曝气头安装在距池底 0.3 m 处,淹没深度 3.7 m,其绝对压力 P_b 为

$$P_b = P + 9.8 \times 10^3 H = 1.013 \times 10^5 + 0.098 \times 10^5 \times 3.7 = 1.38 \times 10^5 \text{ Pa}$$

微孔曝气头氧转移效率 E_A 为 20%,气泡离开水面时含氧量 O_t 为

$$O_t = \frac{21(1-E_A)}{79 + 21(1-E_A)} \times 100\% = \frac{21 \times (1-0.2)}{79 + 21 \times (1-0.2)} \times 100\% = 17.5\%$$

污水温度 $T=25\ ℃$，清水氧饱和度 $C_{S(25)}$ 为 $8.4\ mg/L$，曝气池内平均溶解氧饱和度 $C_{Sb(25)}$ 为

$$C_{S(25)}=C_{S(25)}\left(\frac{P_b}{2.026\times10^5}+\frac{O_t}{42}\right)=8.4\times\left(\frac{1.38\times10^5}{2.026\times10^5}+\frac{17.5}{42}\right)=9.2\ mg/L$$

标准需氧量 SOR 为

$$SOR=\frac{O_{AOR}C_{S(20)}}{\alpha\left[\beta\rho C_{Sb(25)}-C\right]\times1.204^{T-20}}=\frac{90.5\times9.17}{0.85\times(0.95\times0.9\times9.4-2)\times1.204^{25-20}}$$
$$=147.8\ kg/h$$

夏季空气用量 $Q_{F(25)}$ 为

$$Q_{F(25)}=\frac{SOR(25)}{0.3E_A}=\frac{147.8}{0.3\times0.2}=2\ 463.3\ m^3/h=41.1\ m^3/min$$

(12) 曝气池布置

曝气池设 2 座。每座长 16 m，宽 9.4 m，水深 4 m，有效容积 601.6 m³。2 座曝气池容积为 1 203.2 m³，曝气池布置如图 8.10 所示。

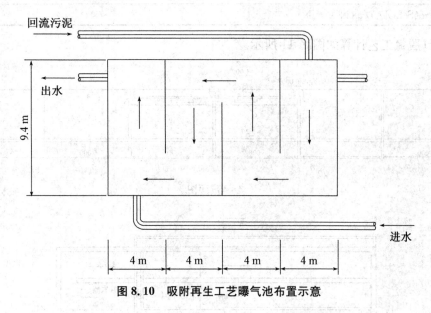

图 8.10　吸附再生工艺曝气池布置示意

8.2　AO 生物处理工艺

8.2.1　A_1/O 生物脱氮工艺

1. 设计计算方法 1

(1) A_1/O 工艺设计参数(见表 8.9)

表 8.9 A₁/O 工艺设计参数

名 称	数 值
水力停留时间 HRT/h	A 段 0.5~1.0,O 段 2.5~6
	A:O=1:(3~4)
溶解氧/(mg·L⁻¹)	O 段 1~2,A 段趋近于零
pH 值	A 段 8.0~8.4,O 段 6.5~8.0
温度/℃	20~30
污泥龄 θ_c/d	>10
BOD₅ 污泥负荷 N_S/[kg·(kg·d⁻¹)]	0.1~0.17
污泥质量浓度 X/(mg·L⁻¹)	2 000~5 000
总氮污泥负荷/[kg·(kg·d⁻¹)]	≯0.05
混合液回流比 R_N/%	200~500
污泥回流比 R/%	50~100
反硝化池 $w(\text{S-BOD}_5)/w(\text{NO}_x^- - \text{N})$	≮4

A₁/O 脱氮工艺计算如图 8.11 所示。

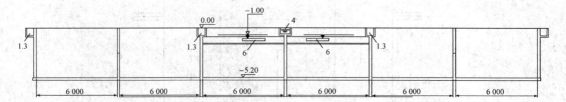

A–A剖面图

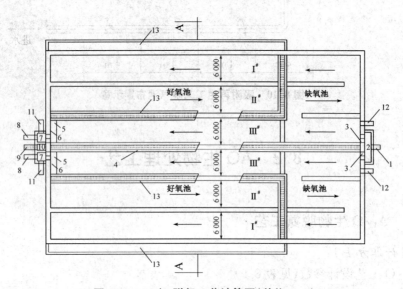

图 8.11 A₁/O 脱氮工艺计算图(单位:mm)

1—进水管;2—进水井;3—进水孔;4—回流污泥渠道;5—集水槽;6—出水孔;7—出水井;
8—出水管;9—回流污泥管;10—回流污泥井;11、12—混合液回流管;13—空气管廊

（2）计算公式

① 按 BOD_5 污泥负荷计算

A_1/O 工艺设计计算公式见表 8.10。

表 8.10　A_1/O 工艺设计计算公式

名称	公式	符号说明
1. 生化反应池容积比	$\dfrac{V_2}{V_1}=3\sim4$	V_1——好氧段容积（m^3） V_2——缺氧段容积（m^3）
2. 生化反应池总容积	$V=V_1+V_2=\dfrac{24QL_0}{N_S X}$	Q——污水设计流量（m^3/h） L_0——生物反应池进水 BOD_5 质量浓度（kg/m^3） N_S——BOD 污泥负荷 $[kg/(kg\cdot d)]$ X——污泥质量浓度（kg/m^3）
3. 水力停留时间	$t=\dfrac{V}{Q}$	t——水力停留时间（h）
4. 剩余污泥量	$W=aQ_平 L_r-bVX_v+S_rQ_平$ $\times50\%$ $X_v=fx$	W——剩余污泥量（kg/d） a——污泥产率系数（$kg/kgBOD_5$），一般为 0.5～0.7 b——污泥自身氧化速率（d_{-1}），一般为 0.05 L_r——生物反应池去除 BOD_5 质量浓度（kg/m^3） $Q_平$——平均日污水流量（m^3/d） X_v——挥发性悬浮固体质量浓度（kg/m^3） S_r——反应器去除的 SS 质量浓度（kg/m^3） $S_r=S_0-S_e$ S_0、S_e——分别为生化反应池进出水的 SS 质量浓度（kg/m^3） 50%——不可降解和惰性悬浮物量（NVSS）占总悬浮物量（TSS）的百分数 f——系数，取 0.75
5. 剩余活性污泥量	$X_W=aQ_平 L_r-bVX_v$	X_W——剩余活性污泥量（kg/d）
6. 湿污泥量	$Q_S=\dfrac{W}{1\,000(1-P)}$	Q_S——湿污泥量（m^3/d） P——污泥含水量（%）
7. 污泥龄	$\theta_c=\dfrac{VX_v}{X_W}$	θ_c——污泥龄（d）
8. 最大需氧量	$O_2=a'QL_r+b'N_r-b'N_D-c'X_W$	a'、b'、c'——分别为 1、4.6、1.42 N_r——为氨氮去除量（kg/m^3） N_D——硝态氮去除量（kg/m^3） W——剩余污泥量（kg/d） X_W——剩余活性污泥量（kg/d）
9. 回流污泥浓度	$X_r=\dfrac{10^6}{SVI}\cdot r$	X_r——回流污泥浓度（kg/d） r——与停留时间、池身、污泥浓度有关的系数，一般 $r=1.2$

名称	公式	符号说明
10. 曝气池混合液浓度	$X=\dfrac{R}{1+R}\cdot X_r$	R——污泥回流比（%）
11. 内回流比	$R_N=\dfrac{\eta_{TN}}{1-\eta_{TN}}\times100\%$	R_N——内回流比（%） η_{TN}——总氮去除率（%）

② 按活性污泥法动力学模式计算

A_1/O 工艺设计计算见表 8.11。

表 8.11　A_1/O 工艺动力学模式设计计算公式

名称	公式	符号说明
1. 污泥龄	$\theta_c\approx$℃	θ_c——硝化菌最少世代时间（d），与温度有关
2. 硝化区容积	$V=\dfrac{YQ(L_0-L_e)\theta_c}{X(1+K_d\theta_c)}$ 或 $V=\dfrac{Y'Q(L_0-L_e)\theta_c}{X}$	V——硝化区容积（m³） K_d——内源呼吸系数（d⁻¹） Y——污泥产率系数（kgVSS/kgBOD₅） Y'——净污泥产率系数（表现污泥产率系数），kgVSS/kgBOD₅ Q——废水流量（m³/d） L_0——原废水 BOD₅ 质量浓度（mg/L） L_e——处理水 BOD₅ 质量浓度（mg/L） θ_c——生物固体平均停留时间（d） Y 与 K_d 由表 8.12 确定 $Y'=\dfrac{Y}{1+K_d\theta_c}$
3. 反硝化区容积	$V_D=\dfrac{N_T\times1\,000}{DNR\cdot X}$	V_D——反硝化区（池）所需容积（m³） N_T——需要去除的硝酸氮量[kg(NO₃-N)/d] X——混合液悬浮固体浓度（mg/L） DNR——反硝化速率[kgN/(kgMLSS·d)]，反硝化速率与温度关系密切 $N_T=N_0-N_w-N_e$ N_0——原废水中的含氮量（kg/d） N_w——随剩余污泥排放而去除的氮量（kg/d）（细菌细胞含氮量为 12.4%） N_e——随处理水排放挟走的氮量（kg/d）

表 8.12　动力学常数值 Y、K_d 的参考值

动力学常数	脱脂牛奶废水	合成废水	造纸与制浆废水	生活污水	城市废水
$Y/$(kgVSS/kgBOD₅)	0.48	0.65	0.47	0.5~0.67	0.35~0.45
$K_d/$d⁻¹	0.045	0.18	0.20	0.048~0.06	0.05~0.10

（3）算例

【算例 1】 某城市污水最大设计流量 $Q_S=996$ L/s，平均流量 $Q_P=61.935$ m³/d。污水

中 BOD_5 质量浓度为 214.31 mg/L，SS 质量浓度为 203.62 mg/L，TN 质量浓度为 30.79 mg/L，TP 质量浓度为 4.66 mg/L，水温 $T=20\ ℃$。要求处理后水质指标满足：BOD_5 质量浓度不大于 20 mg/L，SS 质量浓度不大于 20 mg/L，TN 质量浓度不大于 15 mg/L。设计 A_1/O 脱氮曝气池。

【解】

（1）设计参数

① BOD_5 污泥负荷

A_1/O 生物脱氮工艺 BOD_5 污泥负荷率 N_S 一般采用 0.1～0.17 kg/(kg·d)，设计中取 $N_S=0.15$ kg/(kg·d)，并查图的 SVI 值为 150。

②曝气池内混合液污泥浓度

$$X=\frac{R \cdot r \cdot 10^6}{(1+R) \cdot SVI}$$

式中：X——混合液污泥浓度，mg/L；

R——污泥回流比，一般采用 50%～100%；

r——系数。

设计中取 $R=100\%$，$r=1.0$，则

$$X=\frac{1 \times 1 \times 10^6}{(1+1) \times 150}=3\ 333\ mg \cdot L^{-1}$$

③ TN 去除率

$$e=\frac{S_1-S_2}{S_1} \times 100\%$$

式中：e——TN 去除率，%；

S_1——进水 TN 质量浓度，mg/L；

S_2——出水 TN 质量浓度，mg/L。

设计中 $S_1=30.79$ mg/L，$S_2=15$ mg/L，则

$$e=\frac{30.79-15}{30.79} \times 100\%=51.3\%$$

④ 内回流倍数

$$R_内=\frac{e}{1-e}$$

式中：$R_内$——内回流倍数。

$$R_内=\frac{0.513}{1-0.513}=1.05$$

设计中取 $R_内$ 为 110%。

（2）曝气池尺寸计算

① 曝气池有效容积

$$V=\frac{QS_a}{N_S X}$$

式中：V——曝气池有效容积，m^3；

Q——曝气池的进水量，m^3/d，按平均流量计算；

S_a——曝气池进水中 BOD_5，mg/L。

设计中取 $Q=61\,935\ \mathrm{m^3/d}$，$S_a=214.31\ \mathrm{mg/L}$，则

$$V=\frac{61\,935\times214.31}{0.15\times3\,333}=26\,549.2\ \mathrm{m^3}$$

② A_1/O 池的平面尺寸

$$F=\frac{V}{H}$$

式中：F——池子总有效面积，$\mathrm{m^2}$；

H——池子有效水深，m。

设计中取 $H=4.2\ \mathrm{m}$，则

$$F=\frac{26\,549.2}{4.2}=6\,321.2\ \mathrm{m^2}$$

每座曝气池有效面积计算公式为

$$F_1=\frac{F}{N}$$

式中：F_1——每座池子有效面积，$\mathrm{m^2}$；

N——池子个数。

设计中取 $N=4$，则

$$F_1=\frac{6\,321.2}{4}=1\,580.3\ \mathrm{m^2}$$

A_1/O 池采用推流式，则池长为

$$L=\frac{F_1}{nB}$$

式中：L——池子长度，m；

n——池子廊道数；

B——池子宽度，m。

设计中取 $n=5$，$B=5.0\ \mathrm{m}$，则 L 为

$$L=\frac{1\,580.3}{5\times5.0}=63.21\ \mathrm{m}$$

(3) 停留时间

$$T=\frac{V}{Q}\times24$$

式中：T——污水停留时间，h；

V——池子总容积，$\mathrm{m^3}$；

Q——平均进水量，$\mathrm{m^3/d}$。

设 A 段与 O 段停留时间比为 $1:4$，则 A 段停留时间为 $2.06\ \mathrm{h}$，O 段停留时间为 $8.24\ \mathrm{h}$。A_1/O 池的平面布置如图 8.12 所示。

在 A_1/O 池的 5 廊道中，设第一廊道为缺氧池，其余 4 廊道为好氧池，在缺氧池中廊道首端，进水、回流污泥、回流硝化液一同进入，通过螺旋搅拌器进行搅拌，使水混合均匀，并提供前进动力，在好氧池廊道中设置空气管道与空气扩散装置。

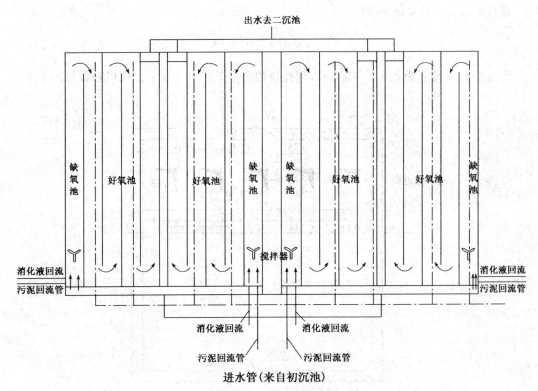

图 8.12　A/O 池平面布置图

（4）A₁/O 池的进、出水设计

① A₁/O 池进水设计

A₁/O 池共 4 座,每 2 座为 1 组,共用 1 条进水渠道。初沉池的出水通过 $DN1\,200$ 的管道送往 A₁/O 反应池,管内流速为 0.88 m/s。在 A₁/O 池前设阀门井,由两条 $DN800$ 进水管分别送入两组 A₁/O 反应池的进水渠道,管内流速为 0.99 m/s。进水渠道的宽度为 0.8 m,有效水深为 0.8 m,最大流量时渠道内的流速为

$$v_1 = \frac{Q_S}{4bh}$$

式中:v_1——最大流量时渠道内的流速,m/s;

　　　b——渠道的宽度,m;

　　　h——渠道内的有效水深,m。

设计中取 $b = 0.8$ m,$h = 0.8$ m,则

$$v_1 = \frac{0.996}{4 \times 0.8 \times 0.8} = 0.389 \text{ m} \cdot \text{s}^{-1}$$

曝气池采用潜孔进水,每座反应池所需孔口总面积为

$$A = \frac{Q_S}{4v_2}$$

式中:A——每座反应池所需孔口总面积,m²;

　　　v_2——孔口流速,m/s,一般采用 0.2～1.5 m/s。

设计中取 $v_2=0.2$ m/s,则

$$A=\frac{0.996}{4\times0.2}=1.25 \text{ m}^2$$

设每个孔口尺寸为 0.5 m$\times0.5$ m,则孔口数为 $\frac{1.25}{0.5\times0.5}=5$ 个。孔口布置见图 8.13。

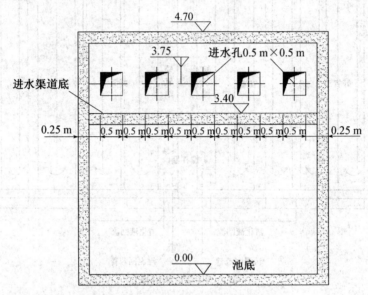

图 8.13 A_1/O 反应器进水孔口布置图

② A_1/O 池出水设计

曝气池出水采用矩形薄壁堰,跌落出水,堰上水头为

$$H_1=\left(\frac{Q_1}{mb_1\sqrt{2g}}\right)^{\frac{2}{3}}$$

式中:H_1——堰上水头,m;

Q_1——每座反应池的总出水量,m^3/s,指污水最大流(0.996 m^3/s)、污泥回流量(0.717 m^3/s)和内回流量($0.717\times110\%$ m^3/s)之和;

m——流量系数,一般采用 $0.4\sim0.5$;

b——堰宽,m,等于池宽。

设计中取 $m=0.4$ m,$b=5.0$ m,则

$$H_1=\left(\frac{0.996+0.717+0.717\times110\%}{4\times0.4\times5\times\sqrt{2\times9.8}}\right)^{\frac{2}{3}}=0.174 \text{ m}$$

设计中取为 0.2 m。

每座 A_1/O 池的出水管管径为 $DN1000$,然后汇成一条直径为 $DN2000$ 的总管道,送往二次沉淀池,管道内的流速为 0.82 m/s。

(5)剩余污泥量

① 每日生成的污泥量

$$W_1=Y(S_a-S_e)Q$$

式中:W_1——每日生成的污泥量,kg/d;

Y——污泥产率系数,一般采用 $0.5 \sim 0.7$;

S_a——进水 BOD_5 质量浓度,mg/L;

S_e——出水 BOD_5 质量浓度,mg/L;

Q——进水量,m^3/d,取平均流量。

设计中取 $Y=0.5$, $S_a=214.31$ mg/L, $S_e=20$ mg/L, $Q=61\,935$ m^3/d,则 $W_1=0.5\times(214.31-20)\times61\,953=6\,017\,295$ g/d $=6\,017.3$ kg $\cdot$ d^{-1}

② 每日消耗的污泥量

$$W_2=K_d X_V V$$

式中:W_2——每日由于内源呼吸而消耗的污泥量,kg/d;

K_d——内源呼吸速度,1/d,一般采用 $0.05 \sim 0.1$;

X_V——有机活性污泥浓度,mg/L, $X_V=fX=0.75\times3\,333=2\,500$ mg $\cdot$ L^{-1};

V——A_1/O 反应池有效容积,m^3。

设计中取 $K_d=0.07/d$,则

$$W_2=0.07\times2\,500\times26\,549.2=4\,646\,110 \text{ g/d}=4\,646.1 \text{ kg} \cdot \text{d}^{-1}$$

③ 不可生物降解和惰性的悬浮物量

进入 A_1/O 池的污水中,不可生物降解和惰性的悬浮物量 W_3 约占总 SS 的 30%。即

$$W_3=(P_a-P_e)\times30\%Q$$

式中:P_a——进水 SS 质量浓度,mg/L;

P_e——出水 SS 质量浓度,mg/L;

Q——进水流量,m^3/d。

设计中取 $P_a=203.62$ mg/L, $P_e=20$ mg/L, $Q=61\,935$ m^3/d,则

$$W_3=(203.62-20)\times30\%\times61\,935=3\,411\,751.4 \text{ g/d}=3\,411.8 \text{ kg} \cdot \text{d}^{-1}$$

④ 剩余污泥产量

$$W=W_1-W_2+W_3$$

式中:W——每日剩余污泥产量,kg/d;

$$W=6\,017.34-646.1+3\,411.8=4\,783 \text{ kg} \cdot \text{d}^{-1}$$

污泥的含水率按 99.2% 计,则剩余污泥量为

$$q=\frac{W}{1\,000\times(1-0.992)}$$

式中:q——剩余污泥量,m^3/d。

$$q=\frac{4\,783}{1\,000\times(1-0.992)}=597.9$$

⑤ 污泥龄

$$t_S=\frac{VX}{W}$$

式中:t_S——污泥龄,d;

X——污泥浓度,g/L。

$$t_S=\frac{26\,549.2\times3.333}{4\,783}=18.5 \text{ d}>10 \text{ d(满足要求)}$$

（6）需氧量

$$O_2 = aS_r + bN_r - bN_D - cW$$

式中：O_2——需氧量，kg/d；

a、b、c——分别为 BOD、NH_4^+ N 和活性污泥氧的当量，数值分别为 1、4.6、1.42；

S_r——BOD 去除量，kg/d，

$$S_r = \frac{214.31 - 20}{1\,000} \times 61\,935 = 12\,034.6 \text{ kg} \cdot \text{d}^{-1};$$

N_r—NH_4^+—N 去除量，kg/d，设进水中 TN 均为 NH_4^+—N 形式，且全部被转化去除，

$$N_r = \frac{30.79 - 0}{1\,000} \times 61\,935 = 1\,907 \text{ kg} \cdot \text{d}^{-1};$$

N_D——NO_x—N 脱氮量，kg/d，脱氮率为 66.7%；

$$N_D = \frac{30.79 \times 66.7\%}{1\,000} \times 61\,935 = 1\,272 \text{ kg} \cdot \text{d}^{-1};$$

W——每天生成活性污泥量，kg/d，$W = 4\,783$ kg/d。

则 $O_2 = 1 \times 12\,034.6 + 4.6 \times 1\,907 - 4.6 \times 1\,272 - 1.42 \times 4\,783 = 8\,163.7$ kg·d^{-1}

注：该例中需氧量计算公式不甚明确，建议采用【算例 2】中方法。

2. 设计计算方法 2

（1）设计参数

A_1/O 脱氮工艺主要设计参数见表 8.13。

表 8.13　A_1/O 生物脱氮工艺主要设计参数

项　目	数　值
污泥负荷 N/[kgBOD$_5$/(kgMLSS·d)]	≤0.18
总氮负荷/[kgTN/(kgMLSS·d)]	≤0.05
污泥浓度/(mgMLSS/L)	3 000～5 000
污泥龄 θ_c/d	>10
溶解氧 DO/(mg/L)	缺氧池小于 0.5；好氧池大于 2
总水力停留时间 t/h 缺氧池水力停留时间 t_A 好氧池水力停留时间 t_O $t_A : t_O$	7～12 1.5～2.5 5.5～9.5 1:3～1:4
污泥回流比 R/%	50～100
混合液回流比 $R_内$/%	200～500
缺氧池进水溶解性 BOD$_5$/NO$_x$—N	≥4

（2）计算算例

【算例 2】

① 设计流量 $Q = 30\,000$ m³/d，$K_z = 1.45$。

② 设计进水水质：BOD$_5$ 浓度 $S_0 = 160$ mg/L；TSS 浓度 $X_0 = 180$ mg/L；VSS = 126 mg/L（VSS/TSS = 0.7）；TN = 28 mg/L；NH$_3$—N = 20 mg/L；碱度 $S_{ALK} = 280$ mg/L；

pH＝7.0～7.5;最低水温14 ℃;最高水温25 ℃。

③ 设计出水水质:BOD₅ 浓度 $S_e = 20$ mg/L;TSS 浓度 $X_e = 20$ mg/L;NH₃—N≤8 mg/L。

【解】

(1) 好氧区容积 V_1

$$V_1 = \frac{Y\theta_c Q(S_0 - S)}{X_V(1 + K_d\theta_c)}$$

式中:V_1——好氧区有效容积,m³;

Q——设计流量,m³/d;

S_0——进水 BOD₅ 浓度,mg/L;

S——出水所含溶解性 BOD₅ 浓度,mg/L;

Y——污泥产率系数,取 $Y = 0.6$;

K_d——污泥自身氧化系数,d⁻¹,取 $K_d = 0.05$ d⁻¹;

θ_c——固体停留时间,d;

X_V——混合液挥发性悬浮固体浓度(MLSS),mg/L,$X_V = fX$;

f——混合液中 VSS 与 SS 之比,取 $f = 0.7$;

X——混合液悬浮固体浓度(MLSS),mg/L,X 取 4 000 mg/L。

$$X_V = fX = 0.7 \times 4\,000 = 2\,800 \text{ mg/L}$$

本例

① 出水溶解性 BOD₅,为使出水所含 BOD₅ 降到 20 mg/L,出水溶解性 BOD₅ 浓度 S 应为

$$S = 20 - 1.42 \times \frac{\text{VSS}}{\text{TSS}} \times \text{TSS}(1 - e^{-kt}) = 20 - 1.42 \times 0.7 \times 20 \times (1 - e^{-0.23 \times 5})$$

$$= 6.41 \text{ mg/L}$$

② 设计污泥龄,首先确定硝化 μ_N(取设计·pH＝7.2),计算公式如下:

$$\mu_N = 0.47 e^{0.098 \times (T-15)} \frac{N}{N + 10^{0.05T - 1.158}} \times \frac{O_2}{k_{O_2} + O_2} \times [1 - 0.833(7.2 - \text{pH})]$$

式中:N——NH₃—N 的浓度,mg/L;

K_{O_2}——氧的半速常数,mg/L;

O_2——反应池中溶解氧浓度,mg/L;

$$\mu_N = 0.47 e^{0.098 \times (14-15)} \frac{8}{8 + 10^{0.05 \times 14 - 1.158}} \times \frac{2}{1.3 + 2} = 0.426 \times 0.958 \times 0.606 = 0.247 \text{ d}^{-1}$$

硝化反应所需的最小污泥龄 θ_c^m 为

$$\theta_c^m = \frac{1}{\mu_N} = \frac{1}{0.247} = 4.05 \text{ d}$$

选用安全系数 $K = 3$,设计污泥龄 $\theta_c = K\theta_c^m = 3 \times 4.05 = 12.2$ d

③ 好氧区容积 V_1

$$V_1 = \frac{0.6 \times 30\,000 \times (0.16 - 0.006\,41) \times 12.2}{2.8 \times (1 + 0.05 \times 12.2)} = 7\,482.38 \text{ m}^3$$

好氧区水力停留时间 $t_1 = V_1/Q = 7\,482.38/30\,000 = 0.249$ d＝6 h

（2）缺氧区容积 V_2

$$V_2=\frac{N_T\times1\,000}{q_{dn,T}X_V}$$

式中：V_2——缺氧区有效容积，m^3；

N_T——需还原的硝酸盐氮量，kg/d；

$q_{dn,T}$——反硝化速率，$kgNO_3^--N/(kgMLVSS\cdot d)$。

① 需还原的硝酸盐氮量。微生物同化作用去除的总氮 N_w

$$N_w=0.124\times\frac{Y(S_0-S)}{1+K_d\theta_c}=0.124\times\frac{0.6\times(160-6.41)}{1+0.05\times12.2}=7.2\text{ mg/L}$$

所需脱硝量＝进水总氮量－出水总氮量－用于合成的总氮量

$$=28-15-7.2=5.8\text{ mg/L}$$

需还原的硝酸盐氮量 NT＝30 000×5.8/1 000＝174.0 kg/d

② 反硝化速率 $q_{dn,T}$

$$q_{dn,T}=q_{dn,20}\theta^{T-20}$$

式中：$q_{dn,20}$——20 ℃是的反硝化速率常数，$kgNO_3^--N/(kgMLVSS\cdot d)$，取0.035 $kgNO_3^--N/(kgMLVSS\cdot d)$；

θ——温度系数，取1.08。

$$q_{dn,T}=0.035\times1.08^{14-20}=0.022\text{ }kgNO_3^--N/(kgMLVSS\cdot d)$$

③ 缺氧区容积

$$V_2=\frac{174\times1\,000}{0.022\times2\,800}=2\,824.67\text{ m}^3$$

缺氧区水力停留时间

$$t_2=V_2/Q=2\,824.67/30\,000=0.094\text{ d}=2.26\text{ h}$$

（3）曝气池总容积 $V_总$

$$V_总=V_1+V_2=7\,482.38+2\,824.67=10\,307.5\text{ m}^3$$

系统总设计泥龄＝好氧池泥龄＋缺氧池泥龄

$$=12.2+12.2\times(2\,824.67/10\,307.05)=15.5\text{ d}$$

（4）碱度校核

每氧化 1 mgNH_3—N 需要消耗 7.14 mg 碱度；去除 1 mgBOD_5 产生 0.1 mg 碱度；每还原 1 mgNO_3^-—N 产生 3.57 mg 碱度。

被氧化的 NH_3—N＝进水总氮量—出水氨氮量—用于合成的总氮量＝28－8－7.2＝12.8 mg/L

剩余碱度 S_{ALK1}＝进水碱度—硝化消耗碱度＋反硝化产生碱度＋去除 BOD_5 产生碱度

$$=280-7.14\times12.8+3.75\times5.8+0.1\times(160-6.4)$$
$$=224.8\text{ mg/L}>100\text{ mg/L（以 }CaCO_3\text{ 计）}$$

此值可维持 pH≥7.2。

（5）污泥回流比及混合液回流比

① 污泥回流比 R。设 SVI＝150，回流污泥浓度计算公式为

$$X_R=\frac{10^6}{SVI}\times r$$

式中：r——考虑污泥在沉淀池中停留时间、池深、污泥厚度等因素的系数，取 1.2。

$$X_R = \frac{10^6}{150} \times 1.2 = 8\,000 \text{ mg/L}$$

混合液悬浮固体浓度 X(MLSS)$=4\,000$ mg/L，故污泥回流比

$$R = \frac{X}{X_R - X} \times 100\% = \frac{4\,000}{8\,000 - 4\,000} \times 100\% = 100\%\text{（一般取 } 50\% \sim 100\%\text{）}$$

② 混合液回流比 $R_{内}$。混合液回流比 $R_{内}$ 取决于所要求的脱氮率。脱氮率 η_N 可用下式粗略估算：

$$\eta_N = \frac{\text{进水 TN} - \text{出水 TN}}{\text{进水 TN}} \times 100\% = \frac{28-15}{28} \times 100\% = 46\%$$

$$R_{内} = \frac{\eta}{1-\eta} \times 100\% = \frac{0.46}{1-0.46} \times 100\% = 85\% \approx 100\%$$

（6）剩余污泥量　生物污泥产量为

$$P_X = \frac{YQ(S_0 - S)}{1 + K_d \theta_c} = \frac{0.6 \times 30\,000 \times (0.16 - 0.006\,4)}{1 + 0.05 \times 16.29} = 1\,523.73 \text{ kg/d}$$

对存在的惰性物质和沉淀池的固体流失量可采用下式计算：

$$P_S = Q(X_1 - X_e)$$

式中：X_1——进水悬浮固体中惰性部分（进水 TSS—进水 VSS）的含量，kg/m³；

X_e——出水 TSS 的含量，kg/m³；

P_S——非生物污泥量，kg/d；

Q——设计流量，m³/d，取 $Q=30\,000$ m³/d。

$$P_S = Q(X_1 - X_e) = 30\,000 \times (0.18 - 0.126 - 0.02) = 1\,020 \text{ kg/d}$$

剩余污泥量 $\Delta X = P_X + P_S = 1\,523.73 + 1\,020 = 2\,543.73$ kg/d

每去除 1 kgBOD$_5$ 产生的干污泥量 $= \dfrac{\Delta X}{Q(S_0 - S_e)} = \dfrac{2\,543.73}{(0.16 - 0.02 \times 3\,000)} = 0.61$

kgDS/kgBOD$_5$

（7）反应池主要尺寸

① 好氧反应池（按推流式反应池设计）。总容积 $V_1 = 7\,482.38$ m³，设反应池 2 组

$$\text{单组池容 } V_{1单} = V_1/2 = 7\,482.38/2 = 3\,741.19 \text{ m}^3$$

有效水深 $h = 4.0$ m，单组有效面积

$$S_{1单} = V_{1单}/h = 3\,741.19/4.0 = 935.30 \text{ m}^2$$

采用 3 廊道式，廊道宽 $b = 6$ m，反应池长度

$$L_1 = \frac{S_{1单}}{B} = \frac{935.30}{3 \times 6} = 52 \text{ m}$$

校核：$b/h = 6/4 = 1.5$（满足 $b/h = 1 \sim 2$）

$L/b = 52/6 = 8.7$（满足 $L/b = 5 \sim 10$）

超高取 1.0 m，则反应池总高 $H = 4.0 + 1.0 = 5.0$ m

② 缺氧反应池尺寸，总容积 $V_2 = 2\,824.67$ m³，设缺氧池 2 组

单组池容 $V_{2单} = 2\,824.67/2 = 1\,412.3$ m³

有效水深 $h = 4.1$ m，单组有效面积为

$$S_{2\text{单}} = V_{2\text{单}}/4.1 = 1\,412.3/4.1 = 344.5 \text{ m}$$

长度与好氧池宽度相同,为 $L = 18$ m,池宽 $= S_{2\text{单}}/L = 344.5/18 = 19$ m

(8) 反应池进、出水计算

① 进水管。两组反应池合建,进水与回流污泥进入进水竖井,经混合后经配水渠、进水潜孔进入缺氧池,反应池设计流量

$$Q_1 = K_Z \times \frac{Q}{86\,400} = 1.45 \times \frac{30\,000}{86\,400} = 0.50 \text{ m}^3/\text{s}$$

管道流速采用 $v = 0.8$ m/s,管道过水断面为

$$A = Q_1/v = 0.50/0.8 = 0.625 \text{ m}^2$$

$$\text{管径 } d = \sqrt{\frac{4A}{\pi}} = \sqrt{\frac{4 \times 0.625}{3.14}} = 0.89 \text{ m}$$

取进水管管径 $DN700$,校核管道流速

$$v = \frac{Q}{A} = \frac{0.50}{\left(\frac{0.9}{2}\right)^2 \times 3.14} = 0.79 \text{ m/s}$$

② 回流污泥渠道,反应池回流污泥渠道设计流量 Q_R 为

$$Q_R = RQ = 1 \times 0.347 = 0.347 \text{ m}^3/\text{s}$$

渠道流速 $v = 0.7$ m/s,则渠道断面积为

$$A = Q_R/v = 0.347/0.7 = 0.496 \text{ m}^2$$

取渠道断面 $b \times h = 1.0 \text{ m} \times 0.5 \text{ m}$。

校核流速 $v = \dfrac{0.347}{1.0 \times 0.5} = 0.69$ m/s

渠道超高取 0.3 m,渠道总高为 $0.5 + 0.3 = 0.8$ m

③ 进水竖井。反应池进水孔尺寸如下:

$$\text{进水孔过流量 } Q_2 = (Q_1 + Q_R) \times \frac{1}{2} = (0.5 + 0.347) \times \frac{1}{2} = 0.424 \text{ m}^3/\text{s}$$

孔口流速 $v = 0.6$ m/s,孔口过水断面积

$$A = Q/v = 0.424/0.6 = 0.707 \text{ m}^2$$

孔口尺寸取 1.2 m×0.6 m,进水竖井平面尺寸 2.0 m×1.6 m。

④ 出水堰及出水竖井。按矩形堰流量公式

$$Q_3 = 0.42\sqrt{2g}bH^{\frac{3}{2}} = 1.86 \times b \times H^{\frac{3}{2}}$$

式中:b——堰宽,m,$b = 6.0$ m;

$\quad H$——堰上水头高,m。

$$Q_3 = Q_2 = 0.424 \text{ m}^3/\text{s}$$

$$H = \sqrt[3]{\left(\frac{Q_3}{1.86b}\right)^2} = \sqrt[3]{\left(\frac{0.424}{1.86 \times 6.0}\right)^2} = 0.13 \text{ m}$$

出水孔同进水孔。

⑤ 出水管。单组反应池出水管设计流量

$$Q_5 = Q_3 = 0.424 \text{ m}^3/\text{s}$$

管道流速 $v = 0.8$ m/s,管道过水断面

$$A = Q_5/v = 0.424/0.8 = 0.53 \text{ m}^2$$

管径

$$d = \sqrt{\frac{4A}{\pi}} = \sqrt{\frac{4 \times 0.53}{3.14}} = 0.8 \text{ m}$$

(9) 曝气系统设计计算

① 设计需氧量 AOR

需氧量包括碳化需氧量和硝化需氧量，同时还应考虑反硝化脱氮产生的氧量。

$$\text{AOR} = \text{碳化需氧量} + \text{硝化需氧量} - \text{反硝化脱氮产氧量}$$

a. 碳化需氧量 D_1

$$D_1 = \frac{Q(S_0 - S)}{1 - e^{-kt}} - 1.42 P_X$$

式中：k——BOD 的分解速度常数，d^{-1}，取 $k = 0.23 \text{ d}^{-1}$；

t——BOD_5 试验的时间，d，取 $t = 5 \text{ d}$。

$$D_1 = \frac{30\,000(0.16 - 0.006\,4)}{1 - e^{-0.23 \times 5}} - 1.42 \times 1\,523.73$$

$$= 6\,743.12 - 2\,163.69$$

$$= 4\,579.42 \text{ kgO}_2/\text{d}$$

b. 硝化需氧量 D_2

$$D_2 = 4.6Q(N_0 - N_e) - 4.6 \times 12.4\% \times P_X$$

式中：N_0——进水总氮浓度，mg/L；

N_e——出水浓度，mg/L。

$$D_2 = 4.6 \times 30\,000 \times (0.04 - 0.008) - 4.6 \times 12.4\% \times 1\,523.73$$

$$= 4\,416 - 869.14$$

$$= 3\,546.86 \text{ kgO}_2/\text{d}$$

c. 反硝化脱氮产生的氧量

$$D_3 = 2.86 N_T$$

式中：N_T——反硝化脱除的硝态氮量，kg/d，N_T 取 $= 534 \text{ kg/d}$。

$$D_3 = 2.86 \times 534 = 1\,527.24 \text{ kgO}_2/\text{d}$$

故总需氧量　$\text{AOR} = D_1 + D_2 - D_3 = 4\,579.42 + 3\,546.86 - 1\,527.24$

$$= 6\,599.04 \text{ kgO}_2/\text{d} = 274.96 \text{ kgO}_2/\text{h}$$

最大需氧量与平均需氧量之比为 1.4，则

$$\text{AOR}_{\max} = 1.4\text{AOR} = 1.4 \times 6\,599.04 = 9\,238.66 \text{ kgO}_2/\text{d} = 384.94 \text{ kgO}_2/\text{h}$$

每去除 1 kgBOD_5 的需氧量 $= \dfrac{\text{AOR}}{Q(S_0 - S_e)} = \dfrac{6\,599.04}{30\,000 \times (0.16 - 0.02)} = 1.57 \text{ kgO}_2/\text{BOD}_5$

② 标准需氧量

采用鼓风曝气，微孔曝气器敷设于池底，距池底 0.2 m，淹没深度 3.8 m，氧转移效率 $E_A = 20\%$，将设计需氧量 AOR 换算成标准状态下的需氧量 SOR。

$$\text{SOR} = \frac{\text{AOR} \times C_{s(20)}}{\alpha[\beta\rho C_{sm(T)} - C_L] \times 1.024^{T-20}}$$

本例工程所在地区大气压为 $1.013 \times 10^5 \text{ Pa}$，故压力修正系数

$$\rho = \frac{\text{工程所在地区大气压}}{1.013 \times 10^5} = 1$$

查表得水中溶解氧饱和度 $C_{s(20)} = 9.17 \text{ mg/L}, C_{s(25)} = 8.38 \text{ mg/L}$。

空气扩散器出口处绝对压力

$$P_b = P + 9.8 \times 10^3 H$$
$$= 1.013 \times 10^5 + 9.8 \times 10^3 \times 3.8$$
$$= 1.385 \times 10^5 \text{ Pa}$$

空气离开好氧反应池时氧的百分比 O_t 为

$$O_t = \frac{21(1-E_A)}{79 + 21 \times (1-E_A)} \times 100\% = \frac{21 \times (1-0.2)}{79 + 21 \times (1-0.2)} \times 100\% = 17.54\%$$

好氧反应池中平均溶解氧饱和度为

$$C_{sm(25)} = C_{s(25)}\left(\frac{P_b}{2.066 \times 10^5} + \frac{O_t}{42}\right) = 8.38 \times \left(\frac{1.385 \times 10^5}{2.066 \times 10^5} + \frac{17.54}{42}\right) = 9.12 \text{ mg/L}$$

本例 $C_L = 2 \text{ mg/L}, \alpha = 0.82, \beta = 0.95$，代入上述数据得标准需氧量为

$$\text{SOR} = \frac{6\,599.04 \times 9.17}{0.82 \times (0.95 \times 1 \times 9.12 - 2) \times 1.024^{T-20}} = 9\,835.62 \text{ kg/d} = 409.82 \text{ kg/h}$$

相应最大时标准需氧量为

$$\text{SOR}_{max} = 1.4\text{SOR} = 1.4 \times 9\,835.62 = 13\,769.87 \text{ kg/d} = 573.74 \text{ kg/h}$$

好氧反应池平均时供气量为

$$G_s = \frac{\text{SOR}}{0.3E_A} \times 100 = \frac{409.82}{0.3 \times 0.2} \times 100 = 6\,830.33 \text{ m}^3/\text{h}$$

最大时供气量 $G_{max} = 1.4G_s = 9\,562.46 \text{ m}^3/\text{h}$

③ 所需空气压力 p（相对压力）

$$p = h_1 + h_2 + h_3 + h_4 + \Delta h$$

式中：h_1——供风管道沿程阻力，MPa；

h_2——供风管道局部阻力，MPa；

h_3——曝气器淹没水头，MPa；

h_4——曝气器阻力，微孔曝气 $h_4 \leqslant 0.004 \sim 0.005$ MPa，取 0.004 MPa

Δh——富余水头，MPa，一般为 $0.003 \sim 0.005$ MPa，取 0.005 MPa。

取 $h_1 + h_2 = 0.002$ MPa（实际工程中应根据管路系统布置、供风管管径大小、风管流速大小等进行计算），代入数据得

$$p = 0.002 + 0.038 + 0.004 + 0.005 = 0.049 \text{ MPa} = 49 \text{ kPa}$$

可根据总供气量、所需风压、污水量及负荷变化等因素选定风机台数，进行风机与机房设计。

④ 曝气器数量计算（以单组反应池计算）

a. 按供氧能力计算曝气器数量

$$h_1 = \frac{\text{SOR}_{max}}{q_c}$$

式中：h_1——按供氧能力所需曝气器个数，个；

q_c——曝气器标准状态下，与好氧反应池工作条件接近时的供氧能力，$\text{kgO}_2/(\text{h} \cdot \text{个})$。

采用微孔曝气器,参照有关手册,工作水深 4.3 m,在供风量 $q=1\sim3$ m³/(h·个)时,曝气氧利用率 $E_A=20\%$,服务面积 $0.3\sim0.75$ m²,充氧能力 $q_c=0.14$ kgO₂/(h·个),则

$$h_1=\frac{573.74/2}{0.14}=2\,049\ \text{个}$$

b. 以微孔曝气器服务面积进行校核

$$f=\frac{F}{n_1}=\frac{52\times3\times6}{2\,049}=0.46\ \text{m}^2<0.75\ \text{m}^2$$

⑤ 供风管道计算

供风管道指风机出口至曝气器的管道。

a. 干管。供风干管采用环状布置。

$$\text{流量}\ Q_s=G_{smax}/2=9\,562.46/2=4\,781.23\ \text{m}^3/\text{h}$$

流速 $v=10$ m/s,则管径

$$d=\sqrt{\frac{4A}{\pi v}}=\sqrt{\frac{4\times4781.23}{3.14\times10\times3\,600}}=0.411\ \text{m}$$

取干管管径为 $DN400$。

b. 支管。单侧供气(向单侧廊道供气)支管(布气横管)流量为

$$Q_{s\text{单}}=\frac{1}{3}\times\frac{G_{max}}{2}=\frac{1}{6}\times9\,562.46=1\,593.74\ \text{m}^3/\text{h}$$

流速 $v=10$ m/s,则管径

$$d=\sqrt{\frac{4A}{\pi v}}=\sqrt{\frac{4\times1\,593.74}{3.14\times10\times3\,600}}=0.237\ \text{m}$$

取支管管径为 $DN250$。

双侧供气(向两侧廊道供气)流量为

$$Q_{s\text{双}}=\frac{2}{3}\times\frac{G_{max}}{2}=\frac{1}{6}\times9\,562.46=3\,187.49\ \text{m}^3/\text{h}$$

流速 $v=10$ m/s,则管径

$$d=\sqrt{\frac{4A}{\pi v}}=\sqrt{\frac{4\times3\,187.49}{3.14\times10\times3\,600}}=0.336\ \text{m}$$

取支管管径为 $DN400$。

(10) 缺氧池设备选择

缺氧池分成三格串联,每格内设 1 台机械搅拌器。缺氧池内设 3 台潜水搅拌机,所需功率按 5 W/m³ 污水计算。

厌氧池有效容积 $V_{\text{单}}=17\times18\times4.1=1\,254.6$ m³

混合全池污水所需功率 $N_{\text{单}}=1\,254.6\times5=6\,273$ W

每格搅拌机轴功率 $N_{\text{单}}=\frac{N}{3}=\frac{6\,273}{3}=2\,091$ W

每台搅拌机电机功率 $N_{\text{机}}=1.15N_{\text{单}}=1.15\times2\,091=2\,405$ W

设计选用电机功率 3 kW 的搅拌机。

(11) 污泥回流设备选择

污泥回流比 $R=100\%$,污泥回流量

$$Q_R = RQ = 30\,000\ \mathrm{m^3/d} = 1\,250\ \mathrm{m^3/h}$$

设回流污泥泵房 1 座,内设 3 台潜污泵(2 用 1 备)。

单泵流量 $\qquad Q_{R\text{单}} = Q_R/2 = 1\,250/2 = 625\ \mathrm{m^3/h}$

水泵扬程根据竖向流程确定。

(12) 混合液回流泵　混合液回流比 $R_{\text{内}} = 100\%$,混合液回流量

$$Q_R = R_{\text{内}}Q = 1 \times 30\,000 = 30\,000\ \mathrm{m^3/d} = 1\,250\ \mathrm{m^3/h}$$

每池设混合液回流泵 1 台,单泵流量 $Q_{R\text{单}} = 1\,250/2 = 625\ \mathrm{m^3/h}$

混合液回流泵采用潜污泵。

A_1/O 脱氮工艺计算如图 8.14 所示。

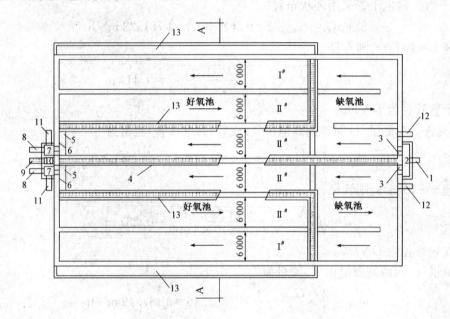

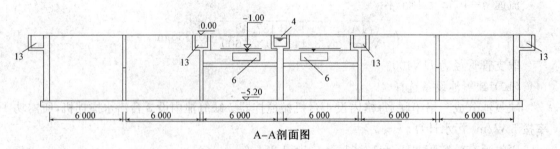

图 8.14　A_1/O 脱氮工艺计算图(单位:mm)

1—进水管;2—进水井;3—进水孔;4—回流污泥渠道;5—集水槽;6—出水孔;7—出水井;
8—出水管;9—回流污泥管;10—回流污泥井;11、12—混合液回流管;13—空气管廊

8.2.2　A₂/O 生物除磷

1. 设计计算方法 1

（1）参数选取

表 8.14　A₂/O 法设计参数表

名　　称	数　　值
BOD₅ 污泥负荷率 N_s/[kg・(kg・d)⁻¹]	≥0.1
TN 污泥负荷/[kg・(kg・d)⁻¹]	0.05
水力停留时间/h	3～6(A 段 1～2;O 段 2～4) A:O=(2～3)
污泥龄/d	5～10
污泥指数 SVI	≤100
污泥回流比 R/%	40～100
混合液浓度 MLSS/(mg・L⁻¹)	2 000～4 000
溶解氧 DO/(mg・L⁻¹)	A₂ 段≈0,O 段=2
温度/℃	5～30
pH 值	6～8
BOD₅/TP	20～30
COD/TN	≥10

（2）计算公式

① 按 BOD₅ 污泥负荷计算

A₂/O 工艺设计计算公式见表 8.15。

表 8.15　A₂/O 工艺设计计算公式

名　　称	公　　式	符号说明
1. 生化反应容积比	$\dfrac{V_1}{V_2}=2.5\sim3$	V_1——好氧段容积（m³） V_2——厌氧段容积（m³）
2. 生化反应池容积	$V=V_1+V_2=\dfrac{24QL_0}{N_s X}$	V——生物反应总容积（m³） Q——污水设计流量（m³/h） L_0——生化反应池进水 BOD₅ 质量浓度（kg/m³） X——污泥质量浓度（kg/m³） N_s——BOD 污泥负荷[kg/(kg・d)]
3. 水力停留时间	$t=\dfrac{V}{Q}$	t——水力停留时间（h）
4. 剩余污泥量	$W=aQ_{Lr}-bVX_V+$ $S_r Q\times50\%$	a——污泥产率系数（kg/kgBOD₅），一般为 0.5～0.7 b——污泥自身氧化系数（d⁻¹），一般为 0.05 W——剩余污泥量（kg/d） L_r——生化反应池去除 BOD₅ 质量浓度 kg/m³ $Q_\text{平}$——平均日污水流量（m³/d） S_r——反应器去除 SS 的质量浓度（kg/m³）

名　称	公　式	符号说明
		X_V——挥发性悬浮固体质量浓度（kg/m³） $X_V = 0.75X$
5. 剩余活性污泥量	$X_W = aQ_{Lr} - bVX_V$	X_W——剩余活性污泥量（kg/d）
6. 湿污泥量	$Q_s = \dfrac{W}{1\,000(1-P)}$	Q_s——污泥泥量（m³/d） P——污泥含水率（%）
7. 污泥龄	$\theta_c = \dfrac{VX_V}{X_W}$	θ_c——污泥龄（d）
8. 最大需氧量	$O_2 = a'QL_r - b'X_W$	a'、b'——分别为1.4、1.42
9. 回流污泥浓度	$X_r = \dfrac{10^6}{SVI} \cdot r$	X_r——回流污泥浓度（mg/L）
10. 混合液回流污泥浓度	$X = \dfrac{R}{1+R} X_r$	R——污泥回流比（%）

② 采用劳—麦氏方程计算

A₂/O工艺设计计算公式见表8.16。

表8.16　A₂/O工艺计算公式

名　称	公　式	符号说明
1. 污泥龄	$\dfrac{1}{\theta_c} = YN_s - K_d$ $\dfrac{1}{\theta_c} = \dfrac{Q}{V}\left(1 + R - R\dfrac{X_r}{X_V}\right)$	θ_c——污泥龄（d） Y——污泥产率系数（kgVSS/kgBOD₅） N_s——BOD₅污泥负荷［kg/(kg·d)］ K_d——内源呼吸系数（d⁻¹） Q——污水设计流量（m³/d） V——反应器容积（m³） R——回流比（%）
2. 曝气池内污泥浓度	$X = \dfrac{\theta}{t} \times \dfrac{Y(L_0 - L_e)}{(1+K_d\theta_c)}$	X——曝气池内活性污泥浓度 kg/m³ t——水利停留时间（h） L_0——原废水 BOD₅ 浓度（mg/L） L_e——处理水 BOD₅ 浓度（mg/L）
3. 最大回流污泥浓度	$X_{max} = \dfrac{10^6}{SVI} \cdot r$	X_{max}——最大回流污泥浓度（mg/L）
4. 最大回流挥发性悬浮固体浓度	$X_r = fX_{max}$	X_r——最大回流挥发性悬浮固体浓度（mg/L） f——系数，一般为0.75

（3）算例

【算例1】

某城市污水量最大设计流量 $Q_s = 996$ L/s，平均流量 $Q_p = 61\,935$ m³/d。污水中 BOD₅ 的质量浓度为214.31 mg/L，SS 质量浓度为203.62 mg/L，TN 的质量浓度为30.79 mg/L，TP 的质量浓度为4.66 mg/L，水温 $T = 20\,℃$。要求处理后水质指标满足：BOD₅ 的质量浓度不大于 20 mg/L，SS 质量浓度不大于 20 mg/L，TP 的质量浓度不大于 1 mg/L。设计

A^2/O 除磷曝气池。

【解】

（1）设计参数

① BOD_5 污泥负荷

根据劳—麦氏方程则有

$$\frac{1}{\theta_c} = YN_s - K_d$$

式中：θ_c——污泥龄，d，一般采用 $5 \sim 10$ d；

Y——污泥产率系数，$kgVSS/kgBOD_5$，一般采用 $0.5 \sim 0.7$；

N_s——BOD_5 污泥负荷率，$kg/(kg \cdot d)$；

K_d——内源呼吸系数，d^{-1}；一般采用 $0.05 \sim 0.1$。

设计中取 $\theta_c = 8$ d，$Y = 0.6$，$K_d = 0.05$，计算得 $N_s = 0.292 > 0.1 \ kg/(kg \cdot d)$，满足要求。

② 水力停留时间

$$t = \frac{\theta_c}{X_V} \times \frac{Y(S_0 - S_e)}{1 + K_d \theta_c}$$

式中：t——水利停留时间，d；

S_0——进水中 BOD_5 质量浓度，mg/L；

S_e——出水中 BOD_5 质量浓度，mg/L；

X_V——曝气池内活性污泥质量浓度，mg/L，一般采用 $2\,000 \sim 4\,000$。

设计中取　$X_V = 3\,000$ mg/L，$L_0 = 214.31$ mg/L，$L_e = 20$ mg/L，则

$$t = \frac{8}{3\,000} \times \frac{0.6 \times (214.31 - 20)}{1 + 0.05 \times 8} = 0.222 \ d = 5.33 \ h$$

③ 回流污泥浓度

$$X_r = \frac{10^6}{SVI} \cdot r$$

式中：X_r——回流污泥浓度，mg/L；

SVI——污泥容积指数，根据 N_s 值，查图得 SVI = 100；

r——系数，一般采用 $r = 1.2$。

$$X_r = \frac{10^6}{100} \times 1.2 = 12\,000 \ mg/L$$

④ 污泥回流比

$$\frac{1}{\theta} = \frac{1}{t}\left(1 + R - R\frac{X_r'}{X_V}\right)$$

式中：R——污泥回流比；

X_r'——回流污泥活性污泥质量浓度，mg/L，$X_r = fX_r = 0.75 \times 12\,000 = 9\,000$ mg/L。

$$\frac{1}{\theta} = \frac{1}{0.222} \times \left(1 + R - R \times \frac{9\,000}{3\,000}\right)$$

解得 $R = 0.486$，设计中取 $R = 0.5$。

（2）A_2/O 池的尺寸计算

① 总有效容积

$$V = 3\,600Q_S t$$

式中:V——A_2/O 池总有效容积,m^3;

    Q_S——最大设计流量,m^3/s;

    t——水力停留时间,h;

$$V = 3\,600 \times 0.996 \times 5.33 = 19\,111\,m^3$$

② A_2/O 池的平面尺寸

A_2/O 池的总面积

$$A = \frac{V}{h}$$

式中:A——A_2/O 池的总面积,m^2;

    h——A_2/O 池的有效水深,m;

设计中取 $h=4.2\,m$,则

$$A = \frac{19\,111}{4.2} = 4\,550\,m^2$$

设 A_2/O 池共 2 组,则每组 A_2/O 池的面积为

$$A_1 = \frac{A}{2}\,m^2$$

式中:A_1——每组 A_2/O 池的面积,m^2。

$$A_1 = \frac{4\,550}{2} = 2\,275\,m^2$$

设每组 A_2/O 池共 7 廊道,前 2 廊道为厌氧段,后 5 廊道为好氧段,每段宽取 5.0 m,则每廊道长 L 为

$$L = \frac{2\,275}{5.0 \times 7} = 65\,m$$

A_2/O 池的平面布置如图 8.15 所示。

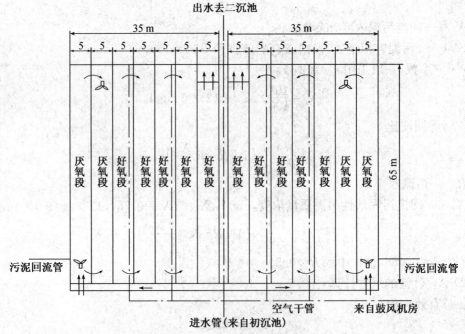

图 8.15　A_2/O 池的平面布置图

在每组池的前2个廊道内设置搅拌器,回流污泥与进水同步进入厌氧段首端,在搅拌器的作用下充分混合,进行磷的释放。在后5个廊道内设置曝气器,充分供氧。厌氧段的停留时间为3.81 h。

(3) 曝气池的进、出水设计

① 曝气池的进水设计

初沉池的来水通过 $DN1200$ 的管道送入 A_2/O 池的进水渠道,管道内的水流速度为0.88 m/s。在进水渠道内,水流分别流向两侧,从首端的厌氧段进入,进水渠道宽度为1.2 m,渠道内水深为1.0 m,则渠道内的最大水流速度为

$$v_1 = \frac{Q_S}{Nbh_1}$$

式中:v_1——渠道内最大的水流速度,m/s;

N——A_2/O 池个数;

b——进水渠道宽度,m;

h_1——渠道内有效水深,m。

设计中取 $N=2$,$b=1.2$ m,$h_1=1.0$ m,则

$$V_1 = \frac{0.996}{2 \times 1.2 \times 1.0} = 0.415 \text{ m/s}$$

A_2/O 池采用潜孔进水,每座反应池所需孔口面积为

$$F = \frac{Q_S}{Nv_2}$$

式中:F——每座 A_2/O 池所需孔口面积,m^2;

v_2——孔口流速,m/s,一般采用 0.2~1.5 m/s。

设计中取 $v_2=0.4$ m/s,则面积为

$$F = \frac{0.996}{2 \times 0.4} = 1.25 \text{ m}^2$$

设 每 个 孔 口 尺 寸 为 0.5 m×0.5 m,则孔口数为

$$n = \frac{F}{f}$$

式中:n——每座 A_2/O 池所需孔口个数(个);

f——每个孔口的面积,m^2。

$$n = \frac{1.25}{0.5 \times 0.5} = 5 \text{ 个}$$

孔口布置如图8.16所示:

② A_2/O 池的出水设计

A_2/O 池的出水采用矩形薄壁堰,跌落出水,堰上水头为

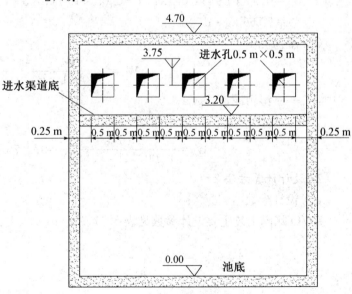

图 8.16 A_2/O 池进水孔口布置图

$$H=\left(\frac{Q}{mb\sqrt{2g}}\right)^{\frac{2}{3}}$$

式中：H——堰上水头，m；

Q——每座反应池出水量，m^3/s，指污水最大流量（0.996 m^3/s）与回流污泥量（0.717×50% m^3/s）之和；

m——流量系数，一般采用 0.4～0.5；

b——堰宽，m，与反应池宽度相等。

设计中取 $m=0.4$，$b=5.0$ m，则

$$H=\left(\frac{0.996+0.717\times50\%}{2\times0.4\times5\times\sqrt{2\times9.8}}\right)^{\frac{2}{3}}=0.18 \text{ m}$$

设计中取为 0.2 m。

A_2/O 池的出水管管径为 $DN1400$，送往二沉池，管道内的流速为 0.88 m/s。

（4）剩余污泥量

$$W=aQ_平 S_r-bVX_V+L_rQ_平\times30\%$$

式中：W——剩余污泥量，kg/d；

a——污泥产率系数，$kgVSS/kgBOD_5$，一般为 0.5～0.7；

b——污泥自身氧化系数，d^{-1}，一般为 0.05～0.1；

$Q_平$——平均日污水流量，m^3/d；

L_r——反应池去除的 SS 质量浓度，kg/m^3，$L_r=203.62-20=183.62$ mg/L = 0.183 62 kg/m^3；

S_r——反应池去除 BOD_5 的质量浓度，kg/m^3，$S_r=214.31-20=194.31$ mg/L = 0.194 31 kg/m^3。

设计中取 $a=0.6$，$b=0.05$，则

$W=0.6\times61\ 935\times0.194\ 31-0.05\times19\ 111\times3+0.183\ 62\times61\ 935\times30\%$

$=7\ 766$ kg·d^{-1}

（5）湿污泥量

$$W_s=\frac{W}{1\ 000(1-P)}$$

式中：W_s——湿污泥量，kg/d；

P——污泥含水率，一般采用 99.2%。

$$W_s=\frac{7\ 766}{1\ 000\times(1-0.992)}=970.75 \text{ kg/d}^{-1}$$

2. 设计计算方法 2

（1）设计参数

A_2/O 除磷工艺主要设计参数见表 8.17。

表 8.17 A_2/O 除磷工艺主要设计参数

参数	数值	参数	数值
污泥负荷 N/[kgBOD$_5$/kgMLSS·d]	0.2~0.7	污泥回流比 R/%	40~100
污泥浓度 MLSS/(mg/L)	2 000~4 000	溶解氧 DO/(mg/L)	A 段≈0;O 段=2
污泥龄 θ_c/d	3.5~10	COD/TN	≥10
水力停留时间 t/h 其中:厌氧段 好氧段 厌氧段:好氧段	4~6 1~2 2~4 (1:2)~(1:3)	BOD$_5$/TP	>20

A_2/O 除磷工艺好氧反应池关键设备与常规活性污泥法相同。在厌氧反应池内设潜水搅拌机,使原污水与回流污泥充分混合,并可推动水流,增加池底流速,避免污泥下沉。

(2) 算例

【算例 2】 A_2/O 生物除磷工艺设计计算

① 设计流量 $Q = 42\ 000\ m^3/d$。

② 设计进水水质 $COD = 320\ mg/L$;BOD_5 浓度 $S_0 = 180\ mg/L$;SS 浓度 $X_0 = 150\ mg/L$;TKN$= 30\ mg/L$(进水中认为不含 $NO_3^- —N$);$TP_0 = 6\ mg/L$。

③ 设计出水水质 $COD = 100\ mg/L$;BOD_5 浓度 $S_e = 30\ mg/L$;SS 浓度 $X_e = 30\ mg/L$;$TP_0 \leqslant 3\ mg/L$。

【解】

(1) 判别水质是否可采用 A_2/O 生物除磷工艺 COD/TKN$= 320/30 = 10.7 > 10$,$BOD_5/TP = 180/6 = 30 > 20$,故可采用 A_2/O 生物除磷工艺。

(2) 有关设计参数(用污泥负荷法)BOD_5 污泥负荷 $N = 0.4\ kg\ BOD_5/(kgMLSS·d)$,混合液悬浮固体浓度(MLSS)$X = 3\ 000\ mg/L$,污泥回流比 $R = 100\%$。

(3) 反应池容积 V

$$V = \frac{QS_0}{NX} = \frac{42\ 000 \times 180}{0.4 \times 3\ 000} = 7\ 875\ m^3$$

(4) 水力停留时间 t

反应池总停留时间 $t = V/Q = 7\ 875/42\ 000 = 0.19\ d = 4.5\ h$

厌氧段与好氧段停留时间比取 $t_A : t_O = 1 : 2$,则

厌氧段停留时间 $\qquad t_A = \frac{1}{3} \times 4.5 = 1.5\ h$

好氧段停留时间 $\qquad t_O = \frac{2}{3} \times 4.5 = 3\ h$

(5) 剩余污泥量 生物污泥产量 P_X 为

$$P_X = YQ(S_0 - S_e) - K_d V X_V$$
$$= 0.6 \times 42\ 000 \times (0.18 - 0.03) - 0.05 \times 7\ 875 \times 2.4$$
$$= 3\ 780 - 945 = 2\ 835\ kg/d$$

非生物污泥产量 P_S 为

$$P_S = (TSS_0 - TSS_e)Q \times 50\%$$

$$=(0.15-0.03) \times 42\,000 \times 50\%$$
$$=2\,520 \text{ kg/d}$$

式中：TSS_0、TSS_e——生化反应池进、出水总悬浮固体浓度，kg/m^3。

剩余污泥总量 $\Delta X = P_X + P_S = 2\,835 + 2\,520 = 5\,355 \text{ kg/d}$

（6）验算出水水质　剩余生物污泥含磷量按 6% 计，出水总磷 TP_e 为

$$TP_e = TP - 0.06 \times \frac{1\,000 P_X}{Q} = 6 - 0.06 \times \frac{1\,000 \times 2\,835}{42\,000} = 1.95 \text{ mg/L}$$

满足设计要求。

出水 BOD_5 浓度 S 可按下式计算。

$$S = \frac{Q S_0}{Q + K_2 X f V}$$

式中：K_2——动力学参数，取值范围 $0.016\,8 \sim 0.028\,1$，K_2 取 0.022；

$\quad f$——活性污泥中 VSS 所占比例，取 $f = 0.7$。

$$S = \frac{Q S_0}{Q + K_2 X f V} = \frac{42\,000 \times 180}{42\,000 + 0.022 \times 3\,000 \times 0.7 \times 7\,875} = 18.6 \text{ mg/L}$$

满足设计要求。

（7）反应池主要尺寸　反应池总容积 $V = 7\,875 \text{ m}^3$，设反应池 2 组，则单组池容 $V_单 = V/2 = 7\,875/2 = 3\,937.5 \text{ m}^3$

有效水深 $h = 4.2 \text{ m}$，则单组有效面积

$$S_单 = V_单/h = 3\,937.5/4.2 = 937.5 \text{ m}^2$$

采用 3 廊道式反应池，廊道宽 $b = 6 \text{ m}$，则

反应池长度 $L = \dfrac{S_单}{B} = \dfrac{937.5}{3 \times 6} = 52 \text{ m}$

校核：$b/h = 6/4.2 = 1.43$（满足 $b/h = 1 \sim 2$）

$\qquad L/b = 52/6 = 8.7$（满足 $L/b = 5 \sim 10$）

超高取 1.0 m，则

反应池总高 $H = 4.2 + 1.0 = 5.2 \text{ m}$

A 段厌氧段与 O 段好氧段的停留时间比取 $t_厌 : t_好 = 1 : 2$，则 $V_厌 : V_好 = Q t_厌 : Q t_好 = 1 : 2$，即反应池第 I 廊道为厌氧段，第 II、第 III 廊道为好氧段。

关于进出水系统、曝气系统和设备选型计算方法及参数参见 8.2.1.2 章节【算例 2】，本例不再重复，只将计算结果列出。

① 进水管及出水管，设计流量 $0.486 \text{ m}^3/\text{s}$，管径 $DN900$，流速 0.76 m/s。

② 配水渠道，设计流量 $0.486 \text{ m}^3/\text{s}$，宽 0.8 m，水深 0.9 m，超高 1.0 m，流速 0.68 m/s。

③ 进水孔（每组 3 个），设计流量 $0.486 \text{ m}^3/\text{s}$，每个宽 0.7 m，高 0.4 m，过孔流速 0.58 m/s；进水竖井，长 1.8 m，宽 1.8 m。

④ 回流污泥渠道，设计流量 $0.486 \text{ m}^3/\text{s}$，宽 1.2 m，水深 0.6 m，超高 0.3 m，流速 0.68 m/s。

⑤ 出水堰，设计流量 $0.486 \text{ m}^3/\text{s}$，宽度 6 m，堰上水头 0.12 m；出水孔，计流量 $0.486 \text{ m}^3/\text{s}$，宽 1.35 m，高 0.6 m，过孔流速 0.6 m/s；出水竖井，长 2.0 m，宽 1.8 m。

⑥ 设计需氧量（AOR）$5\,544 \text{ kg/d}$，标准需氧量（SOR）340.4 kg/h，用气量 $5\,673.6 \text{ m}^3/\text{h}$，供

气压力 5 m 水柱。

⑦ 每组微孔曝气器 1 216 个,2 组 2 432 个。

⑧ 每组设 1 条供气干管,设计流量 0.79 m^3/s,管径 $DN350$ mm,流速 8.2 m/s。

⑨ 厌氧池搅拌机 3 台,搅拌功率 6 552 W。

图 8.17 为 A_2/O 除磷工艺计算图。

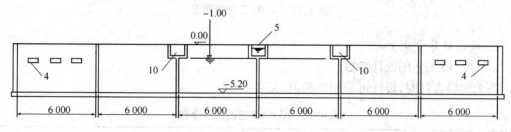

A-A剖面图

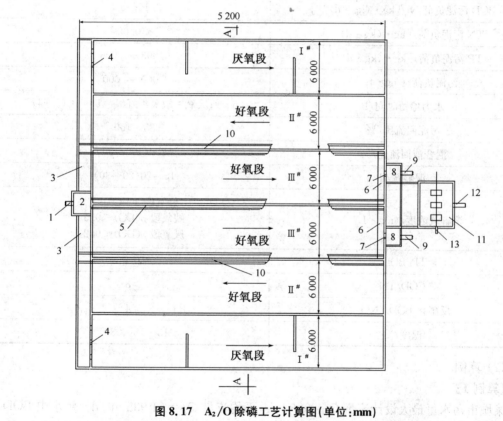

图 8.17　A_2/O 除磷工艺计算图(单位:mm)

1—进水管;2—进水井;3—配水渠;4—进水孔;5—回流污泥渠道;6—集水槽;7—出水孔;
8—出水井;9—出水管;10—空气管廊;11—回流污泥泵房;12—回流污泥管;13—剩余污泥管

8.2.3　A^2/O 生物脱氮除磷

A^2/O 工艺是厌氧—缺氧—好氧生物脱氮除磷工艺的简称,该工艺可具有同时脱氮除磷的功能。A^2/O 工艺流程图如图 8.18 所示,通过厌氧、缺氧、好氧三种不同的环境条件和不同种类微生物菌群的有机配合,达到去除有机物、脱氮、除磷的功能。

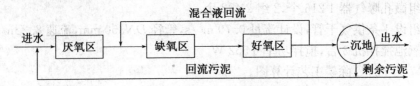

图 8.18 A²/O 工艺流程图

1. 设计计算方法 1

(1) A²/O 工艺的设计参数

当无实验资料时,设计可采用经验值,见表 8.18。

表 8.18 A²/O 工艺的设计参数

名称	数值
BOD 污泥负荷 N_s/[kg·(kg·d)$^{-1}$]	0.15~0.2
TN 污泥负荷/[kg·(kg·d)$^{-1}$]	<0.05
TP 污泥负荷/[kg·(kg·d)$^{-1}$]	0.003~0.006
污泥负荷/(mg·L^{-1})	2 000~4 000
水力停留时间/h	6—8;厌氧:缺氧:好氧=1:1:(3~4)
污泥回流比/%	25~100
混合液回流比/%	≥200(100~300)
泥龄 θ_c/d	15~20(20~30)
溶解氧浓度/(mg·L^{-1})	好氧段 $\rho(DO)=2$ 缺氧段 $\rho(DO)\leqslant0.5$ 厌氧段 $\rho(DO)<0.2$
TP/BOD$_5$	<0.06
COD/TN	>8
反硝化 BOD$_5$/NO$_3^-$	>4
温度/℃	13~18(≯30)

(2) 算例

【算例 1】

某城市污水量最大设计流量 Q_s=996 L/s,平均流量 Qp=61 935 m³/d。污水中 BOD$_5$ 的质量浓度为 214.31 mg/L,SS 质量浓度为 203.62 mg/L,TN 的质量浓度为 31.79 mg/L,TP 的质量浓度为 4.66 mg/L,水温 T=20 ℃。要求处理后水质指标满足:BOD$_5$ 的质量浓度不大于 20 mg/L,SS 质量浓度不大于 20 mg/L,TN 的质量浓度不大于 15 mg/L,TP 的质量浓度不大于 1 mg/L。设计 A²/O 处理工艺流程。

【解】

(1) 设计参数

① 水力停留时间

A^2/O 的水力停留时间：一般采用 6~8 h，设计取 $t=8$ h。

② 曝气池内活性污泥浓度

曝气池内活性污泥浓度 X_v 一般采用 2 000~4 000 mg/L，设计中取 $X_v=3\,000$ mg/L。

③ 活性污泥浓度

$$X_r=\frac{10^6}{SVI}\cdot r$$

式中：X_r——回流污泥浓度，mg/L；

　　SVI——污泥容积指数，一般采用 100；

　　r——系数，一般采用 $r=1.2$。

$$X_r=\frac{10^6}{100}\times1.2=12\,000\text{ mg/L}$$

④ 污泥回流比

$$X_v=\frac{R}{1+R}\cdot X_r'$$

式中：R——污泥回流比；

　　X_r'——回流污泥活性污泥质量浓度，mg/L，$X_r'=fX_r=0.75\times12\,000=9\,000$ mg/L。

$$3\,000=\frac{R}{1+R}\times9\,000$$

解得：$R=0.5$。

⑤ TN 去除率

$$e=\frac{S_1-S_2}{S_1}\times100\%$$

式中：e——TN 去除率，%。

　　S_1——进水 TN 质量浓度，mg/L；

　　S_2——出水 TN 质量浓度，mg/L。

设计中 $S_2=15$ mg/L

$$e=\frac{30.79-15}{30.79}\times100\%=51.3\%$$

⑥ 内回流倍数

$$R_内=\frac{e}{1-e}$$

式中：$R_内$——内回流倍数。

$$R_内=\frac{0.513}{1-0.513}=1.05$$

设计中取 $R_内$ 为 110%。

(2) A^2/O 池尺寸计算

① 总有效容积

$$V=Qt$$

式中：V——总有效容积，m^3；

　　Q——进水流量，m^3/d，按平均流量计算；

t——水力停留时间,d。

设计中取 $Q=619\,735\ \mathrm{m^3/d}$,则

$$V=Qt=61\,935\times8/24=20\,645\ \mathrm{m^3}$$

厌氧、缺氧、好氧各段内水力停留时间的比值为 $1:1:3$,则每段水力停留时间分别为:

厌氧池内水力停留时间 $t_1=1.6\ \mathrm{h}$;

缺氧池内水力停留时间 $t_2=1.6\ \mathrm{h}$;

好氧池内水力停留时间 $t_3=4.8\ \mathrm{h}$。

② 平面尺寸

$\mathrm{A^2/O}$ 池总面积

$$A=\frac{V}{h}$$

式中:A——$\mathrm{A^2/O}$ 池总面积,$\mathrm{m^2}$;

h——$\mathrm{A^2/O}$ 池有效水深,m。

设计中取 $h=4.2\ \mathrm{m}$

$$A=\frac{20\,645}{4.2}=4\,915.5\ \mathrm{m^2}$$

每组 $\mathrm{A^2/O}$ 池面积

$$A_1=\frac{A}{N}$$

式中:A_1——每组 $\mathrm{A^2/O}$ 池表面积,$\mathrm{m^2}$;

N——$\mathrm{A^2/O}$ 池个数。

设计中取 $N=2$

$$A_1=\frac{4\,915.5}{2}=2\,457.75\ \mathrm{m^2}$$

每组 $\mathrm{A^2/O}$ 池共设 5 廊道,第 1 廊道为厌氧段,第 2 廊道为缺氧段,后 3 个廊道为好氧段,每个廊道宽取 7.0 m,则每廊道长

$$L=\frac{A_1}{bn}$$

式中:L——$\mathrm{A^2/O}$ 池每廊道长,m;

b——每廊道宽度,m;

n——廊道数。

设计中取 $b=7.0\ \mathrm{m},n=5$

$$L=\frac{2\,457.75}{7.0\times5}=70.3\ \mathrm{m}$$

$\mathrm{A^2/O}$ 池的平面布置如图 8.19 所示。

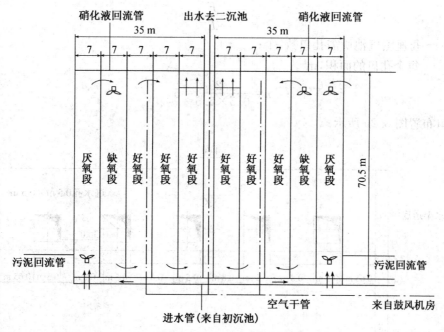

图 8.19　A²/O 池的平面布置图

（3）A²/O 池进、出水设计

① A²/O 池进水设计

初沉池的来水通过 $DN1200$ 的管道送入 A²/O 池首端的进水渠道，管道内的水流速度为 0.88 m/s。在进水渠道内，水流分别流向两端，从厌氧段进入，进水渠道宽度为 1.2 m，渠道内水深为 1.0 m，则渠道内的最大水流速度为

$$v_1 = \frac{Q_s}{Nb_1h_1}$$

式中：v_1——渠内最大水流速度，m/s；

$\quad\quad b_1$——进水渠道宽度，m；

$\quad\quad h_1$——进水渠道有效水深，m。

设计中取 $b_1 = 1.2$ m，$h_1 = 1.0$ m

$$= \frac{0.996}{2 \times 1.2 \times 1.0} = 0.415 \text{ m/s}$$

反应池采用潜孔进水，孔口面积为

$$F = \frac{Q_s}{Nv_2}$$

式中：F——每座反应池所需孔口面积，m²；

$\quad\quad v_2$——孔口流速，m/s，一般采用 0.2～1.5 m/s。

设计中取 $v_2 = 0.4$ m/s，则

$$A = \frac{0.996}{2 \times 0.4} = 1.25 \text{ m}^2$$

设每个孔口尺寸为 0.5 m×0.5 m，则孔口数为

$$n=\frac{F}{f}$$

式中:n——每座曝气池所需孔口数,个;

f——每个孔口的面积,m^2。

$$n=\frac{1.25}{0.5\times0.5}=5$$

孔口布置图 8.20 所示。

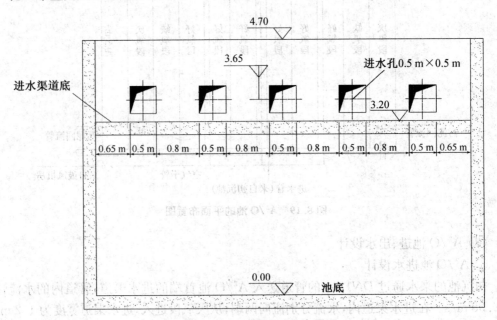

图 8.20 A²/O 池进水孔口布置图

② A²/O 池的出水设计

A²/O 池的出水采用矩形薄壁堰,跌落出水,堰上水头为

$$H=\left(\frac{Q}{mb\sqrt{2g}}\right)^{\frac{2}{3}}$$

式中:H——堰上水头,m;

Q——每座反应池出水量,m^3/s,指污水最大流量($0.996\ m^3/s$)与回流污泥量、回流量之和($0.717\times160\%\ m^3/s$);

m——流量系数,一般采用 0.4～0.5;

b——堰宽,m;与反应池宽度相等。

设计中取 $m=0.4,b=7.0\ m$,则

$$H=\left(\frac{0.996+0.717\times160\%}{2\times0.4\times7\times\sqrt{2\times9.8}}\right)^{\frac{2}{3}}=0.196\ m$$

设计中取 0.2 m。

A²/O 池的最大出水流量为($0.996+0.717\times160\%$)$=2.14\ m^3/s$,出水管管径采用 $DN1800\ mm$,送往二沉池,管道内的流速为 0.84 m/s。

（4）其他管线

① 污泥回流管

在本设计中，污泥回流比为 50%，从二沉池回流过来的污泥通过两根 $DN500$ mm 的回流管道分别进入首端两侧的厌氧段，管内污泥流速为 0.9 m/s。

② 硝化液回流管

硝化液回流比为 200%，从二沉池出水回流至缺氧段首端，硝化液回流管道管径为 $DN1\,000$，管内流速为 0.9 m/s。

（5）剩余污泥量

$$W = aQ_\mathrm{S}r - bVX_\mathrm{V} + L_\mathrm{r}Q \times 50\%$$

式中：W——剩余污泥量，kg/d；

　　　a——污泥产率系数，一般采用 0.5～0.7；

　　　b——污泥自身氧化系数，d^{-1}，一般采用 0.05～0.1；

　　　$Q_\mathrm{平}$——平均日污水流量，m^3/d；

　　　L_r——反应池去除的 SS 质量浓度，m^3/d，

　　　　　$L_r = 203.62 - 20 = 183.62$ mg/L $= 0.183\,62$ kg/m^3。

　　　S_r——反应池去除 BOD_5 质量浓度 kg/m^3，

　　　　　$S_r = 214.31 - 20 = 194.31$ mg/L $= 0.194\,31$ kg/m^3。

设计中取 $a = 0.6$，$b = 0.05$，则

　　　$W = 0.6 \times 61\,935 \times 0.194\,31 - 0.05 \times 20\,645 \times 3 + 0.183\,62 \times 61\,395 \times 50\%$

　　　　　$= 98\,108$ kg $\cdot$ d^{-1}

2. 设计计算方法 2

（1）设计参数

A^2/O 脱氮除磷工艺主要设计参数见表 8.19。

表 8.19　A^2/O 脱氮除磷工艺主要设计参数

项　目	数　值
BOD_5 污泥负荷 N/[kgBOD$_5$/(kgMLSS·d)]	0.13～0.2
TN 负荷/[kgTN/(kgMLSS·d)]	＜0.05(好氧段)
TP 负荷/[kgTP/(kgMLSS·d)]	＜0.06(厌氧段)
污泥浓度 MLSS/(mg/L)	3 000～4 000
污泥龄 θ_c/d	15～20
水力停留时间 t/h	8～11
各段停留时间比例 A∶A∶O	(1∶1∶3)～(1∶1∶4)
污泥回流比 R/%	50～100
混合液回流比 $R_\mathrm{内}$/%	100～300
溶解氧浓度 DO/(mg/L)	厌氧池＜0.2,缺氧池≤0.5,好氧池=2
COD/TN	＞8(厌氧池)
TP/BOD_5	＜0.06(厌氧池)

(2) 算例

【算例 2】 A^2/O 脱氮除磷工艺设计计算

① 设计流量 $Q=40\,000\ m^3/d$(不考虑变化系数)。

② 设计进水水质：$COD=320\ mg/L$；BOD_5 浓度 $S_0=160\ mg/L$；TSS 浓度 $X_0=150\ mg/L$；$VSS=105\ mg/L$（MLVSS/MLSS=0.7）；$TN=35\ mg/L$；$NH_3-N=26\ mg/L$，$TP=4\ mg/L$；碱度 $S_{ALK}=280\ mg/L$；$pH=7.0\sim7.5$；最低水温 14 ℃；最高水温 25 ℃。

③ 设计出水水质：$COD=60\ mg/L$；BOD_5 浓度 $S_e=20\ mg/L$；TSS 浓度 $X_e=20\ mg/L$；$TN=15\ mg/L$；$NH_3-H=8\ mg/L$；$TP=1.5\ mg/L$。

【解】

(1) 用污泥负荷法

① 判别水质是否可采用 A_2/O 法　$COD/TN=320/35=9.14>8$，$TP/BOD_5=4/160=0.03<0.06$，符合要求。

② 有关设计参数　BOD_5 污泥负荷 $N=0.13\ kgBOD_5/(kgMLSS \cdot d)$，回流污泥浓度 $X_R=6\,600\ mg/L$，污泥回流比 $R=100\%$。

混合液悬浮固体浓度 $X=\dfrac{R}{1+R}X_R=\dfrac{1}{1+1}\times 6\,600=3\,300\ mg/L$

TN 去除率 $\eta_{TN}=\dfrac{TN_0-TN_e}{TN_0}\times 100\%=\dfrac{35-15}{35}\times 100\%=57\%$

混合液回流比 $R_{内}=\dfrac{\eta_{TN}}{1-\eta_{TN}}\times 100\%=\dfrac{0.57}{1-0.57}\times 100\%=133\%$

取 $R_{内}=200\%$。

③ 反应池容积 V

$$V=\frac{QS_0}{NX}=\frac{40\,000\times 160}{0.13\times 3\,300}=14918.41\ m^3$$

反应池总水力停留时间：

$$t=V/Q=14\,918.41/40\,000=0.37\ d=8.88\ h$$

各段水力停留时间和容积计算如下。

厌氧：缺氧：好氧$=1:1:3$，于是有

厌氧池水力停留时间 $t_{厌}=\dfrac{1}{5}\times 8.88=1.78\ h$，

池容 $V_{厌}=\dfrac{1}{5}\times 14\,918.41=2\,983.7\ m^3$

缺氧池水力停留时间 $t_{缺}=\dfrac{1}{5}\times 8.88=1.78\ h$

池容 $V_{缺}=\dfrac{1}{5}\times 14\,918.41=2\,984\ m^3$

好氧池水力停留时间 $t_{好}=\dfrac{3}{5}\times 8.88=5.32\ h$

池容 $V_{好}=\dfrac{3}{5}\times 14\,918.41=8\,951\ m^3$

④ 校核氮磷负荷

好氧段总氮负荷 $=\dfrac{Q \times TN_0}{XV_{好}}=\dfrac{40\,000 \times 35}{3\,300 \times 8\,951}=0.49\ \text{kgTN/(kgMLSS·d}(符合要求);$

厌氧段总磷负荷 $=\dfrac{Q \times TP_0}{XV_{厌}}=\dfrac{40\,000 \times 4}{3\,300 \times 2\,983.7}=0.016\ \text{kgTN/(kgMLSS·d}(符合要求)。$

⑤ 剩余污泥量 ΔX

$$\Delta X = P_X + P_S$$

$$P_X = YQ(S_0 - S_e) - k_d V X_V$$

$$P_S = (\text{TSS} - \text{TSS}_e)Q \times 50\%$$

取污泥系数 $Y=0.6$，污泥自身氧化率 $k_d=0.05\ \text{d}^{-1}$，将各值代入得

$$P_X = 0.6 \times 40\,000 \times (0.16-0.02) - 0.05 \times 14\,918.41 \times 3.3 \times 0.7 = 3\,360 - 1\,723$$

$$= 1\,673\ \text{kg/d}$$

$$P_S = (0.15-0.02) \times 40\,000 \times 50\% = 2\,600\ \text{kg/d}$$

$$\Delta X = 1\,673 + 2\,600 = 4\,237\ \text{kg/d}$$

⑥ 碱度校核

每氧化 $1\ \text{mgNH}_3$—N 需消耗碱度 $7.14\ \text{mg}$；每还原 $1\ \text{mg NO}_3^-$—N 产生碱度 $3.57\ \text{mg}$；去除 $1\ \text{mg BOD}_5$ 产生碱度 $0.1\ \text{mg}$。

剩余碱度 $S_{\text{ALK1}}=$ 进水碱度-硝化消耗碱度+反硝化产生碱度+去除 BOD_5 产生碱度

假设生物污泥中含氮量以 12.4% 计，则

$$每日用于合成的总氮 = 0.124 \times 1\,637 = 202.99\ \text{kg/d}$$

即进水总氮中有 $\dfrac{202.99 \times 1\,000}{40\,000}=5.07\ \text{mg/L}$ 用于合成。

被氧化的 NH_3—N =进水总凯氏氮-出水总凯氏氮量-用于合成的总氮$=35-8-5.07$

$$= 21.93\ \text{mg/L}$$

所需脱硝量 $=35-15-5.07=14.93\ \text{mg/L}$

需还原的硝酸盐氮量 $N_T = 40\,000 \times 14.93 \times 1/1\,000 = 597.2\ \text{kg/d}$

将各值代入有

剩余碱度 $S_{\text{ALK1}}=280-7.14 \times 21.93+3.57 \times 14.93+0.1 \times (160-29)$

$$= 280-156.58+53.30+14$$

$$= 190.72\ \text{mg/L} > 100\ \text{mg/L}(以 \text{CaCO}_3 计)$$

可维持 $pH \geqslant 7.2$。

⑦ 反应池主要尺寸

反应池总容积 $V=14\,918.41\ \text{m}^3$，设反应池 2 组，则单组池容 $V_{单}=V/2=14\,918.41/2=7\,459.21\ \text{m}^3$

有效水深 $h=4.0\ \text{m}$，则单组有效面积

$$S_{单}=V_{单}/h=7\,459.21/4.0=1\,864.80\ \text{m}^2$$

采用 5 廊道式推流式反应池，廊道宽 $b=7.5\ \text{m}$，则

单组反应池长度 $L=S_{单}/B=\dfrac{1\,864.80}{5 \times 7.5}=50\ \text{m}$

校核：$b/h=7.5/4.0=1.9$(满足 $b/h=1\sim2$)

$L/b=50/7.5=6.7$（满足 $L/b=5\sim10$）

超高取 1.0 m，则反应池总高 $H=4.0+1.0=5.0$ m

关于进出水系统、曝气系统和设备选型计算方法及参数参见章节 8.2.1.2【算例 2】，本例不再重复，只将计算结果列出。

① 进水管及出水管，设计流量 0.231 m^3/s，管径 $DN600$，流速 0.82 m/s，混合液回流管，设计流量 0.463 m^3/s，管径 $DN800$，流速 0.92 m/s。

② 进水孔，设计流量 0.463 m^3/s，宽 0.6 m，高 1.3 m，过孔流速 0.6 m/s；进水井，长 2.4 m，宽 2.4 m。

图 8.21　A²/O 脱氮除磷工艺计算图（单位：mm）

1—进水管；2—进水井；3—进水孔；4—回流污泥管；5—集水槽；6—出水孔；7—出水井；
8—出水管；9—混合液回流管；10—混合液回流管；11—空气管廊

③ 出水堰，设计流量 0.936 m³/s，宽度 7.5 m，堰上水头 0.16 m；出水孔，设计流量 0.926 m³/s，宽 2.0 m，高 0.8 m，过孔流速 0.6 m/s；出水竖井，长 2.6 m，宽 0.8 m；出水管，设计流量 0.463 m³/s，管径 DN900 mm，流速 0.73 m/s。

④ 设计需氧量（AOR）8 992.56 kg/d，标准需氧量（SOR）633.4 kg/h，平均用气量 10 556.7 m³/h，最大气量 14 779.3 m³/h，供气压力 4.9 m 水柱。

⑤ 每组微孔曝气器 3 167 个，2 组 6 334 个。

⑥ 供气干管设计流量 2.05 m³/s，管径 DN500，流速 10.4 m/s；双侧供气支管设计流量 1.37 m³/s，管径 DN450，流速 8.6 m/s。单侧供气支管设计流量 0.68 m³/s，管径 DN300，流速 10 m/s。

⑦ 厌氧池搅拌机 3 台，搅拌功率 7 500 W，缺氧池搅拌机 3 台，搅拌功率 7 500 W。

图 8.21 为 A²/O 脱氮除磷工艺计算图。

第9章 生物接触氧化法

9.1 设计要点

生物接触氧化池主要是由池体、填料床、曝气装置、进出水装置等组成,见图9.1,9.2。

生物接触氧化池池内在平面上多呈圆形、矩形或方形,用钢板焊接制成或用钢筋混凝土浇灌砌成。池体总高度一般约为4.5~5.0 m,其中,填料床高度为3.0~3.5 m,底部布气层高度为0.6~0.7 m,顶部稳定水层为0.5~0.6 m。

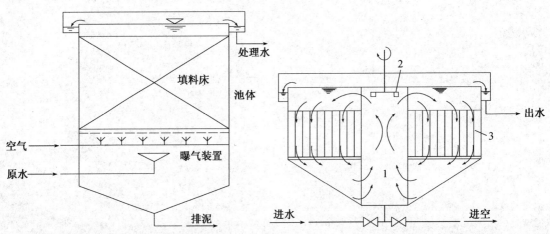

图9.1 鼓风曝气淹没式生物接触氧化池

图9.2 表面曝气淹没式生物接触氧化池
1—充氧间;2—曝气叶轮;3—填料间

填料床是生物接触氧化池的重要组成部分,它既直接影响到污水处理效果,又关系到接触氧化池的基建费用,故填料的选择应从技术和经济两个方面加以考虑。考虑到生物膜的生物繁殖、充氧与不填塞,填料床内应填充比表面积大、空隙率高的填料。目前,淹没式生物接触氧化池中常采用的填料主要有蜂窝状填料、波纹板状填料及软性与半软性填料等。此外,有些处理工程中仍沿用砂粒、碎石、无烟煤、焦炭、矿渣及瓷环等无机填料。

曝气装置多采用穿孔管布气,孔眼直径为3~5 mm,孔眼中心距为50~100 mm。布气管可设在填料床下部或一侧,并将孔眼做均匀布置,而空气则来自鼓风机或射流器。在运行中要求布气均匀,并考虑到填料床发生堵塞时能适当加大气量及提高冲洗能力。当采用表曝机供氧时,则应考虑填料床发生堵塞时有加大转速,加快循环回流,提高冲刷能力的可能。

进水装置一般采用穿孔管进水,穿孔管上孔眼直径为5~15 mm,间距为200 mm左右,水流喷出孔眼流速为2 m/s。穿孔管可直接设在填料床的上部或下部,使污水均匀流入填料床,污水、空气和生物膜三者之间相互均匀接触,可提高填料床工作效率,同时,还要考虑到发生堵塞时有加大进水量的可能。出水装置可根据实际情况选择溢流堰式出水或穿孔管出水。

目前生物接触氧化法中的填料种类繁多而且还在不断推陈出新。常用的有粒状填料(诸如炉渣、沸石、塑料球、纤维球等)、蜂窝填料、软性纤维填料、半软性填料以及组合填料等。各种填料因其材料、性质、比表面积、空隙率的不同,而直接影响到挂膜、微生物生长、氧利用率等。因此,该工艺设计参数宜根据选用填料进行实验后确定。常用填料基本性能见表 9.1。

表 9.1 常用填料基本性能

填料名称	材质	规格/mm	挂膜	比表面积/(m^2/m^3)	空隙率/%
炉渣	—	D20~80	较易	60~200	48~60
塑料球	聚乙烯、聚丙烯	$\varphi25,\varphi50$	较易	236~400	84~90
蜂窝填料	玻璃钢、聚氯乙烯	D20~36	较易	100~200	98~99
软性纤维填料	维纶	纤维长 120~160 束距 60~80	易	1 400~2 400	>90
盾状填料	聚乙烯、涤纶	纤维长 120~160 束距 60~80	易	1 000~2500	98~99
半软性填料	变性聚乙烯	单片 $\varphi120~160$	较易	87~93	97
立体波纹填料	硬聚氯乙烯	1 600×800	较易	110~200	90~96
组合填料 (如 SB—A)	塑料盒全花维纶	D120~200 片距 40~90	易	1 230	99

选择填料时应考虑污水性质、有机复合及填料的特性。蜂窝填料寿命较长,但易堵塞。因此,应根据有机复合选择合适的孔径。软性纤维填料不易堵塞,重量较轻,价格也低,但生物膜易结成团块,使用寿命也较短。

9.2 设计参数

(1) 生物接触氧化池一般不应少于 2 座;

(2) 设计时采用的 BOD_5 负荷最好通过实验确定,也可采用经验数据,一般处理城市污水可用 1.0~1.8 kg/($m^3 \cdot$ d);处理 BOD_5 质量浓度不大于 500 mg/L 的污水时,可用 1.0~3.0 kg/($m^3 \cdot$ d);

(3) 污水在池中停留时间不应小于 1~2 h(按有效容积计);

(4) 进水 BOD_5 质量浓度过高时,应考虑设水流回流系统;

(5) 填料层高度一般大于 3.0 m,当采用蜂窝填料时,应分层装填,每层高度 1 m,蜂窝孔径应不小于 25 mm;当采用小孔径填料时,应加大曝气强度,增加生物膜脱落速度。

(6) 每单元接触氧化池面积不宜大于 25 m^2,以保证布水、布气均匀;

（7）气水比控制在(10~15):1。

（8）填料体积 BOD—容积负荷率计算法

表 9.2 所列举的是我国采用接触氧化技术处理城市污水及其他有机废水,计算接触氧化池填料体积所采用的 BOD—容积负荷率值。

表 9.2　国内接触氧化池填料体积计算 BOD—容积负荷率值的建议值

污水类型	BOD 负荷 (kg/(m³ · d))	污水类型	BOD 负荷 (kg/(m³ · d))
城市污水(二级处理)	3.0~4.0	酵母废水	4.0~8.0
印染污水	1.0~2.0	涤纶废水	1.5~2.5
农药废水	2.0~2.5		

BOD—容积负荷率与处理水质有密切关系,下表列举的是我国在这方面所累积的资料数据,可供设计时参考。

表 9.3　BOD—容积负荷率与处理水水质关系数据

污水类型	处理水 BOD(mg/L)	BOD—容积负荷率 (kgBOD/(m³ · d))
城市污水	30	5.0
城市污水	10	2.0
印染废水	20	1.0
印染废水	50	2.5
粘胶废水	10	1.5
粘胶废水	20	3.0

下面列举出国外在接触氧化池处理城市污水所采用的有关 BOD—容积负荷率方面的资料,供参考。

城市污水二级处理,采用的 BOD—容积负荷率为 1.2~20 kgBOD/(m³ · d),当处理水 BOD 值要求达到 30 mg/L 以下时,采取的负荷率为 0.8 kgBOD/(m³ · d)。

城市污水三级处理,采用的 BOD—容积负荷率为 0.12~0.18 kgBOD/(m³ · d),当处理水 BOD 值要求达到 10 mg/L 以下时,采取的负荷率为 0.2 kgBOD/(m³ · d)。

从上列数据可以看到,就城市污水处理采用的 BOD—容积负荷率而言,国外远低于国内。

9.3　设计计算

9.3.1　设计要点

生物接触氧化池计算公式见表 9.4。

表 9.4　生物接触氧化池计算公式

项　目	公　式	符号说明
1. 滤池的有效容积（即滤料体积）	$V = \dfrac{Q(L_a - L_t)}{M}$	V——滤池的有效容积，m^3 Q——平均日污水量，m^3/d L_a——进水 BOD_5 质量浓度，mg/L L_t——出水 BOD_5 质量浓度，mg/L M——容积负荷，$gBOD_5/m^3 \cdot d$
2. 滤池总面积	$F = \dfrac{V}{H}$	F——滤池总面积，m^2 H——滤料层总高度，m，一般 $H = 3\ m$
3. 滤池格数	$n = \dfrac{F}{f}$	n——滤池格数，个，$n \geqslant 2$ 个 f——每个滤池面积，m^2，$f \leqslant 25\ m^2$
4. 校核接触时间	$t = \dfrac{nfH}{Q} \times 24$	t——滤池有效接触时间，h
5. 滤池总高度	$H_0 = H + h_1 + h_2 + (m-1)h_3 + h_4$	H_0——滤池总高度，m h_1——超高，m，$h_1 = 0.5 \sim 0.6\ m$ h_2——填料上水深，m，$h_2 = 0.4 \sim 0.5\ m$ h_3——填料层间隙高，m，当采用多孔管曝气时，不进入检修时 $h_4 = 0.5\ m$，进入检修时 $h_4 = 1.5\ m$ m——填料层数，层
6. 需气量	$D = D_0 Q$	D——需氧量，m^3/d D_0——1 m^3 污水需氧量，m^3/m^3 Q——15～20 m^3/d

9.3.2　算例

【算例 1】二段式生物接触氧化池计算

污水量 $Q = 3\ 500\ m^3/d$，进水 $BOD_5(S_0) = 120\ mg/L$；出水 $BOD_5(S_e) \leqslant 30\ mg/L$；进水 $SS(X_0) = 110\ mg/L$；出水 $SS(X_e) = 30\ mg/L$。

【解】

采用二段式接触氧化，分两组并列运行。填料选用炉渣，一氧池填料高 h_{1-3} 取 3 m，二氧池填料高 h_{2-3} 取 2.5 m。

（1）填料容积负荷 N_v

$$N_v = 0.288\ 1 S_e^{0.7246}$$

式中：N_v——接触氧化的容积负荷，$BOD_5\ kg/(m^3 \cdot d)$；

S_e——出水 BOD_5 值，mg/L。

该公式源自太原市政工程设计研究院编制的《生物接触氧化法设计规程》（CECS 128：2001），当 BOD_5 进水值小于 180 mg/L，采用炉渣填料，蜂窝填料及组合填料，穿孔管曝气的二段式接触氧化法时，可应用此公式。

$$N_v = 0.288\ 1 \times 30^{0.724\ 6} = 3.39\ kg/(m^3 \cdot d)$$

（2）污水与填料接触时间 t

$$t = \frac{24 S_0}{1\ 000 N_v} = \frac{24 \times 120}{1\ 000 \times 3.39} = 0.85\ h$$

一氧池接触氧化时间 t_1 占总接触时间的 60%，则

$$t_1 = 0.6t = 0.6 \times 0.85 = 0.51 \text{ h}$$

二氧池接触氧化时间 t_2 占总时间的 40%，则

$$t_1 = 0.4t = 0.4 \times 0.85 = 0.34 \text{ h}$$

(3) 接触氧化池尺寸计算

单组一氧池（单池）填料体积 V_1 为

$$V_1 = \frac{Q}{2}t_1 = \frac{3\,500}{2 \times 24} \times 0.51 = 37.2 \text{ m}^3$$

一氧池面积 $A_1 = \dfrac{V_1}{h_{1-3}} = \dfrac{37.2}{3} = 12.4 \text{ m}^2$

一氧池宽 B_1 选取 4 m，池长为

$$L_1 = A_1/B_1 = 12.4/4 = 3.1 \text{ m}$$

一氧池超高 h_{1-1} 取 0.5 m，稳水层高 h_{1-2} 取 0.5 m，底部构造层高 h_{1-4} 取 0.8 m，则一氧池总高

$$H_1 = h_{1-1} + h_{1-2} + h_{1-3} + h_{1-4} = 0.5 + 0.5 + 3 + 0.8 = 4.8 \text{ m}$$

一氧池尺寸 $\qquad L_1 \times B_1 \times H_1 = 3.1 \times 4.0 \times 4.8$

单组二氧池填料体积为

$$V_2 = \frac{Q}{2}t = \frac{3\,500}{2 \times 24} \times 0.34 = 24.8 \text{ m}^3$$

二氧池面积 $\qquad A_2 = V_2/h_{2-3} = 24.8/2.5 = 9.9 \text{ m}^3$

二氧池宽 B_2 选取 4 m，池长为

$$L_2 = A_2/B_2 = 9.9/4 = 2.5 \text{ m}$$

二氧池超高 h_{2-1} 选取 0.5 m，稳水层高 h_{2-2} 取 0.5 m，底部构造层 h_{2-4} 取 0.8 m，则二氧池总高

$$H_2 = h_{2-1} + h_{2-2} + h_{2-3} + h_{2-4} = 0.5 + 0.5 + 2.5 + 0.8 = 4.3 \text{ m}$$

单池二氧化尺寸 $L_2 \times B_2 \times H_2 = 2.5 \text{ m} \times 4 \text{ m} \times 4.3 \text{ m}$

(4) 接触氧化需气量计算

接触氧化池曝气采用在填料下方穿孔管鼓风曝气方式。根据试验，气水比为 5∶1，总需气量为

$$Q_{\text{气}} = 5Q = 5 \times 3\,500 = 17\,500 \text{ m}^3/\text{d} = 12.2 \text{ m}^3/\text{min}$$

一氧池需气量为

$$Q'_{1-\text{气}} = \frac{2}{3} \times Q_{\text{气}} = \frac{2}{3} \times 12.2 = 8.1 \text{ m}^3/\text{min}$$

单组一氧池需气量为

$$Q_{1-\text{气}} = \frac{1}{2} \times Q'_{1-\text{气}} = \frac{1}{2} \times 8.1 = 4.05 \text{ m}^3/\text{min}$$

二氧池需气量为

$$Q'_{2-\text{气}} = \frac{1}{3} \times Q_{\text{气}} = \frac{1}{3} \times 12.2 = 4.1 \text{ m}^3/\text{min}$$

单组二氧池需气量为

$$Q_{2-气}=\frac{1}{2}\times Q'_{2-气}=\frac{1}{2}\times4.1=2.05\ \mathrm{m^3/min}$$

接触氧化池曝气强度校核如下。

一氧池曝气强度为

$$\frac{Q_{1-气}}{A_1}=\frac{4.05}{3.1\times4}=0.33\ \mathrm{m^3/(m^2\cdot min)}=19.8\ \mathrm{m^3/(m^2\cdot h)}$$

二氧池曝气强度为

$$\frac{Q_{2-气}}{A_2}=\frac{2.05}{2.5\times4}=0.21\ \mathrm{m^3/(m^2\cdot min)}=19.8\ \mathrm{m^3/(m^2\cdot h)}$$

二池均满足 CECS128：2001 要求范围 $10\sim20\ \mathrm{m^3/(m^2\cdot h)}$

接触氧化池曝气管采用钢管，干管流速选取 $v=10\ \mathrm{m/s}$ 左右，小支管流速 $v=5\ \mathrm{m/s}$。干管管径选用 $d_N=200\sim100\ \mathrm{mm}$，支管管径选用 $d_N=32\ \mathrm{mm}$，支管布置间距 20 cm，支管上小孔孔径 5 mm，小孔间距 6 cm，小孔向下 45°开孔，交错分布。

（5）接触氧化池进出水设计

① 进水导流槽设计。根据 CECS128：2001，导流槽宽选取 0.8 m，导流槽长与池宽相同 4 m，导流墙下缘距填料底为 0.3 m，导流墙距池底 0.5 m。

② 出水槽计算。接触氧化池出槽采用锯齿形集水槽（两边进水）。集水槽污水过堰负荷 q 选取 $2\ \mathrm{L/(s\cdot m)}$。一氧池单池集水槽总长 L_{j-1}

$$L_{j-1}=\frac{Q/2}{q}=\frac{3\,500/2}{24\times3.6\times2}=10.1\ \mathrm{m}$$

一氧池单池集水槽条数 n_1

$$n_1=\frac{L_{j-1}}{2L_1}=\frac{10.1}{2\times3.1}\approx1.63\ 条\approx2\ 条$$

二氧池单池集水槽总长 L_{j-2}

$$L_{j-2}=\frac{Q/2}{q}=\frac{3\,500/2}{24\times3.6\times2}=10.1\ \mathrm{m}$$

二氧池单池集水槽条数 n_2

$$n_2=\frac{L_{j-2}}{2L_2}=\frac{10.1}{2\times2.5}=2\ 条$$

【算例 2】 一段式生物接触氧化池计算

污水量 Q 为 5 000 $\mathrm{m^3/d}$；进水 $\mathrm{BOD_5}(S_0)$ 为 130 mg/L；出水 $\mathrm{BOD_5}(S_e)\leqslant30\ \mathrm{mg/L}$。

【解】

（1）生物接触氧化池

一段式生物接触氧化池设计计算也常采用上述容积负荷法，本例采用另一种接触时间计算法。

① 接触反应时间 t。采用纤维软填料，填料高 h_2 为 3 m，氧化池内填料充填率为 70%。曝气设备选用微孔曝气头，接触时间计算公式为

$$t=K\ln\frac{S_0}{S_e}$$

式中：t——接触氧化反应时间，h；

S_0——进水 $\mathrm{BOD_5}$ 浓度值，mg/L；

S_e——出水 BOD_5 浓度值，mg/L；

K——常数，$K=0.33\times\left(\dfrac{p}{75}\right)\times S_0^{0.46}$；

p——接触氧化池内填料充填率。

带入数据得

$$K=0.33\times\frac{70}{75}\times130^{0.46}=2.89$$

$$t=2.89\ln\frac{130}{30}=4.2\ h$$

② 生物接触氧化池尺寸。设计二组接触氧化池，接触氧化池总容积：

$$V_{总}=Qt=\frac{5\,000}{24}\times4.2=875\ m^3$$

单池容积　　　　$V_{单}=V_{总}/2=875/2=437.5\ m^3$

单池面积　　　　$A_{单}=V_{单}/h_3=437.5/3=145.8\ m^2$

设单池池宽 $B=8.5\ m$，池长 L 为

$$L=A1/B=145.8/8.5=17.2\ m$$

设氧化池超高 h_1 为 $0.5\ m$，稳水层高 h_2 为 $0.4\ m$，填料高 h_3 为 $3\ m$，底部构造层 h_4 为 $0.3\ m$，池总高

$$H=h_1+h_2+h_3+h_4=0.5+0.4+0.3+3=4.2\ m$$

单氧化池尺寸 $L\times B\times H=17.2\ m\times8.5\ m\times4.2\ m$

容积负荷为

$$N_V=\frac{QS_0}{V}=\frac{5\,000\times0.13}{875}=0.74\ kg/(m^3\cdot d)$$

③ 需气量计算。通过试验，接触氧化气水比约 6：1，则需气量

$$Q_{气}=6Q_{水}=6\times5\,000=30\,000\ m^3/d=1\,250\ m^3/h$$

曝气强度　　　　$q_{气}=\dfrac{Q_{气}}{A}=\dfrac{1\,250}{2\times146.2}=4.27\ m^3/(m^2\cdot h)$

由于采用软性纤维填料不会发生堵塞，曝气强度 $4.27\ m^3/(m^2\cdot h)$，远大于 $2\ m^3/(m^2\cdot h)$，也不会发生淤积，所以选用微孔曝气头，单个曝气量为 $2.5\ m^3/h$，曝气头数量为

$$n=Q_{气}/Q'_{气}=1\,250/2.5=500\ 个$$

（2）沉淀池设计

沉淀池可采用上述的接触沉淀池，也可选用一般二沉池。

【算例 3】

某居民小区，污水量 $500\ m^3/d$，BOD_5 值为 $200\ mg/L$，采用生物接触氧化技术处理，填料充填率为 75%，处理水 BOD_5 值应达到 $60\ mg/L$。按一段处理工艺和二段处理工艺分别确定所需接触反应时间。

【解】

（1）按一段处理工艺计算，按以下公式计算，

$$t=K\ln\frac{S_0}{S_e}\quad K=0.33\times\left(\frac{p}{75}\right)\times S_0^{0.46}$$

$$t=0.33\times\frac{75}{75}\times200^{0.46}\times\ln\left(\frac{200}{60}\right)\approx4.5\ \text{h}$$

（2）按二段处理工艺计算，设第一段处理水 BOD 值为 100 mg/L，第二段处理水则应为 60 mg/L。同样按以上公式计算

第一段

$$t_1=0.33\times\frac{75}{75}\times200^{0.46}\times\ln\left(\frac{200}{100}\right)\approx2.6\ \text{h}$$

第二段

$$t_2=0.33\times\frac{75}{75}\times100^{0.46}\times\ln\left(\frac{200}{60}\right)\approx1.39\ \text{h}$$

总接触反应时间

$$2.6+1.39\approx4.0\ \text{h}$$

计算结果表明，当原污水 BOD 值及处理水应达到的 BOD$_5$ 值均已定时，采用一段处理工艺所需的接触反应时间大于二段处理工艺所需的总接触时间。

处理城市污水，宜于采用二段处理工艺，第一段接触氧化池的接触反应时间约占总时间的 2/3 左右，第二段则占 1/3。

第10章 曝气生物滤池

10.1 设计要点

曝气生物滤池是接触氧化和过滤结合在一起的工艺,是普通生物滤池的一种变形方式。由于填料细小,过滤作用强,因此出水不再进行沉淀,节省了二沉池。但为减少反冲洗次数,其进水 SS 浓度有一定限制,一般需要初沉等预处理措施。

曝气生物滤池根据功能可划分为 DC 型曝气生物滤池(主要考虑碳氧化的滤池)、N 型曝气生物曝气池(考虑硝化的滤池也可将去除 BOD_5 和硝化功能合并一池)、DN 型曝气生物滤池(硝化反硝化的滤池)以及 DN—P 滤池(脱氮除磷的滤池)。

根据滤池进出水情况,划分为上向流(同向流)曝气生物滤池(水流、气流由下向上方向一致)和下向流(逆向流)曝气生物滤池(水流向下,气流反之)。

根据池型结构和生物膜载体又划分为 Bio—for 池、Biostyr 池和 Biopur 池。

曝气生物滤池自 20 世纪 80 年代欧洲出现以来,目前应用越来越多,它与粒状填料生物接触氧化工艺十分接近。因此,在选择应用上要根据进出水水质要求、当地条件等因素综合考虑。生物接触氧化工艺与曝气生物滤池工艺比较详见表 10.1。

表 10.1 生物接触氧化工艺与曝气生物滤池工艺比较

项目	生物接触氧化池	曝气生物滤池
工艺机理	主要利用微生物吸附、氧化分解作用去除污染物	主要利用微生物的吸附、氧化作用和滤料的过滤作用去除污染物
系统组成	可有初沉池,必须有二沉池,一般常采用接触沉淀,处理城镇污水的应用二段式居多	必须有初沉池,一般不需要二沉池,可进行模块化设计
填(滤)料	可应用碎石、炉渣、塑料等粒状填料,也可应用波纹板、软性纤维、蜂窝等填料	一般应用陶粒等粒状滤料,粒径在 3~8 mm
系统运行	一般不需进行反冲洗	需要进行反冲洗,可进行自控管理
污泥产量	较少	较多
优缺点	(1) 动力消耗较少 (2) 出水水质较好 (3) 抗冲击能力差	(1) 出水水质好(尤其 NH_3—N 去除较高) (2) 能抗日常冲击负荷 (3) 动力消耗较大(反冲洗)

10.2　设计参数

几种类型曝气生物滤池设计可参照表 10.2 中参数取值。

表 10.2　曝气生物滤池设计参数

项目		DC 型曝气生物滤池	N 型曝气生物滤池	DN 型曝气生物滤池
特征参数	滤料粒径/mm	3～8	3～8	3～8
	滤料高/m	2～4.5	2～4.5	2～4.5
	滤床单格面积/m²	<100	<100	<100
运行参数	BOD₅ 容积负荷/[kgBOD₅/(m³·d)]	2～4	<2	—
	NH₃—N 容积负荷/[kgNH₃—N/(m³·d)]	—	0.4～0.8	—
	NO₃—N 容积负荷/[kgNO₃—N/(m³·d)]	—	—	0.8～4
	过滤速率/[m³/(m²·h)]	2～8	2～8	2～8
	曝气速率/[m³/(m²·h)]	4～15	4～15	4～15
冲洗	冲洗水强度/[m³/(m²·h)]	20～80	20～80	20～80
	冲洗水强度/[m³/(m²·h)]	20～80	20～80	20～80
	工作周期/h	12～72	24～72	24～72
	冲洗时间/min	30～40	30～40	30～40
	冲洗水量/%	5～40	5～40	5～40

10.3　算　例

【算例 1】　DC 型曝气生物滤池计算

污水量 6 000 m³·d，进水 BOD₅(S_0)＝160 mg/L；出水 BOD₅(S_e)≤20 mg/L；进水 SS(X_0)＝90 mg/L；出水 SS(X_e)≤20 mg/L；夏季污水水温 28 ℃；冬季污水水温 10 ℃。

【解】

(1) 曝气生物滤池滤料体积 V

曝气生物滤池选用陶粒滤料，容积负荷 N_v 选用 3 kgBOD₅/(m³·d)。

$$V=\frac{QS_0}{1\,000N_v}=\frac{6\,000\times160}{1\,000\times3}=320 \text{ m}^3$$

(2) 曝气生物滤池面积 A

设滤池分 2 格，滤料高如为 3.5 m

$$A=V/h_3=320/3.5=91.4 \text{ m}^3$$

单格滤池面积

$$A_单=A/2=91.4/2=45.7 \text{ m}^3$$

（3）滤池尺寸

滤池每格采用方形，单格滤池边长 a 为

$$a=\sqrt{A_单}=\sqrt{45.7}=6.8\ m$$

取滤池超高 h_1 为 0.5 m，稳水层 h_2 高心为 0.9 m，滤料高 h_3 为 3.5 m，承托层高 h_4 为 0.3 m，配水室高 h_5 为 1.5 m，则滤池总高为

$$H=h_1+h_2+h_3+h_4+h_5=0.5+0.9+3.5+0.3+1.5=6.7\ m$$

（4）水力停留时间 t

空床水力停留时间为

$$t=\frac{V}{Q}\times24=\frac{2\times6.8\times6.8\times3.5}{6\ 000}\times2.4=1.3\ h$$

实际水力停留时间为

$$t'=\varepsilon t=0.5\times1.3=0.65\ h$$

式中：ε——滤料层空隙率，一般为 0.5。

（5）校核污水水力负荷 N_q

$$N_q=\frac{Q}{A}\times24=\frac{6\ 000}{2\times6.8\times6.8}=64.9\ m^3/(m^2\cdot d)]\approx2.7\ m^3/(m^2\cdot h)$$

过滤速率（水力负荷）满足一般规定要求。

（6）需氧量

DC 型曝气生物滤池设计需气量可用下式计算。

$$OR=0.82\times\frac{\Delta BODs}{BOD}+0.32\times\frac{X_0}{BOD}$$

式中：OR——单位质量的 BOD 需氧量，$kgO_2/kgBOD_5$；

ΔBODs——滤池去除可溶性 BOD，mg/L；

BOD——滤池进入的 BOD，mg/L；

X_0——悬浮物浓度，mg/L。

① 溶解性 BOD 计算。上述公式运用的是 BOD_u。在 20 ℃下。一般有机物完全分解需 100 d 左右，实际应用较为困难，20 d 的 BOD_{20} 已完成了 90% 的 BOD_u，BOD_5 又完成了 70%～80% 的 BOD_{20}。因此可以说 BOD_5 完成氧化分解有机物的大部分。而且 BOD 的污染物考核指标也是 BOD_5，所以可以用 BOD_5 值代入上式近似计算 OR 值，然后可乘上 1.4 系数。

设 $K_{20}=0.3$，$\theta=1.035$，VSS/SS=0.7，进水溶解性 BOD_5/进水总 $BOD_5=0.5$。

冬季 10 ℃时生化反应常数为

$$K_{10}=K_{20}\theta^{T-20}=0.3\times1.035^{10-20}=0.21\ d^{-1}$$

出水 SS 中 BOD_5 量为

$$S_{SS}=\frac{VSS}{SS}\times X_e\times1.42\times(1-e^{-K_{10}\times5})=0.7\times20\times1.42\times(1-e^{-0.21\times5})=12.9\ mg/L$$

出水溶解性 BOD_5 量为

$$S_e=20-17.2=2.8\ mg/L$$

去除溶解性 BOD_5 为

$$\Delta BOD_5=80-2.8=77.2\ mg/L$$

② 实际需气量计算。冬季单位 BOD 需气量为

$$OR=0.82\times\frac{0.072\,9}{0.16}+0.32\times\frac{0.09}{0.16}=0.55\ kgO_2/kgBOD_5$$

冬季实际需氧量为

$$AOR=1.4\times OR\times S_0Q=1.4\times0.55\times0.16\times6\,000=739\ kgO_2/d=30.8\ kgO_2/h$$

夏季单位 BOD 需氧量为

$$OR=0.82\times\frac{0.077\,2}{0.16}+0.32\times\frac{0.09}{0.16}=0.58\ kgO_2/kgBOD_5$$

夏季实际需氧量为

$$AOR=1.4\times OR\times S_0Q=1.4\times0.58\times0.16\times6\,000=779.5\ kgO_2/d=32.5\ kgO_2/h$$

③ 标准需氧量换算。标准需氧量可按下式换算。

$$SOR=\frac{AOR\times C_s}{\alpha(\beta\rho C_{sm}-C_0)\times1.024^{T-20}}$$

式中：SOR——标准需氧量，kgO_2/h；

AOR——实际需氧量，kgO_2/h；

C_s——标准条件下清水饱和溶解氧，9.2 mg/L；

ρ——大气压修正系数；

α——混合液中氧转移系数(K_{La})与清水中K_{La}值之比，一般为 0.8～0.85；

β——混合液饱和溶解氧与清水饱和溶解氧之比，一般为 0.9～0.97；

C_{sm}——曝气装置在水下深度至水面平均溶解氧值，mg/L，

$$C_{sm}=C_T\left(\frac{O_t}{42}+\frac{p_b}{2.026\times10^5}\right);$$

C_0——混合液剩余溶解氧值，mg/L；

T——混合液温度，℃；

C_T——温度 T 时清水饱和溶解氧浓度，

$$O_t=\frac{21(1-E_A)}{79+21\times(1-E_A)}\times100\%$$

O_t——滤池逸出气体中含氧量，%；

p_b——曝气装置处绝对压力，Pa。

E_A——氧利用率，%。

设曝气装置氧利用率 E_A 为 16%，混合液剩余溶解氧 C_0 为 3 mg/L，曝气装置安装在水面下 4.65 m，α 取值 0.8，β 取值 0.9，ρ 取值 1.0。

$$p_b=1\times10^5+9.8\times10^3\times h_{H_2O}=1\times10^5+9.8\times10^3\times4.65=1.46\times10^5\ Pa$$

$$O_t=\frac{21\times(1-0.16)}{79+21\times(1-0.16)}\times100\%=18.3\%$$

冬季　　$$C_{sm}=11.3\times\left(\frac{18.3}{42}+\frac{1.46\times10^5}{2.026\times10^5}\right)=13.1\ mg/L$$

$$SOR=\frac{30.8\times9.2}{0.8\times(0.9\times1.0\times13.1-3)\times1.024^{10-20}}=51.1\ kgO_2/h$$

夏季　　$$C_{sm}=7.9\times\left(\frac{18.3}{42}+\frac{1.46\times10^5}{2.026\times10^5}\right)=9.1\ mg/L$$

$$SOR=\frac{32.5\times9.2}{0.8\times(0.9\times1.0\times9.1-3)\times1.024^{28-20}}=59.5\ kgO_2/h$$

需氧量选用较大值:59.5 kgO₂/h。

(7) 需气量需气量 G_s

$$G_s = \frac{SOR}{0.3E_A} = \frac{59.5}{0.3 \times 0.16} = 1\,239.6 \text{ m}^3/\text{h} = 20.7 \text{ m}^3/\text{min}$$

曝气负荷校核

$$N_{\text{气}} = \frac{G_s}{A} = \frac{1\,239.6}{6.8 \times 6.8 \times 2} = 13.4 \text{ m}^3/(\text{m}^2 \cdot \text{h})$$

曝气速率符合一般规定要求。

曝气装置选用氧利用率较高的单孔膜曝气器,共需选用 4 130 个。安装密度约为 45 个/m²,管内流速设计与接触氧化曝气管相同,曝气干管公称直径 $DN80 \sim DN150$,小支管公称直径 $DN25$,管道间距 12.5 cm。

曝气生物滤池需氧量可应用一般生物处理公式计算。近年来随着研究的深入,有些专家学者认为曝气生物滤池需氧量计算可应用本例题(6)需氧量中的公式计算。

(8) 反冲洗系统

采用气水联合反冲洗。

① 空气反冲洗计算。选用空气冲洗强度 $q_{\text{气}}$ 为 40 m³/(m²·h),两格滤池轮流反冲,每格需气量为

$$Q_{\text{气}} = q_{\text{气}} A_{\text{单}} = 40 \times 46.2 = 1\,848 \text{ m}^3/\text{h} = 30.8 \text{ m}^3/\text{min}$$

② 水反冲洗计算。选用水反冲洗强度 $q_{\text{水}}$ 为 40 m³/(m²·h),每格需水量为

$$Q_{\text{水}} = q_{\text{水}} A_{\text{单}} = 25 \times 46.2 = 1\,155 \text{ m}^3/\text{h} = 19.3 \text{ m}^3/\text{min}$$

冲洗水量占进水量比为

$$\frac{19.3 \times 30}{6\,000} \times 100\% = 9.7\%$$

工作周期 24 h 计,水冲洗每次 30 min。

(9) 泥量估算

曝气生物滤池污泥产率可用下式计算:

$$Y = \frac{0.6\Delta BOD_s + 0.8X_0}{\Delta BOD}$$

式中:Y——污泥产率,kg/kgBOD;

ΔBOD——滤池进出水 BOD 差值,mg/L。

其他符号与需氧量计算公式中相同,同样考虑以 BOD₅ 近似替代 BODₛ。

$$Y = \frac{0.6 \times 77.2 + 0.8 \times 90}{160 - 20} = 0.85 \text{ kg/kgBOD}_5$$

产泥量

$$W_{\text{泥}} = yQ(S_0 - S_e) = 0.85 \times 6\,000 \times (0.16 - 0.02) = 714 \text{ kgDS/d}$$

曝气生物滤池污泥产率也可参照表 10.3 选取。

表 10.3　曝气生物滤池污泥产量

BOD 负荷/[kg/(m³·d)]	1.0	1.5	2.0	2.5	3.0	3.6	3.9
污泥产率/(kg/kg)	0.18	0.37	0.45	0.52	0.58	0.70	0.75

（10）进水水管设计

① 布水设施。滤池布水系统采用小阻力系统的长柄滤头，单个滤头缝隙宽度 2 mm，缝隙面积 320 mm²/个，共需滤头 3 780 个，安装密度 41 个/m²。

② 出水设施。单堰出水，出水边设置 60°斜坡，并安装栅形稳流器，降低出水速度，并阻止滤料流失。曝气生物滤池构造及布置如图 10.1 所示。

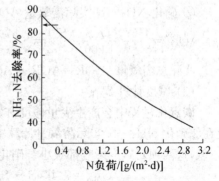

图 10.1　曝气生物滤池构造与布置(单位:mm)

【算例 2】　N 型曝气生物滤池计算

污水量 $Q = 6\,000$ m³/d；进水 $BOD_5(S_0) = 60$ mg/L；出水 $BOD_5(S_e) \leqslant 20$ mg/L；进水 $SS(X_0) = 40$ mg/L；出水 $SS(X_e) \leqslant 20$ mg/L；进水 $NH_3—N(S'_0)$ 为 40 mg/L；出水 $NH_3—N(S'_e) \leqslant 8$ mg/L；水温：冬季水温 10 ℃，夏季水温 28 ℃；进水碱度（以 $CaCO_3$ 计）350 mg/L。

【解】

（1）N 型曝气生物滤池尺寸

① 滤料体积计算 V。选用陶粒作为滤料。$NH_3—N$ 去除率为

$$\eta_N = \frac{S'_0 - S'_e}{S'_0} \times 100\% = \frac{40-8}{40} \times 100\% = 80\%$$

根据图 10.2 氮负荷对生物滤池硝化作用的影响，选取滤池 $NH_3—N$ 滤料的面积负荷 N_A 为 0.4 $gNH_3—N/(m^2 \cdot d)$。

陶粒的表面积 A' 为 1 200 $m^2 \cdot m^{-3}$。

N 滤池滤料总表面积为

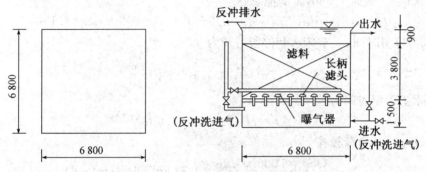

图 10.2　氮负荷对生物滤池硝化作用的影响

$$A_{表} = \frac{QS'_0}{N_A} = \frac{6\,000 \times 40}{0.4} = 600 \times 10^3 \text{ m}^2$$

滤料总体积为

$$V = \frac{A_{表}}{A'} = \frac{600 \times 10^3}{1\,200} = 500 \text{ m}^3$$

滤池 $NH_3—N$ 容积负荷 N_v 为

$$N_V = \frac{QS_0'}{V} = \frac{6\,000 \times 0.04}{500} = 0.48 \text{ kgNH}_3\text{—N/(m}^3 \cdot \text{d)}$$

容积负荷计算值符合一般规定要求。

② 滤池尺寸计算。设计滤池为 4 格,每格滤料高 h_3 为 3 m。单格面积为

$$A = \frac{V}{4h_3} = \frac{500}{4 \times 3} = 41.7 \text{ m}^2$$

过滤池为方形。则每边长

$$a = \sqrt{A} = \sqrt{41.7} \approx 6.5 \text{ m}$$

过滤池超高 h_1 为 0.5 m,稳水层 h_2 为 0.8 m,滤料层 h_3 高为 3 m,承托层 h_4 高为 0.3 m,配水区 h_5 高为 1.5 m,则滤池总高

$$H = h_1 + h_2 + h_3 + h_4 + h_5 = 0.5 + 0.8 + 3 + 0.3 + 1.5 = 6.1 \text{ m}$$

③ 水力停留时间 t。空床水利停留时间为

$$t = \frac{V}{Q} \times 24 = \frac{500}{6\,000} \times 24 \approx 2 \text{ h}$$

实际水力停留时间为

$$t' = \varepsilon t = 0.5 \times 2 = 1.0 \text{ h}$$

④ BOD_5 容积负荷校核

$$N_V = \frac{QS_0}{V} = \frac{6\,000 \times 0.06}{500} = 0.72 \text{ kgBOD}_5/(\text{m}^3 \cdot \text{d})$$

计算 BOD_5 容积负荷满足要求。

(2)需氧量计算

① 降解 BOD_5 实际需氧量 AOR'。

可采用 DC 滤池实际需氧量方法计算,也可估算。当出水 BOD_5 值为 20 mg/L 时,流入滤池污水 1 kgBOD$_5$ 氧需要量 0.9~1.4 kgO$_2$:

$$AOR' = 1.1 \times 6\,000 \times 0.06 = 396 \text{ kgO}_2/\text{d} = 16.5 \text{ kgO}_2/\text{h}$$

② 硝化 NH_3—N 实际需氧量 AOR''

$$AOR'' = \frac{4.57 \times Q(S'' - S_e')}{1\,000} = \frac{4.57 \times 6\,000 \times (40-8)}{1\,000} = 877.4 \text{ kgO}_2/\text{d} = 36.6 \text{ kgO}_2/\text{h}$$

实际总需氧量 $AOR = AOR' + AOR'' = 16.5 + 36.6 = 53.1 \text{ kgO}_2/\text{h}$

(3)碱度计算 S_{ALK}

碳氧化过程中会产生少量碱度,微生物的同化作用过程中消耗氮营养物,减少碱度消耗(在②硝化 NH_3—N 实际需氧量计算中,也将碳化过程中消耗 N 省略)。本例题进水 BOD_5 较低,这两项对碱度影响都很小。硝化需要碱度

$$S_{ALK} = 7.14(S'' - S_e') = 7.14 \times (40-8) = 228.5 \text{ mg/L}$$

因为本例题进水碱度为 350 mg/L,满足硝化碱度需求,且剩余碱度为 121.5 mg/L,所以对出水 pH 值也不会影响很大。

【算例3】 分建式 DN 型曝气生物滤池计算

某污水处理厂规模为 3 000 m³/d,原设计出水执行二级标准。拟在二级生化工艺后增加 DN 型曝气生物滤池加化学除磷将出水标准提高至 GB18918—2002 一级 A 标准。其中,DN 型曝气生物滤池的好氧段与缺氧段分建式,缺氧段后置。该滤池进出水水质要求

为：进水 $BOD_5(S_0)=30$ mg/L；出水 $BOD_5(S_e)\leqslant10$ mg/L；进水 $SS(X_0)=30$ mg/L，出水 $SS(X_e)\leqslant10$ mg/L；进水 $NH_3—N(S_0')=25$ mg/L；出水 $NH_3—N(S_e')\leqslant5$ mg/L；进水 $TN(S_0'')=30$ mg/L，出水 $TN(S_e'')\leqslant15$ mg/L。

【解】

（1）好氧段滤料体积计算（DC 和 N 段）选用陶粒作为滤料，比表面积 A' 为 $1\,200$ m^2/m^3。$NH_3—N$ 去除率

$$\eta_N=\frac{25-5}{25}\times100\%=80\%$$

查图 10.2，选取滤池 $NH_3—N$ 面积负荷 $N_A=0.4$ gNH_3—N/($m^2\cdot$d)，好氧段滤料总表面积

$$A_表=\frac{Q(S_0'-S_e')}{N_A}=\frac{3\,000\times(25-5)}{0.4}=150\,000\ m^2$$

滤料体积　　　　$V_t=A_表/A'=15\,000/1\,200=125\ m^3$

（2）校核滤料 $NH_3—N$ 容积负荷率 N_{V_1}'

去除负荷

$$N_{V_1}=\frac{Q(S_0'-S_e')}{V_1}=\frac{3\,000\times(0.025-0.005)}{125}=0.48\ kgNH_3—N/(m^3\cdot d)$$

投配负荷　　$N_{V_1}'=\frac{QS_0'}{V_1}=\frac{3\,000\times0.025}{125}=0.6\ kgNH_3—N/(m^3\cdot d)$

（3）校核滤料 BOD_5 容积负荷 N_B

去除负荷　$N_B=\frac{Q(S_0-S_e)}{V_1}=\frac{3\,000\times(0.03-0.01)}{125}=0.48\ kgBOD_5/(m^3\cdot d)$

投配负荷　　$N_B'=\frac{QS_0}{V_1}=\frac{3\,000\times0.03}{125}=0.72\ kgBOD_5/(m^3\cdot d)$

上述指标计算值满足一般规定要求。

（4）缺氧段滤料体积（DN 段）

进水缺氧段 $NO_3—N$ 浓度 $S'''=20+(30-25)=25$ mg/L

出水中允许 $NO_3—N$ 浓度 $S'''=15-5=10$ mg/L

需反硝化 $NO_3—N$ 浓度 $=S_0'''-S_e'''=25-10=15$ mg/L

取反硝化容积负荷 $N_{V_2}=1.0$ kgNO_3^-—N/($m^3\cdot$d)，则滤料体积

$$V_2=\frac{Q(S_0'''-S_e''')}{N_{V_2}}=\frac{3\,000\times(0.025-0.01)}{1.0}=45\ m^3$$

由于是二级出水且后置式反硝化，进水中碳源不足，需在缺氧段投加碳源。

（5）好氧段滤池尺寸

好氧段滤池为 2 格，每格好氧段滤料高 $h_3=3$ m，则单格面积

$$A_1=\frac{V_1}{2h_3}=\frac{125}{2\times3}=20.8\ m^2$$

每格为正方形，则每边长

$$a_1=\sqrt{A_1}=\sqrt{20.8}\approx4.6\ m$$

滤速　　　　$v=\frac{Q}{2A_1}=\frac{3\,000}{2\times20.8}=72.1\ m/d=3.0\ m/h$

满足过滤速率的一般规定要求。

滤池超高 h_1 为 0.5 m,稳水层 $h_2=0.8$ m,滤料高 $h_3=3$ m,承托层 $h_4=0.3$ m,配水区 $h_5=1.5$ m,则滤池总高

$$H_1=h_1+h_2+h_3+h_4+h_5=0.5+0.8+3+0.3+1.5=6.1 \text{ m}$$

(6) 缺氧段滤池尺寸

缺氧段滤池为 2 格,每格缺氧段滤料高 $h_3'=2.5$ m,则单格面积为

$$A_2=\frac{V_2}{2h_3'}=\frac{45}{2\times2.5}=9 \text{ m}^2$$

每格为正方形,则每边边长

$$a_2=\sqrt{A_2}=\sqrt{9}=3 \text{ m}$$

滤速

$$v=\frac{Q}{2A_2}=\frac{3\,000}{2\times9}=166.7 \text{ m/d}=6.9 \text{ m/h}$$

过滤速率满足一般规定要求。

滤池超高 $h_1'=0.5$ m,稳水层高 $h_2'=0.8$ m,滤料层高 $h_3'=2.5$ m,承托层高 $h_4'=0.3$ m,配水室高 $h_5'=1.2$ m,则滤池总高

$$H_1=h_1'+h_2'+h_3'+h_4'+h_5'=0.5+0.8+2.5+0.3+1.2=5.3 \text{ m}$$

(7) 水力停留时间

滤料空隙率设为 $\varepsilon=0.5$,好氧段空床水力停留时间为

$$t_1=\frac{V_1}{Q}\times24=\frac{125}{3\,000}\times24=1 \text{ h}$$

实际水力停留时间
$$t_1'=\varepsilon t_1=0.5\times1=0.5 \text{ h}$$

缺氧段空床水力停留时间为

$$t_2=\frac{V_2}{Q}\times24=\frac{45}{3\,000}\times24=0.36 \text{ h}$$

实际水力停留时间

$$t_2'=\varepsilon t_2=0.5\times0.36=0.18 \text{ h}$$

其他计算从略。分建式 DN 型曝气生物滤池布置见图 10.3。

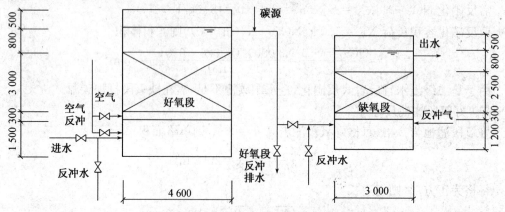

图 10.3 分建式 DN 型曝气生物滤池布置(单位:mm)

【算例 4】　合建式 DN 型曝气生物滤池计算

与【算例 3】已知条件相同。

【解】

（1）总氮去除率

$$\eta_{TN}=\frac{(S_0''-S_e'')}{S_0''}\times100\%=\frac{30-15}{30}\times100\%=50\%$$

（2）硝化液回流比

$$R=\frac{\eta}{1-\eta}\times100\%=\frac{0.5}{1-0.5}\times100\%=100\%$$

为减少缺氧段堵塞,确定回流比为 200%。

（3）好氧段滤料体积（DC 和 N 段）选取好氧段 NH_3—N 容积负荷 $N_v=0.3$ kgNH_3—N/$(m^3 \cdot d)$,则好氧段滤料体积

$$V_1=\frac{Q(S_0'-S_e')}{V_1}=\frac{3\,000\times(0.025-0.005)}{0.3}=200\ m^3$$

（4）校核 BOD_5 容积负荷

去除负荷　$N_B=\frac{Q(S_0-S_e)}{V_1}=\frac{3\,000\times(0.03-0.01)}{200}=0.03\ kgBOD_5/m^3 \cdot d$

投配负荷

$$N_B'=\frac{QS_0}{V_1}=\frac{3\,000\times0.03}{200}=0.45\ kgBOD_5/m^3 \cdot d$$

满足一般规定要求。

（5）缺氧段滤料体积（DN 段）

需硝化 NH_3—N 的浓度（量）=25-5=20 mg/L

原水中的 NO_3^-—N 浓度（量）=30-25=5 mg/L

允许出水中的 NO_3^-—N 浓度（量）S_e'''=15-5=10 mg/L

曝气生物滤池中 NO_3^-—N 浓度（量）S_e'''=20+5=25 mg/L

反硝化 NO_3^-—N 浓度（量）=25-10=15 mg/L

选缺氧段 NO_3^-—N 容积负荷为 0.8 kgNO_3—N/$(m^3 \cdot d)$,则缺氧段体积

$$V_2=\frac{Q(S_0'''-S_e''')}{N_{v_2}}=\frac{3\,000\times(0.025-0.01)}{0.8}=56\ m^3$$

（6）滤池尺寸　过滤速率为 $q=6\ m^3/(m^2 \cdot h)$,滤池分为方形 2 格,单格面积为

$$A=\frac{(1+R)Q}{2q}=\frac{(1+2)\times125}{2\times6}=31.25\ m^2$$

每格边长　$a=\sqrt{31.25}\approx5.6\ m$

每格曝气生物滤池缺氧段滤料高为

$$h_3=\frac{200/2}{31.25}=3.2\ m$$

每格曝气生物滤池缺氧段滤料高位

$$h_3'=\frac{56/2}{31.25}=0.9\ m$$

取滤池超高 $h_1=0.3$ m,稳水层高 $h_2=0.8$ m,好氧段与缺氧段间距 $h_4=0.3$ m,好氧段承托层高 $h_5=0.2$ m,缺氧段承托层高 $h_5'=0.2$ m,配水室高 $h_6=1.2$ m,计算好氧段填料高 $h_3=3.2$ m,缺氧段滤料高 $h_3'=0.9$ m,则滤池总高

$$H=h_1+h_2+h_3+h_3'+h_4+h_5+h_5'+h_6=0.3+0.8+3.2+0.9+0.3+0.2+0.2+1.2$$
$$=7.1 \text{ m}$$

（7）好氧段水力停留时间　滤料空隙率为 $\varepsilon_1=0.5$,其空床水力停留时间为

$$t_1=\frac{V_1}{3Q}\times24=\frac{200}{9\,000}\times24=0.53 \text{ h}$$

实际水力停留时间　　　　$t_1'=\varepsilon t_1=0.5\times0.53=0.265$ h

（8）缺氧段水力停留时间　设滤料空隙率 $\varepsilon=0.6$,其空床水力停留时间为

$$t_2=\frac{V_2}{3Q}\times24=\frac{56}{9\,000}\times24=0.15 \text{ h}$$

实际水力停留时间　　　　$t_2'=\varepsilon t_2=0.6\times0.15=0.09$ h

由于本例题污水处理厂二级处理后出水再经曝气生物滤池深度处理且出水还有回流,曝气生物滤池进水 BOD_5 为 30 mg/L,而反硝化需 15 mg/L。一般设计 C/N 考虑为 4 倍,碳源不足可外加少量碳源。

合建式 DN 型曝气生物滤池布置见图 10.4。

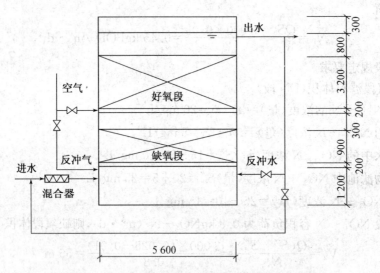

图 10.4　合建式 DN 型曝气生物滤池布置(单位:mm)

【题后语】　算例 3 和算例 4 均选用一级曝气生物滤池,工程实践如需采用二级或多级曝气生物滤池,可用相同方法进行计算。

第 11 章　水解(酸化)工艺

水解工艺是将厌氧发酵阶段过程控制在水解与产酸阶段。水解池是改进的升流式厌氧污泥床反应器,故不需要密闭的池子,不需要搅拌器,降低了造价。

(1) 以功能水解池取代功能专一的初沉池,水解池对各类有机物去除效率远远高于传统初沉池,因此,降低了后续构筑物的负荷。

(2) 利用水解和产酸菌的反应,将不溶性有机物水解成溶解性有机物、大分子物质分解成小分子物质,使污水更适宜于后续的好氧处理,可以用较短的时间和较低的电耗完成净化过程。

(3) 污水经水解池,可以在短的停留时间(HRT=2.5 h)和相对较高的水力负荷[大于 1.0 m³/(m²·h)]下获得较高的悬浮物去除率(平均 85% 的 SS 去除率)。出水 BOD/COD 值有所提高,增加了污水的可生化性。

(4) 由于采用厌氧处理技术,在处理水的同时也完成了对污泥的处理,使污水污泥处理一元化,简化了传统处理流程。

11.1　设计参数与要求

(1) 反应器池体形式

① 反应器池体。一般可以采用矩形和圆形结构。圆形反应器在同样的面积下,其周长比正方形的少 12%,但是圆形反应器的这一优点仅仅在单个池子才成立。当设有两个或两个以上反应器时,矩形反应器可以采用共用池壁。

② 反应器的高度。从运行方面考虑,高流速增加污水系统扰动,因此可以增加污泥与进水有机物之间的接触,但过高的流速会引起污泥流失,在采用传统 UASB(上流式厌氧污泥床)系统的情况下,上升流速的平均值一般不小于 0.5 m/h,最紧急的反应器高度(深度)一般是在 4~6 m 之间,并且在大多数情况下这也是系统最优的运行范围。

③ 反应器的面积和反应器的长、宽。在已知反应器的高度时,反应器的截面积计算公式如下。

$$A=V/H$$

式中:A——反应器表面积,m²;

　　H——反应器高度,m;

　　V——反应器体积,m³。

在确定反应器容积和高度后,对矩形池必须确定反应器的长和宽。考虑布水均匀性和经济性时,池型的长宽比一般采用 2∶1 是合适的,从目前的实践看,反应器的宽度小于 20 m(单池)是成功的。反应器的长度在采用渠道成管道布水时不受限制。

④ 反应器的上升流速度。水解反应器的上升流速 $v=0.5\sim1.8$ m/h;最大上升流速在持续时间超过 3 h 的情况下 $v\leqslant1.8$ m/h。

⑤ 反应器分格。采用分格的反应器对运行操作和管理是有益的,分格的反应器的单元尺寸减小,可避免单体过大带来的布水均匀问题,同时多池有利于维护和检修。

(2) 配水方式

在分支式配水系统中配水均匀性与水头损失问题是一对矛盾。经中试试验,采用小阻力配水系统,可减少水头损失和系统的复杂程度。为了配水均匀一般采用对称布置。各支管出水口向下距池底约 20 cm,位于所服务面积的中心。管口对准池底所设的反射锥体,使射流向四周散开,均布于池底。这种形式配水系统的特点是采用较长的配水支管增加沿程阻力,以达到布水均匀的目的。只要施工安装正确,配水能够基本达到均匀分布的要求。

(3) 出水收集设备

① 水解池出水堰与沉淀池出水装置相同,即出水槽上加设三角堰。

② 出水设置应设在水解池顶部,尽可能均匀地收集处理过的废水。

③ 采用矩形反应器时,出水采用几组平行出水堰的多槽出水方式。

④ 采用圆形反应器时可采用放射状的多槽出水。

⑤ 要避免出水堰过多。堰上水头低,三角堰易被漂浮的固体堵塞。

(4) 排泥设备

① 清水区高度 0.5~1.5 m 为宜。

② 污泥排放可采用定时排放,日排泥一般为 1~2 次。

③ 需要设置污泥液面监测仪,可根据污泥面高度确定排泥时间。

④ 排泥点以设在污泥区中上部为宜。

⑤ 对于矩形池应沿池纵向多点排泥。

⑥ 由于反应器底部可能会累积颗粒物和小砂粒,应考虑下部排泥的可能性,这样可以避免或减少在反应器内累积的砂砾。

⑦ 在污泥龄大于 15 d 时,污泥水解率为 25%(冬季)~50%(夏季)。

⑧ 污泥系统的设计流量需按冬季最不利情况考虑。

11.2 算 例

【算例 1】 水解(酸化)池设计计算

某城镇污水二级处理厂污水量近期为 $Q=15\,000$ m³/d(625 m³/h),总变化系数 $K_z=1.5$。设计进水水质 BOD$_5=200$ mg/L,COD$=450$ mg/L,SS$=300$ mg/L,pH$=6\sim8$。水解处理出水水质预计为 BOD$_5=120$ mg/L(去除率 40%),COD$=292$ mg/L(去除率 35%),SS$=60$ mg/L(去除率 80%)。求水解池容积及尺寸。

【解】

图 11.1 是水解池计算图。

(1) 水解池的容积 V(m³)

$$V=K_zQHRT$$

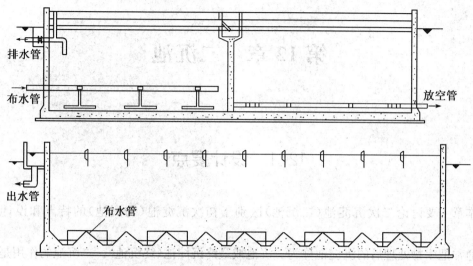

图 11.1 水解池计算图

式中：K_z——总变化系数，$K_z=1.5$；

　　Q——设计流量，m^3/h；

　　HRT——水力停留时间，h，取 $HRT=2.5$ h。

$$V=1.5\times625\times2.5=2\,343.75\approx2344\ m^3$$

（2）水解池上升流速核算　反应器的高度确定后，反应器的高度与上升流速之间的关系如下。

$$v=\frac{Q}{A}=\frac{V}{HRT\times A}=\frac{H}{HRT}$$

式中：v——上升流速，m/h；

　　H——反应器高度，m；

　　HRT——水力停留时间，h。

$$v=4.4/2.5=1.76\ m/h(符合要求)$$

（3）配水方式　采用穿孔管布水器（分支式配水方式），配水支管出水口距池底 200 mm，位于所服务面积的中心；出水管孔径为 20 mm（一般在 15～25 mm 之间）。

（4）出水收集　出水采用钢板矩形堰。

（5）排泥系统设计　采用静压排泥装置，沿矩形池纵向多点排泥，排泥点设在污泥区中上部。

污泥排放采用定时排泥，每日 1～2 次，另外，由于反应器底部可能会累积颗粒物质和小沙砾，需在水解池底部设排泥管。

第 12 章 二沉池

12.1 设计要点

本章主要讨论二次沉淀池(二沉池)区别于初次沉淀池(初沉池)的特点和设计计算方法。

通常把生物处理后的沉淀池称为二沉池或最终沉淀池(终沉池)。二沉池的作用是泥水分离,使混合液澄清、污泥浓缩并将分离的污泥回流到生物处理段。其工作效果直接影响回流污泥的浓度和活性污泥处理系统的出水水质。

(1) 二次沉淀池与初次沉淀池的区别

二沉池与初沉池的主要区别在于处理对象和所起的作用不同。二沉池的处理对象是活性污泥混合液,它具有浓度高(2 000~4 000 mg/L)、有絮凝性、质轻、沉速较慢等特点。沉淀时泥水之间有清晰的界面,属于成层沉淀。

二沉池除了进行泥水分离外,还起着污泥浓缩的作用。在二沉池中同时进行两种沉淀,即层状沉淀和压缩沉淀。层状沉淀满足澄清的要求,压缩沉淀完成污泥浓缩的功能。所以与初沉池相比所需要的面积大于进行泥水分离所需的池面积。设计时采用表面负荷率计算二沉池的面积,用固体通量进行校核。

由于二沉池的上述特点,设计二沉池时,污泥的沉降速度、最大容许的水平流速、出水堰负荷等参数小于初沉池。初沉池与二沉池的区别见表 12.1。

表 12.1 初沉池与二沉池的区别

区别	初沉池	二沉池
处理对象	原污水中的悬浮物	活性污泥絮体
沉淀类型	主要为自由沉淀	主要为成层沉淀
表面负荷/[m³/(m²·h)]	1.5~4.5	0.5~1.5(1.0~2.0)
污泥区容积	≤2 d 污泥量	≤2 h(4 h)污泥量
出水堰负荷/[L/(s·m)]	≤2.9	≤1.7
允许最大水平流速/(mm/s)	7.0	5.0
静水压力排泥所需的静水压头/mH₂O	≥1.5	≥0.9(1~2)

注:1. 括号中数值为生物膜法处理后二沉池的值;

2. 1 mH₂O=9.806 65×10³ Pa。

二沉池的设计包括池型选择、沉淀池面积、有效水深计算、污泥区容积计算、沉淀池结构尺寸设计等。

（2）池型选择

用于初沉池的平流式沉淀池、辐流式沉淀池、竖流式沉淀池和斜板（管）沉淀池，原则上均可作二沉池使用，但由于二沉池中的污泥密度小、含水量高、呈絮状等特点，使用时略有不同。设计时应根据具体情况进行全面技术经济比较后决定。

据调查，斜板（管）沉淀池用作二沉池，由于活性污泥黏度大，容易黏附在斜板（管）上，影响沉淀效果，甚至可能堵塞斜板（管）引起泛泥，应慎用。用时应以固体负荷核算。

12.2　设计参数

（1）设计计算方法

① 表面负荷法

$$A = \frac{Q_{max}}{q} = \frac{Q_{max}}{3.6v}$$

式中：A——二沉池面积，m^2；

Q_{max}——最大时污水流量，m^3/h；

v——活性污泥成层沉淀时沉速，mm/s。

$$H = \frac{Q_{max}t}{A} = qt$$

式中：H——澄清区水深，m；

q——水力表面负荷，$m^3/(m^2 \cdot h)$；

t——二沉池水力停留时间，h。

② 固体通量法

$$A = \frac{24Q_{max}X}{G}$$

式中：G——固体通量，即固体面积负荷值，$kg/(m^2 \cdot d)$，$G = v_g X_r + v_0 X$；

X——反应器中的污泥浓度，kg/m^3；

v_g——由排泥引起的污泥下沉速度，m/d；

X_r——沉淀池底流回流污泥浓度，kg/m^3；

v_0——初始浓度为 X 的成层沉淀速度，m/d。

（2）设计一般规定

根据二沉池的特点，设计时参数的选用应符合以下原则：

① 二沉池的设计流量应为污水的最大时流量，不包括回流污泥量。但在沉淀池中心筒的设计中则应包括回流污泥量。

② 二沉池个数或分格数不应少于 2 个，并宜按并联设置。

③ 沉淀池中心筒中的下降流速不应超过 0.03 m/s。

④ 二沉池中污泥成层沉淀的速度 v 在 0.2~0.5 mm/s 之间，相应表面负荷 q 在 0.72~1.8 $m^3/(m^2 \cdot h)$ 之间，该值的大小与污水水质和混合污泥浓度有关。当污水中无机

物含量较高时,可采用较高的 v 值;而当污水中的溶解性有机物较多时,则 v 值宜低;混合液污泥浓度越高,v 值越低;反之,v 值越高。表 12.2 列举了 v 值与混合液浓度之间关系的实测资料,供设计时参考。

表 12.2　混合液污泥浓度与沉降速度 v 值

混合液污泥浓度 MLSS/(mg/L)	沉降速度 v/(mm/s)	混合液污泥浓度 MLSS/(mg/L)	沉降速度 v/(mm/s)
2 000	≤0.5	5 000	0.22
3 000	0.35	6 000	0.18
4 000	0.28	7 000	0.14

⑤ 二沉池的固体负荷 G 一般为 $140\sim160$ kg/(m² · d),斜板(管)二沉池可加大到 $180\sim195$ kg/(m² · d)。

⑥ 出水堰负荷不宜大于 1.7 L/(s · m)

⑦ 二沉池污泥斗的作用是贮存和浓缩沉淀污泥,提高回流污泥浓度,减少回流量。由于活性污泥易因缺氧使其失去活性而腐化,因此污泥斗的容积不能过大。对于曝气池后二沉池一般规定污泥斗的贮泥时间为 2 h,生物膜法后按 4 h 污泥量计算。

⑧ 二沉池宜采用连续机械排泥措施。当用静水压力排泥时,二沉池的静水头,生物膜法后不小于 1.2 m,曝气池后不小于 0.9 m。污泥斗的斜壁与水平面夹角不应小于 50°。

(3) 沉淀池出流堰设计

每种类型沉淀池均包括五部分,即进水区、沉淀区、缓冲区、污泥区和出水区。除沉淀区、缓冲区外,其余三个区需对应安装流入装置、排泥装置和流出装置。

流入装置和排泥装置对于不同类型的沉淀池有不同的方式,将在后面的章节中讨论。

二沉池的流出装置大多采用自由堰和出流槽。堰前设挡板以阻拦浮渣,或设浮渣收集和排除装置。出流堰是沉淀池的重要部分,不仅控制沉淀池的水面高程,而且对沉淀池内水流的均匀分布有直接影响。

目前常用的出流堰有水平堰和三角堰。水平堰加工不太方便。若安装欠水平时对沉淀池的均匀出流影响较大,因此对堰的施工精度要求较高。

锯齿形三角堰克服了上述缺点,堰板材料可选用钢板、硬聚氯乙烯塑料板或玻璃钢板,堰板与集水槽用螺栓连接,螺孔呈上下较长的长条形,可上下调整,保证出流堰的水平,如图 12.1 所示。

① 过堰流量计算

a. 水平堰。无侧收缩、自由出流的水平堰单宽流量计算公式如下:

$$q = 18.6h^{3/2}$$

式中:q——水平堰的单宽流量,m³/(s · m);

　　　h——堰上水头,m。

b. 三角堰

➤ 堰口角度 θ 为 90° 的自由出流三角堰过堰流量。

当 $h = 0.021\sim0.200$ 时

$$q = 1.40h^{5/2}$$

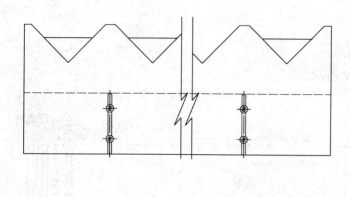
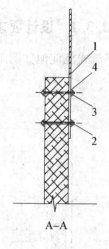

图 12.1　锯齿形三角堰
1—堰板；2—螺栓；3—螺母；4—垫圈

式中：q——过堰流量，m^3/s。

当 $h = 0.301 \sim 0.35$ 时

$$q = 1.343h^{2.47}$$

当 $h = 0.201 \sim 0.300$ 时，q 采用两者的平均值。

➢ 堰口角度 θ 为 $60°$ 的自由出流三角堰过堰流量。

$$q = 0.826h^{5/2}$$

②集水槽

沉淀池集水槽为方便施工一般设计为平底，沿途接纳出流堰流出之水，故槽内水流系属非均匀稳定流。

当沿槽长溢入流量均匀，且为自由跌水出流，集水槽出口处水深为临界水深 h_k（m），可用下式计算：

$$h_k = \sqrt[3]{\frac{Q^2}{gB^2}}$$

式中：Q——槽出流处流量，m^3/s，为确保安全，对设计流量再乘 $1.2 \sim 1.5$ 的安全系数；

B——槽宽，m，$B = 0.9Q^{0.4}$。

集水槽起端水深 h_0（m）可由下式计算：

$$h_0 = 1.73h_k$$

12.3 平流式二次沉淀池

12.3.1 设计要求

平流式沉淀池如图 12.2 所示。

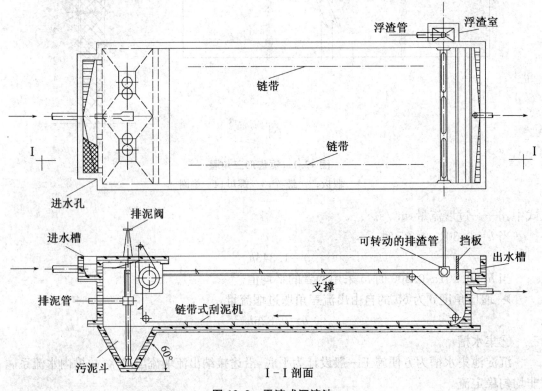

图 12.2 平流式沉淀池

平流式沉淀池中污水由池一端流入,按水平方向在池内流动由另一端溢出。池呈长方形,在进水端底部设贮泥斗。

(1)平流式沉淀池构造要求

① 池体 池子的长度与宽度之比值不小于 4,长度与有效水深的比值不小于 8。池长不宜大于 50 m。

② 流入装置 由设有侧向或槽底潜孔的配水槽、挡流板组成,布水方式如图 12.3 所示。

挡流板应高出水面 0.15～0.20 m,深入水下的深度不小于 0.25 m,一般为 0.5～1.0 m,距流入槽 0.5～1.0 m。为使水流均匀分布,流入口流速一般不大于 25 mm/s。

③ 流出装置 由流出槽与挡板组成。流出槽多采用自由溢流堰式集水槽(见图 12.4)。堰的形式常采用 90°矩齿形堰。

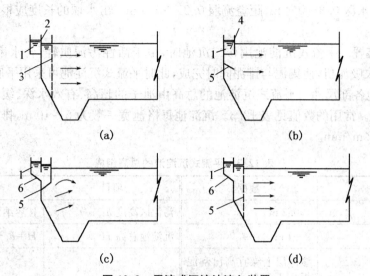

图 12.3 平流式沉淀池流入装置

1—进水槽；2—溢流堰；3—多孔花墙；4—底孔；5—挡流板；6—潜孔

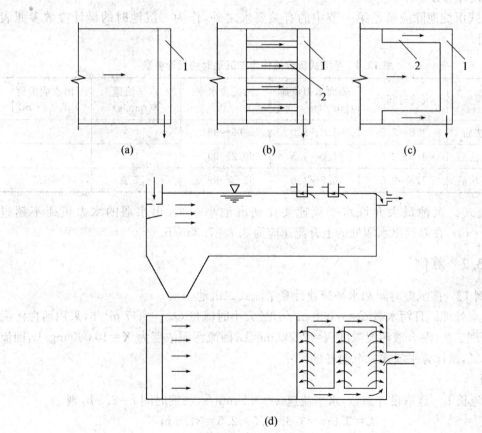

图 12.4 平流式沉淀池集水槽形式

1—集水槽；2—集水支渠

挡流板入水深 $0.3\sim0.4\,\mathrm{m}$，距溢流堰 $0.25\sim0.5\,\mathrm{m}$。出水堰的长度应根据溢流负荷进行计算。

④ 排泥装置　平流式沉淀池用作二沉池时，由于活性污泥质轻，含水率高，不易被刮除，故需采用泵吸泥机，使集泥与排泥同时完成，此时平流式沉淀池可采用平底。

⑤ 沉淀池各部尺寸　平流式沉淀池的总高由池子的超高、有效水深、缓冲层高度及污泥区高度组成。常用的数值见表 12.3。沉淀池每格池宽一般为 $5\sim10\,\mathrm{m}$，排泥机械行进速度为 $0.3\sim1.2\,\mathrm{m/min}$。

表 12.3　平流式沉淀池的总高组成

项目	数据	项目	数据
池子的超高 h_1	$\geqslant0.3\,\mathrm{m}$	污泥区高度 h_4	按容纳污泥量计算
有效水深 h_2	$2\sim4\,\mathrm{m}$	沉淀池总高 H	$H=h_1+h_2+h_3+h_4$
缓冲层高度 h_3	缓冲层上缘宜高出刮泥板 $0.3\,\mathrm{m}$		

(2) 设计参数

平流式沉淀池除应满足第一节中的有关要求之外，作为二沉池时的设计参数参照表12.4 选用。

表 12.4　平流式沉淀池作为二沉池时的设计参数

沉淀池位置	沉淀时间/h	表面水力负荷 /[$\mathrm{m^3/(m^2\cdot h)}$]	污泥含水率 /%	水平流速 /(mm/s)	出水堰负荷 /[$\mathrm{L/(s\cdot m)}$]
生物膜法后	$1.5\sim2.5$	$1.0\sim2.0$	$96\sim98$		
活性污泥法后	$1.5\sim2.5$	$1.0\sim1.5$	$99.2\sim99.6$		
延时曝气法后	$1.5\sim2.5$	$0.5\sim1.0$	$99.2\sim99.6$	$\leqslant5.0$	$\leqslant1.7$

平流式二沉池最大允许水平流速要比初沉池小一半，出水堰的水力负荷不超过 $1.7\,\mathrm{L/(s\cdot m)}$，在靠近出水堰处的上升流速应为 $3.7\sim7.3\,\mathrm{m/h}$。

12.3.2　算例

【算例 1】　按沉淀时间和水平流速计算平流式二沉池

某污水处理厂日污水量 $Q=6\,000\,\mathrm{m^3/d}$，最大小时流量 $Q_{\max}=417\,\mathrm{m^3/h}$，采用活性污泥法污水处理工艺，混合液污泥浓度 $X=2\,500\,\mathrm{mg/L}$，回流污泥浓度为 $X=10\,000\,\mathrm{mg/L}$，回流比 $R=50\%$，试计算平流式二沉池各部尺寸。

【解】

(1) 池长 L　选取设计参数，水平流速 $v=3.5\,\mathrm{mm/s}$，沉淀时间 $t=2.5\,\mathrm{h}$，则
$$L=3.6vt=3.6\times3.5\times2.5=31.5\,\mathrm{m}$$

(2) 池面积 A　池的有效水深采用 $h_2=3.0\,\mathrm{m}$，则
$$A=Q_{\max}t/h_2=417\times2.5/3.0=347.5\,\mathrm{m^2}$$

（3）池宽 B
$$B=A/L=347.5/31.5=11.03\text{ m，取 }B=11.0\text{ m}$$

（4）池个数　设每格池宽 $b=5.5$ m，则
$$n=11.0/5.5=2\text{ 个}$$

（5）校核

长宽比 $=L/b=31.5/5.5=5.73>4$（符合要求）

长深比 $=L/h_2=31.5/3.0=10.5>8$（符合要求）

表面负荷 $q=\dfrac{Q_{max}}{A}=\dfrac{417}{31.5\times11}=1.203\text{ m}^3/(\text{m}^2\cdot\text{h})$（符合要求）

固体负荷 $G=\dfrac{24(1+R)Q_{max}X}{A}=\dfrac{24(1+0.5)\times417\times2.5}{347.5}=108\text{ kg}/(\text{m}^2\cdot\text{d})$（基本符合要求）

（6）污泥部分的容积 V　污泥区的容积按 2 h 的贮泥量计。
$$V=\frac{4(1+R)QX}{24(X+X_r)}=\frac{(1+R)QX}{6(X+X_r)}$$

式中：Q——日均污水流量，m^3/d；

$\quad X$——混合液污泥浓度，mg/L；

$\quad X_r$——回流污泥浓度，mg/L；

$\quad R$——回流比，%。
$$V=\frac{(1+0.5)\times6\,000\times2\,500}{6(2\,500+10\,000)}=300.0\text{ m}^3$$

每格沉淀池所需污泥部分容积 $V'=300/2=150$ m³

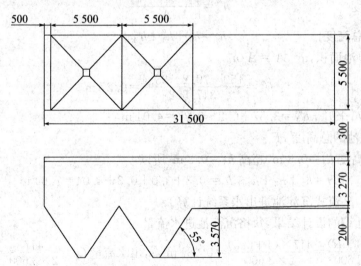

图 12.5　平流式沉淀池污泥斗计算简图（单位：mm）

（7）污泥斗的容积　采用污泥斗的尺寸如图 12.5 所示。每格沉淀池设 2 个污泥斗，则每斗容积 V_0 为
$$V_0=\frac{1}{3}h_4'(f_1+f_2+\sqrt{f_1f_2})$$

式中：f_1——污泥斗上口面积，m^2；

f_2——污泥斗下口面积，m^2；

h_4'——污泥斗的高度，m。

$$f_1 = 5.5 \times 5.5 = 30.25 \text{ m}^2$$

$$f_2 = 0.5 \times 0.5 = 0.25 \text{ m}^2$$

污泥斗为方斗，$\alpha = 55°$，则

$$h_4' = \frac{5.5 - 0.5}{2} \times \tan 55° = 3.57 \text{ m}$$

$$V_0 = \frac{1}{3} \times 3.57 \times (30.25 + 0.25 + \sqrt{30.25 \times 0.25}) = 39.6 \text{ m}^3$$

两个污泥斗的总容积 $= 2 \times 39.6 = 79.2 \text{ m}^3$

（8）污泥斗以上梯形部分的容积 V_2

$$V_2 = \frac{L+l}{2} \times h_4'' b$$

式中：L——梯形上部的长度，即沉淀池长，m；

l——梯形下部的长度，m；

h_4''——梯形部分的高度，m。

由上可知 $L = 31.5$ m，$l = 5.5 \times 2 = 11$ m，$h_4'' = (31.5 - 11 - 0.5) \times 0.01 = 0.2$ m，则

$$V_2 = \frac{31.5 + 11}{2} \times 0.2 \times 5.5 = 23.4 \text{ m}^3$$

（9）污泥区的总高度 h_4

污泥层厚度 $\qquad\qquad h_4''' = \dfrac{V' - V_1 - V_2}{A'}$

污泥区的总高度 $\qquad h_4 = h_4' + h_4'' + h_4'''$

式中：A'——单池面积，m^2，$A' = A/n$。

$$h_4''' = \frac{150 - 79.2 - 23.4}{347.5/2} = 0.27 \text{ m}$$

所以 $h_4 = h_4' + h_4'' + h_4''' = 3.57 + 0.2 + 0.27 = 4.04$ m

（10）沉淀池的总高度 H

设缓冲层高度 $h_3 = 0.3$ m，超高 $h_1 = 0.3$ m，所以

$$H = h_1 + h_2 + h_3 + h_4 = 0.3 + 3.0 + 0.3 + 4.04 = 7.64 \text{ m}$$

【算例 2】 平流式沉淀池进出水系统计算

利用【算例 1】的设计结果，每格沉淀池进水流量

$Q_0 = \dfrac{Q_{max}(1+R)}{2 \times 3\,600} = \dfrac{417 \times (1+0.5)}{2 \times 3\,600} = 0.087 \text{ m}^3/\text{s}$，出水流量 $Q_0 = \dfrac{417}{2 \times 3\,600} = 0.058 \text{ m}^3/\text{s}$，池

宽 $B = 5.5$ m，有效水深 $h_2 = 3.0$ m，试对平流式沉淀池进、出水系统进行设计。

【解】

（1）进水花墙

采用砖砌进水花墙，孔眼形式为半砖孔洞，尺寸为 0.125 m×0.063 m。

单孔面积 $A_1 = 0.125 \times 0.063 = 0.007\,88 \text{ m}^2$

孔眼流速一般为 $0.2\sim0.3$ m/s，取 $v_1=0.25$ m/s，则

孔眼总面积 $A_0=Q_0/v_1=0.087/0.25=0.348$ m²

孔眼数 $n_0=A_0/A_1=0.348/0.00788=44.16$ 个，取 44 个，则孔眼实际流速

$$v'=\frac{Q_0}{n_0A_1}=\frac{0.087}{44\times0.00788}=0.25 \text{ m/s}$$

孔眼布置成 4 排，每排孔眼数为 44/4＝11 个。

（2）出水堰

① 堰长 L 取出水堰负荷 $q'=1.6$ L/(s·m)，则

$$L=Q_0/q'=0.058\times1000/1.6=36.25 \text{ m}$$

② 出水堰的形式和尺寸采用 90°三角堰出水，每米堰板设 5 个堰口，详细尺寸如图 12.6 所示。

每个堰口出流量 $q=q'/5=1.6/5=0.32(L/s)=0.00032$ m³/s

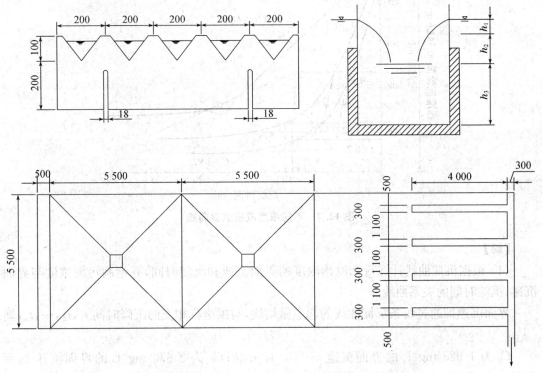

图 12.6　平流式沉淀池进、出水系统计算简图(单位:mm)

③ 堰上水头 h_1 每个三角堰出流量 $q=1.4h_1^{5/2}$

$$h_1=\sqrt[5]{(q/1.4)^2}=\sqrt[5]{(0.00032/1.4)^2}=0.035 \text{ m}$$

④ 集水槽宽 B 　　　　　　　$B=0.9Q^{0.4}$

为确保安全，集水槽设计流量 $Q=(1.2\sim1.5)Q_0$，代入数据得

$$B=0.9\times Q^{0.4}=0.9\times(1.3\times0.058)^{0.4}=0.32 \text{ m}$$

⑤ 槽深度

集水槽临界水深 $h_k=\sqrt[3]{\dfrac{Q^2}{gB^2}}=\sqrt[3]{\dfrac{(1.3\times0.058)^2}{9.8\times0.3^2}}=0.19$ m

集水槽起端水深 $h_0 = 1.73 h_k = 1.73 \times 0.19 = 0.33$ m

设出水槽自由跌落高度 $h_2 = 0.1$ m,则

集水槽总深度 $h = h_1 + h_2 + h_0 = 0.035 + 0.1 + 0.33 = 0.465$ m

⑥布置沉淀池进、出水系统

详见图12.6平流式沉淀池进、出水系统计算简图。

【算例3】 根据沉淀试验计算二沉池面积

某工业区废水最大流量 $Q = 5\,000$ m³/d,采用活性污泥法污水处理工艺,预期混合液悬浮固体浓度 $C_0 = 4\,000$ mg/L,要求底流污泥浓度为 $C_u = 12\,000$ mg/L,计算二沉池的各部尺寸。如图12.7所示为根据沉淀试验绘制的成层沉淀曲线。

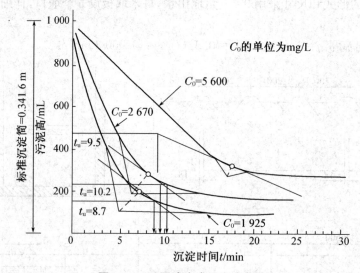

图12.7 不同浓度成层沉淀曲线

【解】

(1) 根据沉淀曲线计算每个原始浓度的界面沉速和沉淀时间,并绘制污泥浓度与界面沉速、沉淀时间的关系曲线。

界面沉速即通过每条沉淀曲线的起点做切线,与横坐标相交的沉降时间 $t_1, t_2, \cdots, t_n$,则

$$v_i = H_0 / t_i$$

C_0 为 1 925 mg/L 的界面沉速 $v_1 = 3.41$ m/h;C_0 为 2 670 mg/L 的界面沉速 $v_2 = 2.62$ m/h;C_0 为 5 600 mg/L 的界面沉速 $v_3 = 0.91$ m/h。

沉淀时间 t_u 值计算如下(沉淀试验在 1 000 mL 标准量筒中进行)。

当 C_0 为 1 925 mg/L 时,根据物料平衡

$$C_0 H_0 = C_u H_u$$

1 925×1 000 = 12 000H_u,$H_u = 160$ mL,由图12.7查得 $t_u = 8.7$ min;同理,当 C_0 为 2 670 mg/L 时 $H_u = 222$ mL,$t_u = 10.2$ min;当 C_0 为 5 600 mg/L 时,$H_u = 466$ mL,$t_u = 9.5$ min。

(2) 将计算得到的数据绘成图12.8、图12.9的成层曲线。当设计混合液固体浓度为大 4 000 mg/L 时,查图12.8、图12.9得:$t_u = 10.15$ min,$v = 1.58$ m/h。

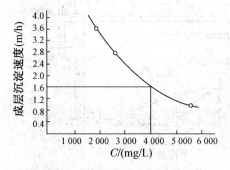

图 12.8 成层沉淀速度与悬浮固体
浓度的关系曲线

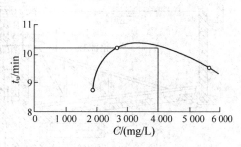

图 12.9 成层沉淀的停留时间与悬浮
固体浓度的关系曲线

(3) 当 $C_0 = 4\,000$ mg/L 时,计算单位面积的溢流率:

$$q = \frac{H_0}{t_u}\left(\frac{C_u - C_0}{C_u}\right) = \frac{0.341}{0.169} \times \left(\frac{12\,000 - 4\,000}{12\,000}\right) = 1.345 \text{ m}^3/(\text{m}^2 \cdot \text{h})$$

式中: H_0——标准 $1\,000$ mL 量筒的高度,m,$H_0 = 0.341$ m。

(4) 根据成层沉淀速度复核二沉池的溢流率。成层沉淀速度为 1.58 m/h 相当于表面负荷 1.58 m³/(m² · h),大于计算溢流率。

(5) 控制溢流率为 1.345 m³/(m² · h)。为补偿紊流、短流和进出口损失的影响,通常将试验所得的表面负荷除以 1.25~1.75 的系数(本例取 1.25),则

$$q_{设} = 1.345/1.25 = 1.076 \text{ m}^3/(\text{m}^2 \cdot \text{h})$$

所需沉淀池的面积 A 为

$$A = \frac{Q}{q} = \frac{5\,000}{1.076 \times 24} = 193.62 \text{ m}^2$$

12.4 辐流式二次沉淀池

12.4.1 设计要求

辐流式沉淀池一般为圆形或方形,水流沿池半径方向流动。池直径(或边长)6~60 m,最大可达到 100 m,池周水深 1.5~3.0 m,根据进出水方式的不同可分为两大类,即普通辐流式沉淀池和向心流辐流式沉淀池。

辐流式沉淀池构造要求:

(1) 池子直径(或正方形的一边)与有效水深之比宜为 6~12。

(2) 池子直径不宜小于 16 m,不宜大于 50 m。

(3) 池底坡度不宜小于 0.05(当采用机械刮吸泥时,可不受此值限制)。

(4) 缓冲层高度非机械排泥时宜为 0.5 m,机械排泥时缓冲层上缘宜高出刮泥板 0.3 m。

(5) 进出水装置有三种布置方式:① 中心进水周边出水(见图 12.10);② 周边进水中心出水(见图 12.11);③ 周边进水周边出水(见图 12.12)。

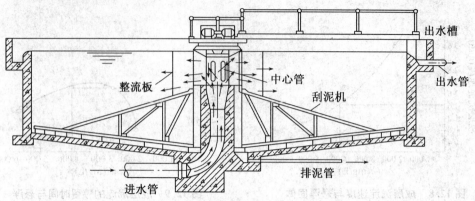

图 12.10　中心进水周边出水辐流式沉淀池

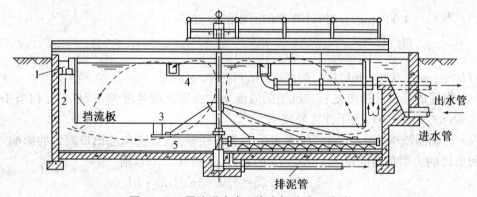

图 12.11　周边进水中心出水辐流式沉淀池

1—流入槽；2—导流絮凝区；3—沉淀区；4—流出槽；5—污泥区

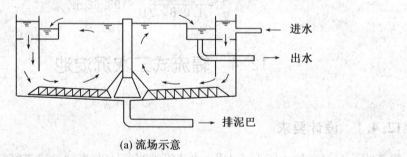

(a) 流场示意

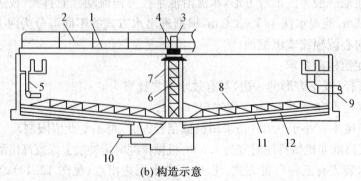

(b) 构造示意

图 12.12　周边进水周边出水的辐流式沉淀池

1—过桥；2—栏杆；3—传动装置；4—转盘；5—进水下降管；6—中心支架；7—传动器罩；
8—桁架式耙架；9—出水管；10—排泥管；11—刮泥板；12—可调节的橡皮刮板

(6) 在进水口的周围应设置整流板或挡流板,整流板的开孔面积为池断面积的 10%～20%。在出水堰前应设置浮渣挡板。

(7) 辐流式沉淀池多采用机械排泥,也可附空气提升或静水头排泥设施。

① 当池径小于 20 m 时,一般采用中心传动排泥设备,其驱动装置设在池中心的走道上。

② 当池径大于 20 m 时,一般采用周边传动排泥设备,其驱动装置设在桁架的外缘。

③ 排泥机械的旋转速度一般为 1～3 r/h,刮泥板的外缘线速度不宜大于 3 m/min。

12.4.2 设计参数

普通辐流式沉淀池和向心辐流式沉淀池除负荷能力和池子进出水构造有所不同外,计算方法基本相同。

辐流式沉淀池取池子半径 1/2 处断面作为计算断面。计算公式见表 12.5、表 12.6。

表 12.5 普通辐流式沉淀池计算公式

名称	公式	符号说明
沉淀部分水面面积/m²	$F=\dfrac{Q_{max}}{nq}$ $F\geqslant\dfrac{24(1+R)Q_0X}{G_L}$	Q_{max}——最大设计流量,m³/h n——池数,个 q——表面负荷,m³/(m²·h) R——回流比 Q_0——单池设计流量,m³/h X——混合液悬浮固体浓度,kg/m³ G_L——极限固体通量,kg/(m²·d)
直径/m	$D=\sqrt{\dfrac{4F}{\pi}}$	
沉淀部分有效水深/m	$h_2=qt$	t——沉淀时间,h
污泥区的容积/m³	$V=\dfrac{2T(1+R)QX}{24(X+X_r)}$	Q——平均日污水量,m³/h T——贮泥时间,h X_r——沉淀池底流污泥浓度,kg/m³
污泥区高度/m	$h_4=h_4'+h_4''+h_4'''$ $h_4'=\dfrac{12}{\pi(D_1^2+D_1D_2+D_2^2)}\times V_1$ $h_4'=\dfrac{12}{\pi(D^2+D_{D1}+D_1^2)}\times V_2$ $h_4'''=\dfrac{V-V_1-V_2}{F}$	V_1——污泥斗容积,m³ V_2——污泥斗以上圆锥体部分容积,m³ h_4'——污泥斗的高度,m h_4''——圆锥体部分高度,m h_4'''——竖直段污泥部分的高度,m D_1——污泥斗上部的直径,m D_2——污泥斗下部的直径,m
沉淀池总高/m	$H=h_1+h_2+h_3+h_4$	h_1——超高,m h_3——缓冲层高度,m

表 12.6 向心流辐流式沉淀池计算公式

名称	公式	符号说明
沉淀部分水面面积/m²	$F=\dfrac{Q_{max}}{nq}$	Q_{max}——最大设计流量,m³/h n——池数,个 q——表面负荷,m³/(m²·h),一般不大于 2.5 m³/(m²·h)

名称	公式	符号说明
直径/m	$D=\sqrt{\dfrac{4F}{\pi}}$	
校核堰口负荷/[L/(s·m)]	$q'=\dfrac{Q_0}{3.6\pi D}$	Q_0——单池设计流量,m³/h $q'\leqslant 4.34\ \text{L/(s·m)}$
校核固体负荷/[kg/(m²·d)]	$G=\dfrac{24(1+R)Q_0 X}{F}$	X——混合液悬浮固体浓度,kg/m³ R——回流比 G 值一般可达 150 kg/(m²·d) Q——单池设计流量,m³/h
澄清区高度/m	$h_2'=\dfrac{Q_0 t}{F}=qt$	t——沉淀时间,h
污泥区高度/m	$h_2''=\dfrac{2T(1+R)QX}{24(X+X_r)F}$	Q——日均流量,m³/h T——污泥停留时间,h X_r——沉淀池底流污泥浓度,kg/m³
池边水深/m	$h_2=h_2'+h_2''+0.3$	0.3——缓冲层高度,m
池总高/m	$H=h_1+h_2+h_3+h_4$	h_1——超高,m,一般采用 0.3 m h_3——池中心与池边落差,m h_4——污泥斗高度,m

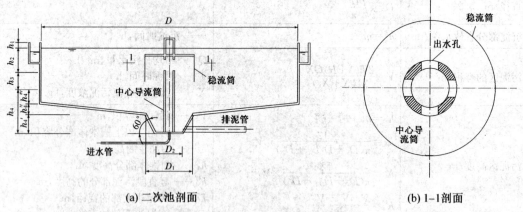

(a) 二次池剖面　　　　　　　(b) 1—1剖面

图 12.13　普通辐流式二沉池计算示意

12.4.3　算例

【算例1】 普通辐流式二沉池设计计算

最大设计流量 $Q_{max}=1\ 775\ \text{m}^3/\text{h}=0.493\ \text{m}^3/\text{s}$,变化系数 $K_z=1.42$;氧化沟中悬浮固体浓度 $X=3\ 500\ \text{mg/L}$;二沉池底流生物固体浓度 $X_r=10\ 000\ \text{mg/L}$;污泥回流比 $R=50\%$。试计算普通辐流式二沉池各部尺寸。

【解】（见图 12.13）

（1）沉淀部分水面面积 F

根据生物处理段的特性，选取二沉池表面负荷 $q=0.9\ \mathrm{m^3/(m^2\cdot h)}$，设两座沉淀池，即 $n=2$。

$$F=\frac{Q_{\max}}{nq}=\frac{1775}{2\times0.9}=986.11\ \mathrm{m^2}$$

（2）池子直径 D

$$D=\sqrt{\frac{4F}{\pi}}=\sqrt{\frac{4\times986.11}{3.14}}=35.43\ \mathrm{m}，取\ D=35\ \mathrm{m}。$$

（3）校核固体负荷 G

$$G=\frac{24(1+R)Q_0X}{F}=\frac{24\times(1+0.5)\times887.5\times3.5}{986.11}=113.4\ \mathrm{kg/(m^2\cdot d)}（符合要求）$$

（4）沉淀部分的有效水深 h_2

设沉淀时间 $t=2.5\ \mathrm{h}$。

$$h_2=qt=0.9\times2.5=2.25\ \mathrm{m}$$

（5）污泥区的容积 V

设计采用周边传动的刮吸泥机排泥，污泥区容积按 2 h 贮泥时间确定。

$$V=\frac{2T(1+R)QX}{24(X+X_r)}=\frac{2\times2\times(1+0.5)\times30\,000\times3500}{24\times(3\,500+10\,000)}=1944.4\ \mathrm{m^3}$$

每个沉淀池污泥区的容积 $V'=1\,944.4/2=972.2\ \mathrm{m^3}$

（6）污泥区高度 h_4

① 污泥斗高度 h_4'。设池底的径向坡度为 0.05，污泥斗底部直径 $D_2=1.5\ \mathrm{m}$，上部直径 $D_1=3.0\ \mathrm{m}$，倾角 60°，则

$$h_4'=\frac{D_1-D_2}{2}\times\tan60°=\frac{3.0-1.5}{2}\times\tan60°=1.3\ \mathrm{m}$$

$$V_1=\frac{h_4'\pi}{12}\times(D_1^2+D_1D_2+D_2^2)=\frac{1.3\times3.14}{12}\times(3.0^2+3.0\times1.5+1.5^2)=5.36\ \mathrm{m^3}$$

② 圆锥体高度 h_4''

$$h_4''=\frac{D-D_1}{2}\times0.05=\frac{35-3.0}{2}\times0.05=0.8\ \mathrm{m}$$

$$V_2=\frac{h_4''\pi}{12}\times(D^2+DD_1+D_1^2)=\frac{0.8\times3.14}{12}\times(35^2+3.0\times35+3.0^2)=280.44\ \mathrm{m^3}$$

③ 竖直段污泥部分的高度 h_4'''

$$h_4'''=\frac{V-V_1-V_2}{F}=\frac{972.2-5.36-280.44}{986.11}=0.70\ \mathrm{m}$$

污泥区的高度　$h_4=h_4'+h_4''+h_4'''=1.30+0.80+0.70=2.80\ \mathrm{m}$

（7）沉淀池的总高度 H

设超高 $h_1=0.3\ \mathrm{m}$，缓冲层高 $h_3=0.5\ \mathrm{m}$，则

$$H=h_1+h_2+h_3+h_4=0.3+2.25+0.5+2.80=5.85\ \mathrm{m}$$

（8）中心进水导流筒及稳流筒

① 中心进水导流筒。进水 $D_0=700\ \mathrm{mm}$，进水管流速 v_0 为

$$v_0 = \frac{4(1+R)Q_{max}}{n\pi D_0^2} = \frac{4\times(1+0.5)\times0.493}{2\times3.14\times0.7^2} = 0.96 \text{ m/s}$$

中心进水导流筒内流速 v_1 取 0.6 m/s，则导流筒直径 D_3 为

$$D_3 = \sqrt{\frac{4(1+R)Q_{max}}{n\pi v_1}} = \sqrt{\frac{4\times(1+0.5)\times0.493}{2\times3.14\times0.6}} = 0.89 \approx 0.9 \text{ m}$$

中心进水导流筒设 4 个出水孔，出水孔尺寸 $B\times H = 0.35 \text{ m}\times0.15 \text{ m}$，出水孔流速 v_2 为

$$v_2 = \frac{(1+R)Q_{max}}{4nBH} = \frac{(1+0.5)\times0.493}{4\times2\times0.35\times1.35} = 0.196 \leqslant 0.2 \text{ m/s}$$

② 稳流筒。稳流筒用于稳定由中心筒流出的水流，防止对沉淀产生不利影响。稳流筒下缘淹没深度为水深的 30%～70%，且低于中心导流筒出水孔下缘 0.3 m 以上。稳流筒内下降流速 v_3 按最高时流量设计一般控制在 0.02～0.03 m/s 之间，本例 v_3 取 0.03，稳流筒内水流面积 f 为

$$f = \frac{(1+R)Q_{max}}{nv_3} = \frac{(1+0.5)\times0.493}{2\times0.03} = 12.33 \text{ m}^2$$

稳流筒直径 D_4 为

$$D_4 = \sqrt{\frac{4f}{\pi} + D_3^2} = \sqrt{\frac{4\times12.33}{3.14} + 0.9^2} = 4.06 \approx 4.0 \text{ m}$$

③ 验算二沉池表面负荷。二沉池有效沉淀区面积 A 为

$$A = \frac{\pi(D^2 - D_4^2)}{4} = \frac{3.14\times(35^2 - 4^2)}{4} = 949.55 \text{ m}^2$$

二沉池世纪表面负荷 q' 为

$$q' = \frac{3\,600Q_{max}}{nA} = \frac{3\,600\times0.493}{2\times949.55} = 0.935 \text{ m}^3/(\text{m}^2 \cdot \text{h})$$

④ 验算二沉池固体负荷 G'。

$$G' = \frac{86\,400\times(1+R)XQ_{max}}{1\,000nA} = \frac{86\,400\times(1+0.5)\times3\,500\times0.493}{1\,000\times2\times949.55} = 117.75 \text{ kg/(m}^2 \cdot \text{d})$$

【算例 2】 向心流辐流式二沉池设计计算

某城市每日污水量为 $Q = 60\,000 \text{ m}^3$，总变化系数 K_z 为 1.36，拟采用活性污泥生物处理工艺，曝气池悬浮固体浓度 X 为 3\,000 mg/L，污泥回流比 R 为 50%，要求二沉池底流浓度 X_r 达到 9\,000 mg/L，试设计周边进水、周边出水沉淀池。

【解】（见图 12.14）

（1）沉淀池部分水面面积 F

最大设计流量
$$Q_{max} = 1.36\times\frac{60\,000}{24} = 3\,400 \text{ m}^3/\text{h}$$

采用两座向心流辐流沉淀池，表面负荷 q 取 1.4 $\text{m}^3/(\text{m}^2 \cdot \text{h})$，则

$$F = \frac{Q_{max}}{nq} = \frac{3\,400}{2\times1.4} = 1214.29 \text{ m}^2$$

（2）池子直径 D

$$D = \sqrt{\frac{4F}{\pi}} = \sqrt{\frac{4\times1\,214.29}{3.14}} = 39.32 \text{ m}，取 D = 40 \text{ m}$$

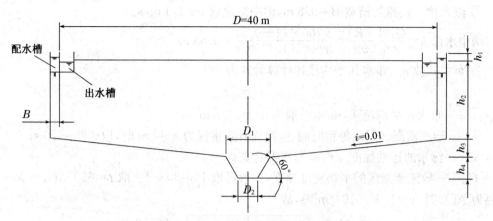

图 12.14 向心流辐流式二沉池计算示意

(3) 校核堰口负荷 q'

$$q' = \frac{Q_0}{3.6\pi D} = \frac{1\,700}{3.6 \times 3.14 \times 40} = 3.76 \text{ L/(s} \cdot \text{m)} < 4.34 \text{ L/(s} \cdot \text{m)}$$

(4) 校核固体负荷 G

$$G = \frac{24(1+R)Q_0 X}{F} = \frac{24 \times (1+0.5) \times 1\,700 \times 3.0}{1\,214.29} = 151.2 \text{ kg/(m}^2 \cdot \text{d)}$$

(5) 澄清区高度 h_2'

设沉淀池沉淀时间 $t = 2.5$ h。

$$h_2' = \frac{Q_0 t}{F} = qt = \frac{1\,700 \times 2.5}{1\,214.29} = 3.5 \text{ m}$$

(6) 污泥区高度 h_2''

设污泥停留时间 2 h。

$$h_2'' = \frac{2T(1+R)QX}{24(X+X_r)F} = \frac{2 \times 2.0 \times (1+0.5) \times 60\,000 \times 3.0}{24 \times (3.0+9.0) \times 1\,214.29} = 3.08 \text{ m}$$

(7) 池边水深 h_2

$$h_2 = h_2' + h_2'' + 0.3 = 3.5 + 3.08 + 0.3 = 6.88 \text{ m}$$

(8) 污泥斗高 h_4

设污泥斗底直径 $D_2 = 1.0$ m，上口直径 $D_1 = 2.0$ m，斗壁与水平夹角 60°，则

$$h_4 = \left(\frac{D_2}{2} - \frac{D_1}{2}\right) \times \tan 60° = \left(\frac{2}{2} - \frac{1}{2}\right) \times \tan 60° = 0.87 \text{ m}$$

(9) 池总高 H

二次沉淀池拟采用单管吸泥机排泥，池底坡度取 0.01，排泥设备中心立柱的直径为

1.5 m。池中心与池边落差 $h_3 = \dfrac{40 - 2.0}{2} \times 0.01 = 0.19$ m

超高 $h_1 = 0.3$ m，故池总高

$$H = h_1 + h_2 + h_3 + h_4 = 0.3 + 6.88 + 0.19 + 0.87 = 8.24 \text{ m}$$

(10) 流入槽设计

采用环行平底槽，等距设布水孔，孔径 50 mm，并加 100 mm 长短管。

① 流入槽　设流入槽宽 $B=0.8$ m,槽中流速取 $v=1.4$ m/s。

槽中水深 $h=\dfrac{Q_0(1+R)}{3\,600\,vB}=\dfrac{1\,700\times(1+0.5)}{3\,600\times1.4\times0.8}=0.63$ m

② 布水孔数 n　布水孔平均流速计算公式为

$$v_n=\sqrt{2tvG_m}$$

式中:v——布水孔平均流速,m/s,一般 $0.3\sim0.8$ m/s;

$\quad\ \ t$——导流絮凝区平均停留时间,s,池周有效水深为 $2\sim4$ m 时,取 $360\sim720$ s;

$\quad\ \ v$——污水的运动黏度,m^2/s,与水温有关;

$\quad\ \ G_m$——导流絮凝区的平均速度梯度,一般可取 $10\sim30$ s^{-1}。取 $t=650$ s,$G_m=20$ s^{-1},水温为 20 ℃时,$v=1.06\times10^{-6}$ m^2/s,故

$$v_n=\sqrt{2tvG_m}=\sqrt{2\times650\times1.06\times10^{-6}\times20}=0.74 \text{ m/s}$$

布水孔数 $n=\dfrac{Q_0(1+R)}{3\,600\,v_nS}=\dfrac{1\,700\times(1+0.5)}{3\,600\times0.74\times\dfrac{3.14}{4}\times0.05^2}=488$ 个

③ 孔距 l

$$l=\frac{\pi(D+B)}{n}=\frac{3.14\times(40+0.8)}{488}=0.263 \text{ m}$$

④ 校核 G_m

$$G_m=\left(\frac{v_1^2-v_2^2}{2tv}\right)^{1/2}$$

式中:v_1——布水孔水流收缩断面的流速,m/s,$v_1=v_n/n$,因设有短管,取 $n=1$;

$\quad\ \ v_2$——导流絮凝区平均向下流速,m/s,$v_2=Q/f$;

$\quad\ \ f$——导流絮凝区环形面积,m^2。

设导流絮凝区的宽度与配水槽同宽,则

$$v_2=\frac{Q_0(1+R)}{3\,600\,\pi(D+B)B}=\frac{1\,700\times(1+0.5)}{3\,600\times3.14\times(40+0.8)\times0.8}=0.006\,9 \text{ m/s}$$

$$G_m=\sqrt{\frac{v_1^2-v_2^2}{2tv}}=\sqrt{\frac{0.74^2-0.006\,9^2}{2\times650\times1.06\times10^{-6}}}=19.9 \text{ s}^{-1}$$

G_m 在 $10\sim30$ s^{-1} 之间,合格。

12.5　斜板(管)二次沉淀池

12.5.1　设计要求

斜板(管)沉淀池是利用浅层理论,在普通沉淀池中加设斜板或蜂窝斜管,以提高沉淀效率的沉淀池。具有去除率高、停留时间短、占地面积小等优点。在污水处理厂中主要应用于旧厂挖潜或扩大处理能力以及占地面积受到限制时使用。斜板(管)沉淀池应用于二沉池时,其固体负荷不能过大,否则处理效果不稳定,易造成污泥上浮。

按水流方向与颗粒的沉淀方向之间的相对关系,斜板(管)沉淀池可分为 3 种(见图

12.15)：侧向流、同向流、异向流斜板(管)沉淀池。

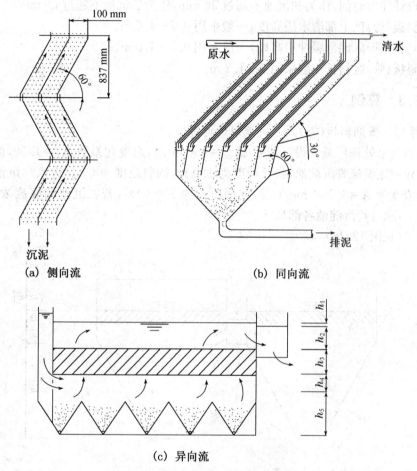

图 12.15　斜板(管)沉淀池的 3 种类型

(1) 斜板(管)沉淀池构造要求

① 斜板(管)沉淀池一般为矩形或圆形。

② 进水方式一般采用穿孔花墙整流布水,出水一般是采用多条集水槽和出水堰。

③ 斜板(管)的倾角 α 采用 50°～60°,一般为 60°。

④ 斜板之间的垂直净距一般采用 80～100 mm,斜管孔径一般采用 50～80 mm。

⑤ 斜板上缘宜向池子进水端后倾安装。在池壁与斜板的间隙处应装设阻流板,以防止水流短路。

⑥ 排泥方式一般为机械排泥和重力排泥两种,机械排泥有泵吸式和虹吸式,重力排泥多采用穿孔管排泥和多斗式排泥。

⑦ 为防止藻类等微生物生长、清通堵塞污泥,斜板(管)沉淀池应设冲洗设施。

12.5.2　设计参数

(1) 升流式异向流斜板(管)沉淀池的设计表面负荷,一般为普通沉淀池设计表面负荷的 2 倍。可按表 12.4 中的数值的 2 倍选取。

(2) 作为二沉池，应以固体负荷核算，一般为 192 kg/(m² · d)。

(3) 设计停留时间，作为初沉池不超过 30 min，作为二沉池不超过 60 min。

(4) 斜板(管)区上部清水层高度，一般采用 0.7~1.0 m。

(5) 斜板(管)区底部缓冲层高度，一般采用 0.5~1.0 m。

(6) 斜板(管)区斜长一般采用 1~1.2 m。

12.5.3 算例

【算例1】 普通斜板(管)式二沉池设计计算

某城镇污水处理厂最大设计流量 $Q_{max}=450$ m³/h，总变化系数 $K_z=1.50$，而沉池拟采用升流式异向流斜流管沉淀池，斜管长度为 1.0 m，倾斜角度为 60°。进入二沉池的混合液悬浮固体浓度为 $X=2\,500$ mg/L，污泥回流比为 $R=60\%$，若二沉池的底流浓度为 $X_r=9\,000$ mg/L，求写管沉淀池各部尺寸。

【解】 （见图 12.16）

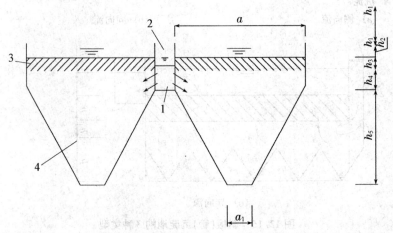

图 12.16　斜管沉淀池计算示意

1—进水槽；2—出水槽；3—斜管；4—污泥斗

(1) 池子水面面积 A(m²)

$$A=\frac{Q_{max}}{0.91nq}$$

式中：Q_{max}——最大设计流量，m³/h；

　　　n——池数，个；

　　　q——表面负荷，m³/(m² · h)；

　　　0.91——斜管面积利用系数。

设二沉池设计表面负荷 $q=2.2$ m³/(m² · h)，池数 $n=4$ 个，代入得

$$A=\frac{Q_{max}}{0.91nq}=\frac{450}{0.91\times4\times2.2}=56.19 \text{ m}^2$$

(2) 沉淀池平面尺寸

采用方形池，边长 $a=\sqrt{A}=\sqrt{56.19}=7.49$ m，取 $a=7.5$ m。

（3）池内停留时间 $t(\min)$

$$t=\frac{60(h_2+h_3)}{q}$$

式中：h_2——斜管区上部清水层高度，m；

h_3——斜管的自身垂直高度，m。

设斜管区上部清水层高度 $h_2=1.0$ m，则

斜管的垂直高度 $h_3=1.0\times\sin60°=0.866$ m

$$t=\frac{60(h_2+h_3)}{q}=\frac{60\times(1.0+0.866)}{2.2}=50.89 \min$$

（4）校核固体负荷 G

$$G=\frac{24(1+R)Q_0X}{A}=\frac{24\times(1+0.6)\times112.5\times2.5}{56.19}=192.19 \text{ kg}/(\text{m}^2\cdot\text{d})（符合要求）$$

（5）污泥贮量计算 V

按 2 h 贮泥量计算，则

$$V=\frac{2T(1+R)QX}{X+X_r}=\frac{2\times2\times(1+0.6)\times300\times2.5}{2.5+9.0}=417.39 \text{ m}^2$$

（6）污泥斗的容积

设污泥斗底边 $a_1=0.8$ m，则

$$h_5=\left(\frac{a}{2}-\frac{a_1}{2}\right)\times\tan60°=\left(\frac{7.5}{2}-\frac{0.8}{2}\right)\times\tan60°=5.8 \text{ m}$$

$$V_1=\frac{h_5}{3}\times(a^2+aa_1+a_1^2)=\frac{5.8}{3}\times(7.5^2+7.5\times0.8+0.8^2)=121.59 \text{ m}^3$$

4 个斗的总容积 $=4\times121.59=486.35$ m^3（>417.39 m^3）

（7）沉淀池总高度

设超高 $h_1=0.3$ m，缓冲层高 $h_4=0.8$ m，则

$$H=h_1+h_2+h_3+h_4+h_5=0.3+1.0+0.866+0.8+5.8=8.766 \text{ m}$$

第13章 混凝(絮凝)

13.1 设计要点

絮凝阶段的主要任务是创造适当的水力条件,使药剂与水混合后所产生的微絮凝体,在一定时间内凝聚成具有良好物理性能的絮凝体,它应有足够大的粒度(0.6～1.0 mm),密度和强度(不易破碎),并为杂质颗粒在沉淀澄清阶段迅速沉降分离创造良好的条件。

絮凝效果可用 GT 值来表征,$G(s^{-1})$ 为絮凝池内水流的速度梯度

$$G=\sqrt{\frac{\rho h}{60 \mu t}}$$

式中:μ——水的动力黏度,见表13.1,kg·s/m²;

ρ——水的密度,$\rho=1\,000$ kg/m³;

h——絮凝池的总水头损失,m;

t——絮凝时间,一般为10～30 min。

表 13.1 水的动力黏度

水温 T/℃	0	5	10	15	20	30
μ/(kg·s/m²)	1.814×10^{-4}	1.549×10^{-4}	1.335×10^{-4}	1.162×10^{-4}	1.029×10^{-4}	0.825×10^{-4}

根据生产运行经验,$t=10\sim30$ min,G 值在 $20\sim60$ s^{-1} 之间,GT 值应在 $10^4\sim10^5$ 之间为宜(t 的单位为 s)。

絮凝池(室)应和沉淀池连接起来建造,这样布置紧凑,可节省造价。如果采用管渠连接,不仅增加造价,而且由于管道流速大而易使已结大的凝絮体破碎。不同类型絮凝池的比较见表13.2。

表 13.2 不同类型絮凝池的比较

类型		优缺点	适用条件
隔板絮凝池	往复式	优点:(1)絮凝效果较好 　　　(2)构造简单,施工方便 缺点:(1)絮凝时间较长 　　　(2)水头损失较大 　　　(3)转折处絮粒易破碎 　　　(4)出水流量不易分配均匀	(1)水量大于 30 000 m³/d 的水厂 (2)水量变动小

续　表

类型		优缺点	适用条件
隔板絮凝池	回转式	优点:(1) 絮凝效果较好 (2) 水头损失较小 (3) 构造简单,管理方便 缺点:出水流量不易分布均匀	(1) 水量大于 30 000 m³/d 的水厂 (2) 水量变动小 (3) 适用于旧池改造和扩建
折板絮凝池		优点:(1) 絮凝时间较短 (2) 絮凝效果好 缺点:(1) 构造较复杂 (2)水量变化影响絮凝效果	水量变化不大的水厂
网格(栅条絮凝池)		优点:(1) 絮凝时间短 (2) 絮凝效果较好 (3) 构造简单 缺点:水量变化影响絮凝效果	(1) 水量变化不大的水厂 (2) 单池能力以 $(1.0\sim2.5)\times10^4$ m³/d 为宜
机械絮凝池		优点:(1) 絮凝效果好 (2) 水头损失小 (3) 可适应水质、水量的变化 缺点:需机械设备和经常维修	大小水量均适用,并适应水量变动较大的水厂

13.2　水力絮凝池

13.2.1　设计要点

隔板式絮凝池根据隔板的设置情况,分为往复式和回转式(四字形)两种。为了节省占地面积,可在垂直方向上设置成双层或多层隔板絮凝池,如往复回转式双层隔板絮凝池。

采用隔板絮凝池时,池数一般不少于两个,絮凝时间为 20～30 min。絮凝池进口流速为 0.5～0.6 m/s,出口流速为 0.20～0.30 m/s。池内流速可按变速设计分为几挡,每一挡由一个或几个隔板廊道组成,通常用改变廊道的宽度或变更池底高度的方法来达到变流速的要求。廊道宽度应大于 0.5 m,小型池子当采用活动隔板时适当减小。进水管口应设挡水装置,避免水流直冲隔板。隔板转弯处的过水断面面积,应为廊道断面面积的 1.2～1.5 倍。絮凝池保护高 0.3 m。池底排泥口的坡度一般为 0.02～0.03,排泥管直径不应小于 150 mm。

13.2.2　算例

【算例 1】　往复式隔板絮凝池的计算

设计进水量 $Q=60\,000$ m³/d=2 500 m³/h,絮凝池个数 $n=2$ 个,絮凝池的宽长比 $Z=B/L=1.2$,池内平均水深 $H_1=1.2$ m,絮凝时间 $t=20$ min。

廊道内流速采用 6 挡,即:$v_1=0.5$ m/s,$v_2=0.4$ m/s,$v_3=0.35$ m/s,$v_4=0.3$ m/s,$v_5=0.25$ m/s,$v_6=0.2$ m/s。

隔板转弯处的宽度取廊道宽度的 1.2～1.5 倍。

【解】

(1) 总容积 W

$$W=\frac{Q_t}{60}=\frac{2\,500\times20}{60}=834\ \text{m}^3$$

(2) 单池平面面积 f

$$f=\frac{W}{nH_1}=\frac{834}{2\times1.2}=348\ \text{m}^2$$

(3) 池长(隔板间净距之和) L

$$L=\sqrt{\frac{f}{Z}}=\sqrt{\frac{348}{1.2}}=17\ \text{m}$$

(4) 池宽 B

$$B=ZL=1.2\times17=20.4\ \text{m}$$

(5) 廊道宽度和流速按廊道内流速不同分为 6 档,则廊道宽度 a_n 为

$$a_n=\frac{Q}{3\,600nv_nH_1}=\frac{2\,500}{3\,600\times2v_n\times1.2}=\frac{0.289}{v_n}$$

将 a_n 的计算值、采用值 a_n' 以及由此所得廊道内实际流速 $v_n'=\dfrac{0.289}{a_n'}$ 的计算结果,列入表 13.3 中。

表 13.3　廊道宽度与流速

设计流速 v_n/(m/s)	廊道宽度 a_n/m		实际流速 v_n'/(m/s)
	计算值	采用值	
$v_1=0.5$	$a_1=0.58$	$a_1'=0.6$	$v_1'=0.482$
$v_2=0.4$	$a_2=0.72$	$a_2'=0.7$	$v_2'=0.413$
$v_3=0.35$	$a_3=0.83$	$a_3'=0.8$	$v_3'=0.361$
$v_4=0.3$	$a_4=0.96$	$a_4'=1.0$	$v_4'=0.289$
$v_5=0.25$	$a_5=1.16$	$a_5'=1.15$	$v_5'=0.250$
$v_6=0.2$	$a_6=1.45$	$a_6'=1.45$	$v_6'=0.200$

(6) 水流转弯次数　池内每 3 条廊道宽度相同的隔板为一段,共分 6 段,则

廊道总数为 $6\times3=18$ 条

隔板数 $=18-1=17$ 条

水流转弯次数为 17 次。

(7) 池长复核(未计入隔板厚度)

$$L=3(a_1'+a_2'+a_3'+a_4'+a_5'+a_6')=3\times(0.6+0.7+0.8+1.0+1.15+1.45)$$
$$=17.1\approx17\ \text{m}$$

(8) 池底坡度根据池内平均水深 1.2 m,最浅端水深取 1.0 m,最深端水深取 1.4 m,则池底坡度

$$i=\frac{1.4-1.0}{17}\approx0.023$$

(9) 水头损失 h 按廊道内的不同流速分成 6 段进行计算。各段水头损失 h_n(m) 按下式计算：

$$h_n = \xi S_n \frac{v_0^2}{2g} + \frac{v_n^2}{C_n^2 R_n} l_n, \quad R_n = \frac{a_n H_1}{a_n + 2H_1}$$

式中：v_0——该段隔板转弯处的平均流速，m/s；

S_n——该段廊道内水流转弯次数；

R_n——廊道断面的水力半径，m；

C_n——流速系数，根据 R_n、池底和池壁的粗糙系数 n 等因素确定；

ξ——隔板转弯处的局部阻力系数，往复隔板为 3.0，回转隔板为 1.0；

l_n——该段廊道的长度之和。

絮凝池采用钢筋混凝土及砖组合结构，外用水泥砂浆抹面，则粗糙系数 $n=0.013$，絮凝池前 5 段内水流转弯次数均为 $S_n=3$，则第 6 段内水流转弯次数为 $17-3\times5=2$。

前 5 段中每段的廊道总长度为

$$l_n = 3B = 3 \times 20.4 = 61.2 \text{ m}$$

$$v_0 = \frac{Q}{3\,600\omega_0 n} = \frac{2\,500}{3\,600 \times 1.2 a_n' H_1 n} = \frac{2\,500}{3\,600 \times 1.2 a_n' \times 1.2 \times 2} = \frac{0.241}{a_n'}$$

式中：ω_0——隔板转弯处面积，宽度取 $1.2 a_n'$。

将各段水头损失计算结果列入表 13.4 中。

表 13.4 各段水头损失计算

段	S_n	l_n	R_n	v_0	v_n	C_n	h_n
1	3	61.2	0.240	0.402	0.482	62.1	0.089
2	3	61.2	0.271	0.344	0.413	63.3	0.064
3	3	61.2	0.300	0.301	0.361	64.3	0.048
4	3	61.2	0.353	0.241	0.289	65.8	0.030
5	3	61.2	0.389	0.210	0.252	66.8	0.022
6	3	40.8	0.452	0.166	0.200	68.4	0.009

总水头损失

$$h = \sum h_n = 0.089 + 0.064 + 0.048 + 0.030 + 0.022 + 0.009 = 0.26 \text{ mH}_2\text{O}$$

(10) GT 值计算水温 $T=20\,℃$，查表得 $\mu = 1.029 \times 10^{-4} \text{kg} \cdot \text{s/m}^2$，则

$$G = \sqrt{\frac{\rho h}{60\mu T}} = \sqrt{\frac{1\,000 \times 0.26}{60 \times 1.029 \times 10^{-4} \times 20}} = 46 \text{ s}^{-1}$$

$$GT = 46 \times 20 \times 60 = 55\,200$$

此 GT 值在 $10^4 \sim 10^5$ 范围内，说明设计合理。

往复式隔板絮凝池计算简图见图 13.1。

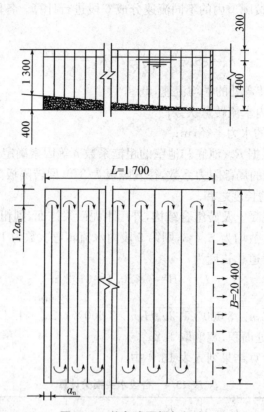

图 13.1　往复式隔板絮凝池

【算例 2】 回转式隔板絮凝池的计算

设计进水量 $Q=25\,000\ \mathrm{m^3/d}=1042\ \mathrm{m^3/h}$，絮凝池个数 $n=1$ 个，絮凝时间 $t=20\ \mathrm{min}$，水深 $H=1.2\ \mathrm{m}$。

流速：进口处 $v_1=0.5\ \mathrm{m/s}$；出口处 $v_2=0.2\ \mathrm{m/s}$，并按流速差值 $0.05\ \mathrm{m/s}$ 递减变速。

隔板间距共分 7 档，廊道圈数和宽度详见表 13.5。

表 13.5　廊道圈数和宽度

圈序	流速 $v_n/(\mathrm{m/s})$	隔板间距 a/m		
		计算值	采用值	累计值
1	0.50	$a_1'=0.483$	$a_1=0.50$	0.50
2	0.45	$a_2'=0.537$	$a_2=0.55$	1.05
3	0.40	$a_3'=0.603$	$a_3=0.60$	1.65
4	0.35	$a_4'=0.690$	$a_4=0.70$	2.35
5	0.30	$a_5'=0.803$	$a_5=0.80$	3.15
6	0.25	$a_6'=0.966$	$a_6=1.00$	4.15
7	0.20	$a_7'=1.205$	$a_7=1.20$[①]	5.35

①为均布水流，把最后一个廊道宽度（$a_7=1.2\ \mathrm{m}$）分成两股，进行回转流动（见图 13.2）。为使两股水流到达絮凝池出口（穿孔配水墙）时水量平衡，其流量各按 45% 与 55%

分配，则近端（流程短）一股的廊道宽度为 $a'_7 = 0.45a$，$a_7 = 0.45 \times 1.2 \approx 0.5$ m。另一股的廊道宽度为 $a''_7 = 0.55a_7 = 0.55 \times 1.2 \approx 0.7$ m。

【解】

（1）总容积 W

$$W = \frac{Qt}{60} = \frac{1\,042 \times 20}{60} = 347.33 \approx 348 \text{ m}^3$$

（2）池长 L　为了与沉淀池配合，絮凝池宽度 $B = 12$ m。

$$L = \frac{W}{HB} = \frac{348}{1.2 \times 12} \approx 24.2 \text{ m}$$

（3）各挡隔板间 a_n

廊道内水的流速 v_n 由 0.5 m/s 递减至 0.2 m/s，

$$a_n = \frac{Q}{3\,600 Ha_n} = \frac{1\,042}{3\,600 \times v_n \times 1.2} = \frac{0.241}{v_n}$$

据此公式，a_n 的计算结果列于表 13.5。

絮凝池的布置见图 13.2。

（4）池宽度的核定

取隔板厚度 $\delta = 0.16$ m（板厚 0.12 m，两面粉刷各厚 0.02 m），池的外壁厚度不计入。

$$B = \sum a_n + \sum \delta_n = (a_1 + a_2 + a_3 + a_4 + a_5 + a_6 + a_7) + (a_1 + a_2 + a_3 + a_4 + a_5 + a'_7)$$
$$+ 12\delta = 5.35 + 3.85 + 1.92 = 11.12 \text{ m}$$

（5）第一道（内层）隔板长度 l_1 计算

隔板端离隔板壁的距离为 $C = 1$ m。

$$l_1 = L - [(a_2 + a_3 + a_4 + a_5 + a_6 + a''_7) + C + (a_1 + a_2 + a_3 + a_4 + a_5 + a'_6) + 12\delta]$$
$$= 24.2 - [(3.65 + 0.5) + 1 + (3.15 + 0.7) + 12 \times 0.6]$$
$$= 24.2 - 10.92 = 13.28 \text{ m}$$

（6）絮凝池廊道总长度 $\sum l_n = 238.31$ m，计算过程见表 13.6。

表 13.6　廊道总长度计算

序号	廊道长度 a_n/m	l_n/m		每圈总长度/m		
		关系式	数值	关系式	数值	累计值
1	0.50	$l_1 = l_1$	13.28	$l_1 = 2l_1 + a_1$	27.06	27.06
2	0.55	$l_2 = l_1 + C + a_1$	14.78	$l_2 = 2l_2 + 4a_1 + a_2$	32.11	59.17
3	0.60	$l_3 = l_2 + 2a_2$	15.88	$l_3 = 2l_4 + 4(a_1 + a_2) + a_3$	36.56	95.73
4	0.70	$l_4 = l_3 + a_3$	17.08	$L_4 = 2l_4 + 4(a_1 + a_2 + a_3) + a_4$	41.46	137.19
5	0.80	$l_5 = l_4 + a_4$	18.48	$L_5 = 2l_5 + 4(a_1 + a_2 + a_3 + a_4) + a_5$	47.16	184.35
6	1.00	$l_6 = l_5 + a_5$	20.08	$L_5 = l_6 - a_5 + 2(a_1 + a_2 + a_3 + a_4 + a_5)$	25.58	209.93
7	1.20	$l_7 = l_6 + a_6$	21.08	$L_7 = l_7 + 2(a_1 + a_2 + a_3 + a_4 + a_5) + a_6$	28.38	238.31

注：1. 隔板端与隔板壁之距为 $C = 1$ m；

　　2. l_n 和 L_n 的数值中未考虑隔板的厚度；

　　3. l_n 为每一圈廊道长边的内边长。

(7) 絮凝时间 t

$$t = \frac{\sum L}{v_{cp}} = \frac{238.31}{\frac{1}{2}(0.5+0.2)} = 680 \text{ s} = 11.34 \text{ min}$$

(8) 水头损失 h

$$h = \xi S \frac{v_0^2}{2g} + \frac{v^2}{C^2 R} \sum L_n$$

式中：ξ——转弯处局部阻力系数；

S——转弯次数；

v——廊道内流速，m/s；

v_0——转弯处流速，m/s；

C——流速系数；

R——水力半径，m；

$\sum L_n$——水在池内的流程长度，m。

计算数据如下：

① 弯处局部阻力系数 $\xi = 1.0$。

② 转弯次数 $S = 25$。

③ 廊道内流速 v 采用平均值，即

$$v = \frac{v_1+v_2}{2} = \frac{0.5+0.2}{2} = 0.35 \text{ m/s}$$

④ 转弯处流速 v_0 采用平均值。廊宽的平均值为

$$a_{cp} = \frac{\sum_{n}^{n} a_n}{n} = \frac{5.37}{7} = 0.767 \text{ m}$$

$$v_0 = \frac{Q\cos 45°}{3\,600 H a_{cp}} = \frac{1\,042 \times \cos 45°}{3\,600 \times 1.2 \times 0.767} = 0.222 \text{ m/s}$$

⑤ 廊道断面的水力半径 R 为

$$R = \frac{a_{cp} H}{a_{cp}+2H} = \frac{0.767 \times 1.2}{2 \times 1.2 + 0.767} = 0.29 \text{ m}$$

⑥ 流速系数 C，根据水力半径 R 和池壁粗糙系数 n（水泥砂浆抹面的渠道，$n=0.013$）的数值，查表（见《给水排水设计手册》）确定，$C=63.95$。

⑦ 廊道总长度 $\sum L_n = 238.31$ m，则

$$h = \xi S \frac{v_0^2}{2g} + \frac{v^2}{C^2 R} \sum L_n$$

$$= 1 \times 25 \times \frac{0.222^2}{2 \times 9.81} + \frac{0.35^2}{63.95^2 \times 0.29} \times 238.31$$

$$= 0.062\,7 + 0.024\,6 = 0.087 \text{ m}$$

(9) GT 值 水温 20 ℃时，水的动力黏滞系数 $\mu = 1.029 \times 10^{-4}$ kg·s/m²。

速度梯度为

$$G = \sqrt{\frac{\rho h}{60 \mu t}} = \sqrt{\frac{1\,000 \times 0.087}{60 \times 1.029 \times 10^{-4} \times 11.34}} = 35.25 \text{ s}^{-1}$$

$$GT = 35.25 \times 11.34 \times 60 = 23\,984.69$$

此 GT 值在 $10^4 \sim 10^5$ 范围内。计算简图见图 13.2。

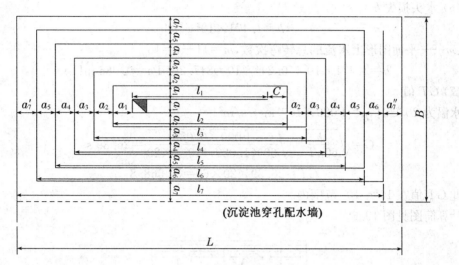

(沉淀池穿孔配水墙)

图 13.2　回转式隔板絮凝池

【算例 3】　竖流式隔板絮凝池的计算

设计水量 $Q = 15\,000$ m³/d $= 625$ m³/h,絮凝时间 $t = 20$ min,池子个数为 1。

【解】

(1) 池容积 W

$$W = \frac{Qt}{60} = \frac{625 \times 20}{60} = 208 \text{ m}^3$$

(2) 池平面面积 F,根据水厂工程系统的要求,絮凝高度采用 $H = 3.5$,则

$$F = \frac{W}{H} = \frac{208}{3.5} = 59.4 \text{ m}^2$$

(3) 每一小间格的平面面积(即水流的水平过水断面) f。池中水流速度采用 $v = 0.2$ m/s,则

$$f = \frac{Q}{3\,600v} = \frac{625}{3\,600 \times 0.2} = 0.9 \text{ m}^2$$

(3) 絮凝池的间格数 n 及其布置

$$n = \frac{F}{f} = \frac{59.4}{0.9} = 66$$

沿池宽方向每排设置 6 个间格,沿池长方向每排设置 11 个间格。每个间格的平面尺寸不应小于 0.7 m×0.7 m,此处采用长度 $S = 1$ m,宽度 $b = 0.9$ m。

(4) 絮凝池长度 L 和宽度 B

$$L = 11S = 11 \times 1 = 11 \text{ m}$$
$$B = 6b = 6 \times 0.9 = 5.4 \text{ m}$$

(5) 絮凝池内实际流速 v'

考虑隔板的厚度后,每个间格的有效面积不是 $f = 0.9$ m²,而是 $f' = 0.72$ m²。所以 v' 为

$$v' = \frac{Q}{3\,600f'} = \frac{625}{3\,600 \times 0.72} = 0.24 \text{ m/s}$$

（6）水头损失 h

$$h = 1.471 \times 10^3 v'^2 m'$$

式中：m——平面图形上水流的总转弯次数，$m = 11 - 1 = 10$。

$$h = 1.471 \times 10^3 \times 0.24^2 \times 10 = 847.296 \text{ Pa} = 0.086 \text{ mH}_2\text{O}$$

（7）GT 值

水温为 20 ℃时，$\mu = 1\,029 \times 10^{-4} \text{ kg} \cdot \text{s/m}^2$

$$G = \sqrt{\frac{\rho h}{60\mu T}} = \sqrt{\frac{1\,000 \times 0.086}{60 \times 1.029 \times 10^{-4} \times 20}} = 26.39 \text{ s}^{-1}$$

$$GT = 26.39 \times 20 \times 60 = 31\,668.8$$

此 GT 值在 $10^4 \sim 10^5$ 范围内。

计算简图见图 13.3。

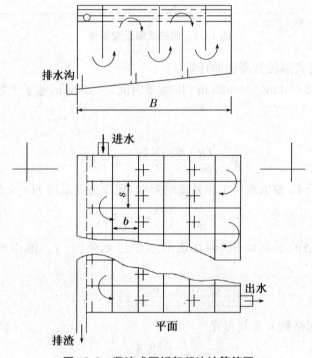

图 13.3　竖流式隔板絮凝池计算简图

13.3　穿孔旋流絮凝池

13.3.1　设计要点

多级旋流絮凝池中最常用的一种是穿孔旋流絮凝池，穿孔旋流絮凝池由若干方格组成。

方格数一般不小于 6 格。各格之间的隔墙上沿池壁开孔,孔口位置采用上下左右变换布置,以避免水流短路,提高容积利用率(见图 13.4)。该种絮凝池各格室的平面常呈方形,为了易于形成旋流,池格平面方形均填角。孔口采用矩形断面。池内积泥采用底部锥斗重力排除。絮凝池孔口流速,应按由大到小的渐变流速计,起端流速一般宜为 0.6～1.0 m/s,末端流速一般宜为 0.2～0.3 m/s。絮凝时间一般按 15～25 min 设计。多级旋流式絮凝池体积小,絮凝效果好,适用于小型水厂。

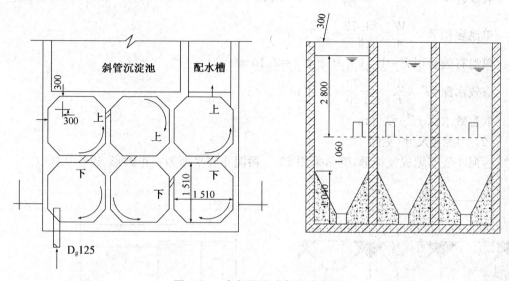

图 13.4　多级旋流式絮凝池布置

絮凝池相邻两格室隔墙上的孔口流速 v(m/s)可按下式计算:

$$v = v_1 + v_2 - v_2\sqrt{1 + \left(\frac{v_1^2}{v_2^2} - 1\right)\frac{t'}{t}}$$

式中:v_1——絮凝池的进口流速,m/s,约为 1.5 m/s;

　　　v_2——絮凝池的出口流速,m/s,约为 0.1 m/s;

　　　t——絮凝池的总絮凝时间,min;

　　　t'——絮凝池各格室絮凝的时间,min。

絮凝池的沿程水头损失一般略而不计。其局部水头损失 h(包括进水管出口及孔口,m)按下式计算:

$$h = \xi\frac{v^2}{2g}$$

式中:v——进水管出口或孔口流速,m/s;

　　　ξ——局部阻力系数,进水管出口=1.0,孔口处 ξ=1.06;

　　　g——重力加速度,9.81 m/s²。

13.3.2　算例

【算例 1】　穿孔旋流式絮凝池的计算

设计进水量 Q= 2 000 m³/d=83.33 m³/h。进口流速 v_1=1.5 m/s,出口流速 v_2=

0.1 m/s,絮凝总时间 $t=25$ min,絮凝池分格数 $n=6$。

【解】

(1) 絮凝池尺寸(见图 13.4)

根据结构考虑,絮凝池总高度 $H=5.2$ m,超高采用 $\Delta H=0.3$ m。

絮凝池各格平面为正方形,边长为 1.51 m。四个角填成三角形,其直角边长为 0.3 m。

有效容积 $W=\dfrac{Qt}{60}=\dfrac{83.33\times25}{60}=34.72$ m³

单池容积 $W'=\dfrac{W}{n}=\dfrac{34.72}{6}=5.79$ m³

单池有效面积 $F=1.51^2-0.3^2\times2=2.10$ m²

有效水深 $H'=\dfrac{W'}{F}=\dfrac{5.79}{2.10}=2.76$ m

取有效水深 $H'=2.8$ m

(2) 污泥斗尺寸(见图 13.5)

污泥斗底部填成棱锥形,锥角采用 60°。污泥斗底平面为一正方形,边长 0.3 m。

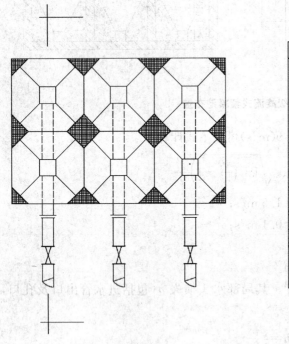

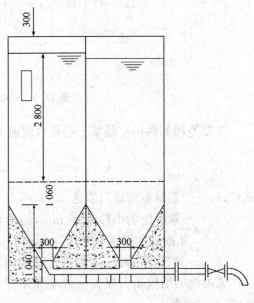

图 13.5　污泥斗

① 斗深 $H_{斗}$
$$H_{斗}=H-\Delta H-H'=5.2-0.3-2.8=2.1 \text{ m}$$

② 底棱锥高 $H_{锥}$
$$H_{锥}=\frac{1.51-0.3}{2}\tan60°=\frac{1.21}{2}\sqrt{3}=1.04 \text{ m}$$

③ 上部寸泥区八面棱柱体高 $H_{棱}$
$$H_{棱}=H_{斗}-H_{锥}=2.1-1.04=1.06 \text{ m}$$

(3) 孔口尺寸(见图 13.6)

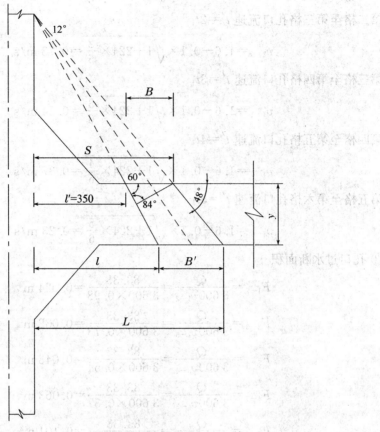

图 13.6　孔口尺寸

① 孔口布置　上部孔口孔顶距池顶 0.6 m;下部孔口孔底距池顶 3.1 m;孔口与池壁夹角采用 60°;孔口平面收缩角采用 12°;孔口距池角距离 $l'=0.35$ m。

进水管在池上部,第一格室至第二格室的孔口开在下部,第二格室至第三格室孔口开在上部,以下孔口依次上下交错开孔设置。

② 孔口流速

$$v = v_1 + v_2 - v_2 \sqrt{1 + \left(\frac{v_1^2}{v_2^2} - 1\right)\frac{t'}{t}}$$

$$= 1.5 + 0.1 - 0.1 \times \sqrt{1 + \left(\frac{1.5^2}{0.1^2} - 1\right) \times \frac{t'}{t}}$$

$$= 1.6 - 0.1 \times \sqrt{1 + 224 \times \frac{t'}{t}}$$

因为,单池絮凝时间 $t_1 = \dfrac{t}{n}$,则 $t = nt_1$

所以 $v = 1.6 - 0.1 \times \sqrt{1 + 224 \times \dfrac{t'}{nt_1}}$

第一格至第二格孔口流速 $t' = t_1$

$$v_{1-2} = 1.6 - 0.1 \times \sqrt{1 + 224 \times \frac{1}{6}} = 0.98 \text{ m/s}$$

第二格至第三格孔口流速 $t' = 2t_1$

$$v_{2-3} = 1.6 - 0.1 \times \sqrt{1 + 224 \times \frac{2}{6}} = 0.73 \text{ m/s}$$

第三格至第四格孔口流速 $t' = 3t_1$

$$v_{3-4} = 1.6 - 0.1 \times \sqrt{1 + 224 \times \frac{3}{6}} = 0.54 \text{ m/s}$$

第四格至第五格孔口流速 $t' = 4t_1$

$$v_{4-5} = 1.6 - 0.1 \times \sqrt{1 + 224 \times \frac{4}{6}} = 0.37 \text{ m/s}$$

第五格至第六格孔口流速 $t' = 5t_1$

$$v_{5-6} = 1.6 - 0.1 \times \sqrt{1 + 224 \times \frac{5}{6}} = 0.23 \text{ m/s}$$

③ 孔口过水断面积

$$F_{1-2} = \frac{Q}{3\,600 v_{1-2}} = \frac{83.33}{3\,600 \times 0.98} = 0.024 \text{ m}^2$$

$$F_{2-3} = \frac{Q}{3\,600 v_{2-3}} = \frac{83.33}{3\,600 \times 0.73} = 0.032 \text{ m}^2$$

$$F_{3-4} = \frac{Q}{3\,600 v_{3-4}} = \frac{83.33}{3\,600 \times 0.54} = 0.043 \text{ m}^2$$

$$F_{4-5} = \frac{Q}{3\,600 v_{4-5}} = \frac{83.33}{3\,600 \times 0.37} = 0.063 \text{ m}^2$$

$$F_{5-6} = \frac{Q}{3\,600 v_{5-6}} = \frac{83.33}{3\,600 \times 0.23} = 0.101 \text{ m}^2$$

$$F_{出口} = \frac{Q}{3\,600 v_2} = \frac{83.33}{3\,600 \times 0.1} = 0.231 \text{ m}^2$$

④ 池壁开口面积(小头)

$$F'_{1-2} = \frac{\sin 84°}{\sin 60°} F_{1-2} = 1.148 \times 0.024 = 0.028 \text{ m}^2$$

$$F'_{2-3} = \frac{\sin 84°}{\sin 60°} F_{2-3} = 1.148 \times 0.032 = 0.037 \text{ m}^2$$

$$F'_{3-4} = \frac{\sin 84°}{\sin 60°} F_{3-4} = 1.148 \times 0.043 = 0.049 \text{ m}^2$$

$$F'_{4-5} = \frac{\sin 84°}{\sin 60°} F_{4-5} = 1.148 \times 0.063 = 0.072 \text{ m}^2$$

$$F'_{5-6} = \frac{\sin 84°}{\sin 60°} F_{5-6} = 1.148 \times 0.101 = 0.116 \text{ m}^2$$

⑤ 孔口宽(小头)(孔日高宽比 $H : B = 1.5$)

$$B_{1-2} = \sqrt{\frac{F'_{1-2}}{1.5}} = \sqrt{\frac{0.028}{1.5}} = 0.137 \text{ m,采用 } 0.14 \text{ m}$$

$$B_{2-3} = \sqrt{\frac{F'_{2-3}}{1.5}} = \sqrt{\frac{0.037}{1.5}} = 0.157 \text{ m,采用 } 0.16 \text{ m}$$

$$B_{3-4}=\sqrt{\frac{F'_{3-4}}{1.5}}=\sqrt{\frac{0.049}{1.5}}=0.181\ \text{m},采用\ 0.18\ \text{m}$$

$$B_{4-5}=\sqrt{\frac{F'_{4-5}}{1.5}}=\sqrt{\frac{0.072}{1.5}}=0.219\ \text{m},采用\ 0.22\ \text{m}$$

$$B_{5-6}=\sqrt{\frac{F'_{5-6}}{1.5}}=\sqrt{\frac{0.116}{1.5}}=0.278\ \text{m},采用\ 0.28\ \text{m}$$

⑥ 孔口高(大小头相同)

$$H_{1-2}=1.5B_{1-2}=1.5\times0.137=0.206\ \text{m},采用\ 0.21\ \text{m}$$
$$H_{2-3}=1.5B_{2-3}=1.5\times0.157=0.236\ \text{m},采用\ 0.24\ \text{m}$$
$$H_{3-4}=1.5B_{3-4}=1.5\times0.181=0.272\ \text{m},采用\ 0.27\ \text{m}$$
$$H_{4-5}=1.5B_{4-5}=1.5\times0.219=0.329\ \text{m},采用\ 0.33\ \text{m}$$
$$H_{5-6}=1.5B_{5-6}=1.5\times0.278=0.417\ \text{m},采用\ 0.42\ \text{m}$$

⑦ 小头孔口坐标的确定(离池角的距离)

$$l'=0.35\ \text{m}$$
$$S_{1-2}=l'+B_{1-2}=0.35+0.14=0.49\ \text{m}$$
$$S_{2-3}=l'+B_{2-3}=0.35+0.16=0.51\ \text{m}$$
$$S_{3-4}=l'+B_{3-4}=0.35+0.18=0.53\ \text{m}$$
$$S_{4-5}=l'+B_{4-5}=0.35+0.22=0.57\ \text{m}$$
$$S_{5-6}=l'+B_{5-6}=0.35+0.28=0.63\ \text{m}$$

⑧ 大头孔口坐标的确定(离池角的距离)

$$l=l'+y\cot 60°=0.35+0.24\times0.5774=0.49\ \text{m}$$
$$L_{1-2}=S_{1-2}+y\cot 48°=0.49+0.24\times0.900\ 4=0.706\ \text{m},取\ 0.71\ \text{m}$$
$$L_{2-3}=S_{2-3}+y\cot 48°=0.51+0.24\times0.900\ 4=0.726\ \text{m},取\ 0.73\ \text{m}$$
$$L_{3-4}=S_{3-4}+y\cot 48°=0.53+0.24\times0.900\ 4=0.746\ \text{m},取\ 0.75\ \text{m}$$
$$L_{4-5}=S_{4-5}+y\cot 48°=0.57+0.24\times0.900\ 4=0.786\ \text{m},取\ 0.79\ \text{m}$$
$$L_{5-6}=S_{5-6}+y\cot 48°=0.63+0.24\times0.900\ 4=0.846\ \text{m},取\ 0.85\ \text{m}$$

⑨ 大头孔口宽 B'

$$B'_{1-2}=L_{1-2}-0.49=0.706-0.49=0.216\ \text{m},取\ 0.22\ \text{m}$$
$$B'_{2-3}=L_{2-3}-0.49=0.726-0.49=0.236\ \text{m},取\ 0.24\ \text{m}$$
$$B'_{3-4}=L_{3-4}-0.49=0.746-0.49=0.256\ \text{m},取\ 0.26\ \text{m}$$
$$B'_{4-5}=L_{4-5}-0.49=0.786-0.49=0.296\ \text{m},取\ 0.30\ \text{m}$$
$$B'_{5-6}=L_{5-6}-0.49=0.846-0.49=0.356\ \text{m},取\ 0.36\ \text{m}$$

⑩ 进水管与排泥管

当 $Q=23.15\ \text{L/s}$.流速 $v_1=1.5\ \text{m/s}$ 时,查水力计算表得 $DN=150\ \text{mm}$。排泥管用 $DN=200\ \text{mm}$。

孔口有关数据见表 13.7。

表 13.7 孔口有关数据

项目	进口	1—2	2—3	3—4	4—5	5—6	出口	备注
时间 t/s	0	4'10"	8'20"	12'30"	16'40"	20'50"	25'	
流速 $v/(m/s)$	1.5	0.98	0.73	0.54	0.37	0.23	0.1	
过水断面 F/m^2		0.024	0.032	0.043	0.063	0.101	0.231	
池壁开口面积 F'(小头)$/m^2$		0.028	0.037	0.049	0.072	0.116		
孔口宽 B(小头)$/m$		0.14	0.16	0.18	0.22	0.28		
孔口宽 B'(大头)$/m$		0.22	0.24	0.26	0.30	0.36		
孔口高 H/m		0.21	0.24	0.27	0.33	0.42		
孔口距池壁距离 l'(小头)$/m$		0.35	0.35	0.35	0.35	0.35		
孔口距池壁距离 l(大头)$/m$		0.49	0.49	0.49	0.49	0.49		
孔口距池壁距离 S(小头)$/m$		0.49	0.51	0.53	0.57	0.63		
孔口距池壁距离 L(大头)$/m$		0.71	0.73	0.75	0.79	0.85		
水头损失 h/mH_2O	0.115	0.052	0.029	0.016	0.007	0.003		$\sum h = 0.222\,m$

（4）水头损失

沿程水头损失忽略不计。按下式计算局部水头损失（包括进水管出口，$\xi=1.0$；六个孔口，$\xi=1.06$）。

$$h=\xi\frac{v^2}{2g}$$

$$h_{进}=1.0\times\frac{1.5^2}{2\times9.81}=0.115\,mH_2O, h_{1-2}=1.06\times\frac{0.98^2}{2\times9.81}=0.052\,mH_2O$$

$$h_{2-3}=1.06\times\frac{0.73^2}{2\times9.81}=0.029\,mH_2O, h_{3-4}=1.06\times\frac{0.54^2}{2\times9.81}=0.016\,mH_2O$$

$$h_{4-5}=1.06\times\frac{0.37^2}{2\times9.81}=0.007\,mH_2O, h_{5-6}=1.06\times\frac{0.23^2}{2\times9.81}=0.003\,mH_2O$$

$\sum h = h_{进}+h_{1-2}+h_{2-3}+h_{3-4}+h_{4-5}+h_{5-6} = 0.115+0.052+0.029+0.016+0.007+0.003 = 0.222\,mH_2O$

（5）GT 值

按水温 $T=20\,℃$ 计，$\mu=1.029\times10^{-4}\,kg\cdot s/m^2$，则

$$G=\sqrt{\frac{\rho h}{60\mu T}}=\sqrt{\frac{1\,000\times0.222}{60\times1.029\times10^{-4}\times20}}=37.92\,s^{-1}$$

$$GT=37.92\times25\times60=5\,6887$$

GT 在 $10^4\sim10^5$ 内。

13.4 折板絮凝池

13.4.1 设计要点

折板絮凝池是在隔板絮凝池基础上发展起来的,折板絮凝池通常采用竖流式,折板的形式一般有平板、折板和波纹板。折板按照波峰和波谷的平行安装和相对安装又可分成"同波折板"和"异波折板",如图 13.7 所示。按水流在折板间上下流动的间隙数可分为"单通道"和"多通道"。单通道是流水沿着每一对折板间的通道上下流动,如图 13.7 所示。多通道是

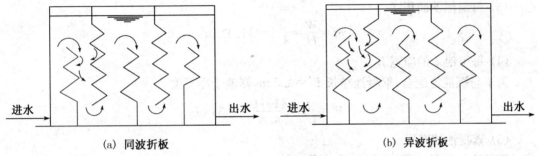

(a) 同波折板　　　　　　　　　　(b) 异波折板

图 13.7　折板絮凝池

将絮凝分成若干个小格子,在每一个格子内放置若干折板,水流在每一格内平行并沿着格子依次上下流动,如图 13.8 所示,为使絮凝在逐渐成长而避免破碎,无论在单通道或多通道内均可采用前段异波式、中段同波式、后端平板式的组合形式。

采用折板絮凝池,絮凝时间为 6～15 min,一般将絮凝过程按照流速分成三段或更多,第一段流速为 0.25～0.35 m/s;第二段流速为 0.15～0.25 m/s;第三段流速为 0.1～0.15 m/s。同一段内,折板间距相同,流速相同。折板可采用钢丝网水泥板或塑

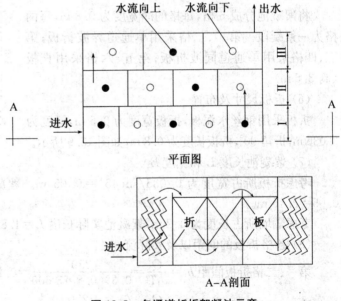

图 13.8　多通道折板絮凝池示意

料板等拼装。折角 θ 一般为 90°～120°。折板宽度采用 0.5 m,折板长度为 0.8～1.0 m。絮凝池的速度梯度 G 由进口至出口逐渐减小,一般起端至末端的 G 值变化范围为 100～15 $\cdot$ s^{-1} 以内,且 $GT \geqslant 2 \times 10^4$。

13.4.2 算例

【算例 1】 折板絮凝池设计与计算

设计水量 $Q=12\,000$ m³/d,絮凝池分为两组,絮凝时间 $t=12$ min,水深 $H=4.5$ m。

【解】

(1) 每组絮凝池流量 Q

$$Q=\frac{12\,000}{2}=6\,000 \text{ m}^3/\text{d}=250 \text{ m}^3/\text{h}$$

(2) 每组絮凝池容积 W

$$W=\frac{Qt}{60}=\frac{250\times12}{60}=50 \text{ m}^3$$

(3) 每组池子面积 f

$$f=\frac{W}{H}=\frac{50}{4.5}=11.11 \text{ m}^2$$

(4) 每组池子的净宽 B'

为了与沉淀池配合,絮凝池净长 $L'=4.5$ m,则池子净宽度

$$B'=\frac{f}{L'}=\frac{11.11}{4.8}=2.31 \text{ m}$$

(5) 絮凝池的布置

絮凝池的絮凝过程为三段:第一段 $v_1=0.3$ m/s,第二段 $v_2=0.2$ m/s,第三段 $v_3=0.1$ m/s。

将絮凝池分成 6 格,每格的净宽度为 0.8 m,每两格为一絮凝段。第一、二格采用单通道异波折板;第三、四格采用单通道同波折板;第五、六格采用直板(高 3.5 m)。

(6) 折板尺寸及布置

折板采用钢丝水泥板,折板宽度为 0.5 m,厚度为0.035 m,折角 90°,折板长度为 0.8 m,如图 13.9 所示。

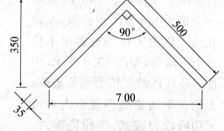

图 13.9 折板尺寸

(7) 絮凝池长度 L 和宽度 B

考虑折板所占宽度为 $0.035/\sin 45^\circ = 0.05$ m。絮凝池的实际宽度取 $B=B'+3\times0.05=2.46$ m。

考虑隔墙所占长度为 0.2 m,絮凝池实际长度 $L=4.8+5\times0.2=5.8$ m,超高 0.3 m。

(8) 各格折板的间距以及实际流速

第一、二格折板间距 $b_1=\dfrac{Q}{v_1L}=\dfrac{250}{0.3\times0.8\times3\,600}=0.29$ m,取 $b_1=0.29$ m。

第三、四格折板间距 $b_2=\dfrac{Q}{v_2L}=\dfrac{250}{0.20\times0.8\times3\,600}=0.43$ m,取 $b_2=0.45$ m。

第五、六格折板间距 $b_3=\dfrac{Q}{v_3L}=\dfrac{250}{0.1\times0.8\times3\,600}=0.87$ m,取 $b_3=0.79$ m

第一、二格折板谷间距 $b_谷=b_1+2\times0.35=0.99$ m

谷间流速 $v_{1实谷}=\dfrac{Q}{b_谷 L}=\dfrac{250}{3\,600\times0.99\times0.8}=0.090\,1$ m/s

峰间流速　$v_{1实峰} = \dfrac{Q}{b_1 L} = \dfrac{250}{3\,600 \times 0.29 \times 0.8} = 0.3\ \mathrm{m/s}$

第三、四格折板谷间流速　$v_{2实} = \dfrac{Q}{b_2 L} = \dfrac{250}{3\,600 \times 0.45 \times 0.8} = 0.19\ \mathrm{m/s}$

第五、六格折板谷间流速　$v_{3实} = \dfrac{Q}{b_3 L} = \dfrac{250}{3\,600 \times 0.79 \times 0.8} = 0.11\ \mathrm{m/s}$

(9) 水头损失 h

① 第一、二格为单通道异波折板。

$$\sum h = nh + h_i = n(h_1 + h_2) + h_i$$

$$h_1 = \xi_1 \frac{v_1^2 - v_2^2}{2g},\ h_2 = \left[1 + \xi_2 - \left(\frac{F_1}{F_2}\right)^2\right]\frac{v_1^2}{2g}$$

$$h_i = \xi_3 \frac{v_0^2}{2g}$$

式中：$\sum h$——总水头损失，m；

h——一个缩放的组合水头损失，m；

h_i——转弯或孔洞的水头损失，m；

n——缩放组合的个数，个；

h_1——渐放段水头损失，m；

ξ_1——渐放段阻力系数；

h_2——渐缩段水头损失，m；

ξ_2——渐缩段阻力系数；

F_1——相对峰的断面积，m^2；

F_2——相对谷的断面积，m^2；

v_1——峰速，m/s；

v_2——谷速，m/s；

v_0——转弯或孔洞处流速，m/s；

ξ_3——转弯或孔洞的阻力系数。

计算数据如下，第一格通道数为 4，单通道的缩放组合个数为 4 个，$n = 4 \times 4 = 16$ 个。

$\xi_1 = 0.5$，$\xi_2 = 0.1$，上转变 $\xi_3 = 1.8$，下转变成孔洞 $\xi = 3.0$。

$v_1 = 0.3\ \mathrm{m/s}$，$v_2 = 0.09\ \mathrm{m/s}$

$F_1 = 0.29 \times 0.8 = 0.23\ \mathrm{m}^2$，$F_2 = [0.29 + (2 \times 0.35)] \times 0.8 = 0.79\ \mathrm{m}^2$，上转弯，下转弯各为 2 次，取转弯高 0.6 m，则

$$v_0 = \frac{250}{3\,600 \times 0.8 \times 0.6} = 0.14\ \mathrm{m/s}$$

渐放段水头损失

$$h_1 = \xi_1 \frac{v_1^2 - v_2^2}{2g} = 0.5 \times \frac{0.3^2 - 0.09^2}{2 \times 9.81} = 2.09 \times 10^{-3}\ \mathrm{m}$$

渐缩段水头损失

$$h_2 = \left[1 + \xi_2 - \left(\frac{F_1}{F_2}\right)^2\right]\frac{v_1^2}{2g} = \left[1 + 0.1 - \left(\frac{0.23}{0.79}\right)^2\right] \times \frac{0.3^2}{2 \times 9.81} = 4.66 \times 10^{-3}\ \mathrm{m}$$

转弯或孔洞的水头损失

$$h_i = 2\xi_3 \times \frac{v_0^2}{2g} = 2 \times (1.8 + 3.0) \times \frac{(0.14)^2}{2 \times 9.81} = 9.59 \times 10^{-3} \text{m}$$

故 $\sum h = n(h_1 + h_2) + h_i = 16 \times (2.09 \times 10^{-3} + 4.66 \times 10^{-3}) + 9.59 \times 10^{-3} = 0.12 \text{ m}$

② 第二格的计算同第一格。

③ 第三格为单通道同波折板。

$$\sum h = nh + h_i = n\xi \frac{v^2}{2g} + h_i$$

式中：ξ——每一转弯的阻力系数；

n——转弯的个数；

v——板间流速，m/s；

h_i——同上。

计算数据如下，第三格通道数为 4，单通道转弯数为 7，$n = 4 \times 7 = 28$ 个。折角为 90°，$\xi = 0.6$，$v = 0.19 \text{ m/s}$。

$$\sum h = n\xi \frac{v^2}{2g} + h_i = 28 \times 0.6 \times \frac{(0.19)^2}{2 \times 9.81} + 9.59 \times 10^{-3} = 0.041 \text{ m}$$

④ 第四格的计算同第三格。

⑤ 第五格为单通道直板。

$$\sum h = nh = n\xi \frac{v^2}{2g}$$

式中：ξ——转弯处阻力系数；

n——转弯次数；

v——平均流速，m/s。

计算数据如下。第五格通道数为 3，两块直板 180°，转弯次数 $n = 2$，进口、出口孔洞 2 个。180°转弯 $\xi = 3.0$，进出口孔 $\xi = 1.06$，$v = 0.12 \text{ m/s}$。

$$\sum h = n\xi \frac{v^2}{2g} = 2 \times (3 + 1.06) \times \frac{(0.12)^2}{2 \times 9.81} = 0.006 \text{ m}.$$

⑥ 第六格的计算同第五格。

(10) 絮凝池各段的停留时间

第一、第二格水流停留时间均为

$$t_1 = \frac{V_1 - V_b}{Q} = \frac{0.8 \times 2.46 \times 4.5 - 0.035 \times 0.5 \times 0.8 \times 24}{0.069} = 123.48 \text{ s}$$

第一段絮凝区停留时间为 247 s＞240 s。

第三、四格均为 $t_2 = 123.48 \text{ s}$。

第三段絮凝区停留时间为 247 s＞240 s。

第五、六格水流停留时间均为

$$t_3 = \frac{V_1 - V_{3b}}{Q} = \frac{0.8 \times 2.46 \times 4.5 - 0.035 \times 0.5 \times 0.8 \times 24}{0.069} = 125.5 \text{ s}$$

第三段絮凝区停留时间为 251 s＞240 s。

(11) 絮凝池各段的 G 值

$$G = \sqrt{\frac{\gamma H}{60 \mu t}}$$

水温 $T = 20℃, \mu = 1.029 \times 10^{-1} \text{kg} \cdot \text{s/m}^2$。

第一段(异波折板)

$$G_1 = \sqrt{\frac{1\,000 \times 0.12 \times 2}{1.029 \times 10^{-4} \times 123.48 \times 2}} = 97.18 \text{ s}^{-1}$$

第二段(同波折板)

$$G_2 = \sqrt{\frac{1\,000 \times 0.041 \times 2}{1.029 \times 10^{-4} \times 123.48 \times 2}} = 56.80 \text{ s}^{-1}$$

第三段(直板)

$$G_3 = \sqrt{\frac{1\,000 \times 0.006 \times 2}{1.029 \times 10^{-1} \times 125.5 \times 2}} = 21.55 \text{ s}^{-1}$$

絮凝的总水头损失 $\sum h = 2 \times (0.12 + 0.041 + 0.006) = 0.334 \text{ m}$，絮凝时间 $t = 2(t_1 + t_2 + t_3) = 744.92 \text{ s} = 12.42 \text{ min}$(在要求范围内)

$$GT = \sqrt{\frac{\gamma H}{60 \mu t}} \cdot t = \sqrt{\frac{1\,000 \times 0.334}{1.029 \times 10^{-1} \times 744.92}} \times 744.92 = 4.92 \times 10^8$$

计算简图见图 13.10。

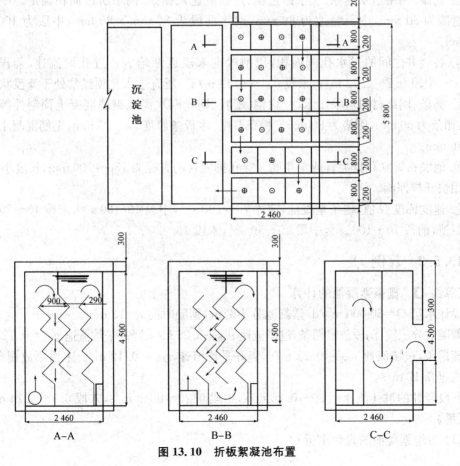

图 13.10　折板絮凝池布置

13.5 栅条(网络)絮凝池

13.5.1 设计要点及参数

在絮凝池内水平放置栅条或网络形成栅条、网络絮凝池,栅条、网络絮凝池一般布置成多个竖井回流式,各竖井之间的隔墙上,上下交错开孔。当水流通过竖井内安装的若干层栅条或网络时,产生缩放作用,形成漩涡,造成颗粒碰撞。栅条、网络絮凝池的设计一般分为三段,流速及流速梯度 G 值逐段降低。相应各段采用的构件,前段为密栅成密网,中段为疏栅成疏网,末段不安装栅或网。主要设计参数如下。

① 絮凝时间一般为 10～15 min,其中,前段 3～5 min,中段 3～5 min,末段 4～5 min。
② 水流在竖井的流速,前段和中段 0.12～0.14 m/s,末段 0.1～0.14 m/s。
③ 絮凝池的分格数按絮凝时间计算,各竖井的大小,按竖向流速确定。
④ 栅条或网格的层数,前段总数宜在 16 层以上,中段在 8 层以上,上下两层间距为 60～70 cm,末段一般不放。
⑤ 过栅流速或网孔流速,前段 0.25～0.3 m/s,中段 0.22～0.25 m/s。
⑥ 栅条、网络过水缝隙,应根据过栅、过往流速及栅条、网络所占面积确定。一般栅条前段缝隙为 50 mm,中段缝隙为 80 mm,网络前段为 80 mm×80 mm,中段为 100 mm×100 mm。
⑦ 各竖井之间的过水孔洞面积,以前段向末段逐渐增大。过孔洞流速,前段 0.3～0.2 m/s,中段 0.2～0.15 m/s,末段 0.1～0.14 m/s。所有过水孔须经常处于淹没状态。
⑧ 栅条、网络材料可采用木材、扁钢、塑料、钢丝网水泥或钢筋混凝土预制件等。板条宽度:栅条为 50 mm,网格为 80 mm。板条厚度:木板条厚度 20～25 mm,钢筋混凝土预制件 30～70 mm。
⑨ 池底布置穿孔排泥管或单斗底。穿孔排泥管的直径为 150～200 mm,长度小于 5 m,并采用快开排泥阀。
⑩ 速度梯度 G 值,栅条絮凝池,前段 70～100 s^{-1},中段 40～60 s^{-1},末段 10～20 s^{-1};网格絮凝池,前段 70～100 s^{-1},中段 40～50 s^{-1},末段 10～20 s^{-1}。

13.5.2 算例

【算例 1】 栅条絮凝池的计算
设计水量 $Q=50\,000$ m³/d,絮凝池分为两组,絮凝时间 $t=12$ min。
絮凝池分三段:前段放密栅条,过栅流速 $v_{1栅}=0.25$ m/s,竖井平均流速 $v_{1井}=0.12$ m/s;中段放疏栅条,过栅流速 $v_{2栅}=0.22$ m/s,竖井平均流速 $v_{2井}=0.12$ m/s;末段不放栅条,竖井平均流速 0.12 m/s。
前段竖井的过孔流速 0.30～0.20 m/s,中段 0.20～0.15 m/s,末段 0.1～0.14 m/s。
【解】
(1) 每组絮凝池的设计水量 Q

考虑水厂的自用水量 5%,则

$$Q=\frac{50\,000\times1.05}{2}=26\,250\ \mathrm{m^3/d}=1\,093.75\ \mathrm{m^3/h}=0.304\ \mathrm{m^3/s}$$

(2) 絮凝池的容积 W

$$W=\frac{Qt}{60}=\frac{1\,093.75\times12}{60}=218.75\ \mathrm{m^3}$$

(3) 絮凝池的平面面积 A

为与沉淀池配合,絮凝池的池深为 4.4 m。

$$A=\frac{W}{H}=\frac{218.75}{4.4}=49.72\ \mathrm{m^2}$$

(4) 絮凝池单个竖井的平面面积 f

$$f=\frac{Q}{v_{井}}=\frac{0.304}{0.12}=2.53\ \mathrm{m^2}$$

(5) 竖井的个数 n

$$n=\frac{A}{f}=\frac{49.72}{2.53}=19.65\ 个,取\ n=20\ 个$$

(6) 竖井内栅条的布置

选用栅条材料为钢筋混凝土,断面为矩形,厚度为 50 mm,宽度为 50 mm,预制拼装。

① 前段放置密栅条后

竖井过水面积 $A_{1水}=\dfrac{Q}{v_{1栅}}=\dfrac{0.304}{0.25}=1.216\ \mathrm{m^2}$

竖井中栅条面积 $A_{1栅}=2.56-1.22=1.34\ \mathrm{m^2}$

单栅过水断面面积 $a_{1栅}=1.6\times0.05=0.08\ \mathrm{m^2}$

所需栅条数 $M_1=\dfrac{A_{1栅}}{a_{1栅}}=\dfrac{1.34}{0.08}=1\,675\ 根,取\ M_2=17\ 根$

两边靠池壁各放置栅条 1 根,中间排列放置 15 根,过水缝隙数为 16 个,则平均过水缝宽

$$S_1=(1\,600-17\times50)/16=46.88\ \mathrm{mm}$$

实际过栅流速 $v'_{1栅}=\dfrac{0.304}{16\times1.6\times0.047}=0.253\ \mathrm{m/s}$

② 中段设置疏栅条后

竖井过水面积 $A_{2水}=\dfrac{Q}{v_{2栅}}=\dfrac{0.304}{0.22}=1.38\ \mathrm{m^2}$

竖井中栅条面积 $A_{2栅}=2.56-1.38=1.18\ \mathrm{m^2}$

单栅过水断面面积 $a_{2栅}=1.6\times0.05=0.08\ \mathrm{m^2}$

所需栅条数 $M_2=\dfrac{A_{2栅}}{a_{2栅}}=\dfrac{1.18}{0.08}=14.75\ 根,取\ M_2=15\ 根$

两边靠池壁各放置栅条一根,中间排列放置 13 根,过水缝隙数为 14 个,则平均过水缝宽

$$S_2=(1\,600-15\times50)/14=60.71\ \mathrm{mm}$$

实际过栅流速 $v'_{2栅}=\dfrac{0.304}{16\times1.6\times0.061}=0.224\ \mathrm{m/s}$

(7) 絮凝池的总高

絮凝池的有效水深为 4.4 m,取超高为 0.3 m,池底设泥斗及快开排泥阀排泥,泥斗深度

为 0.6 m,池的总高 H

$$H = 4.4 + 0.3 + 0.6 = 5.3 \text{ m}$$

(8) 絮凝池的长、宽

絮凝池的布置如图 13.11 所示,图中各格右上角的数字为水流依次流过竖井的编号,顺序(如箭头所示),"上"、"下"表示竖井隔墙的开孔位置,上孔上缘在最高水位以下,下孔下缘与排泥槽齐平。Ⅰ、Ⅱ、Ⅲ表示每个竖井中的网络层数,单竖井的池壁厚为 200 mm。

絮凝池的长为 9 200 mm,宽为 7 400 mm(包括结构尺寸)。

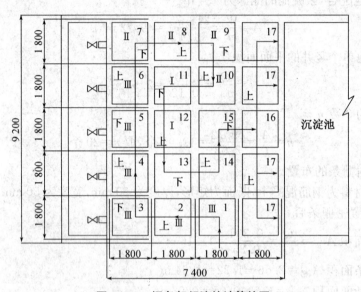

图 13.11 栅条絮凝池的计算简图

(9) 竖井隔墙孔洞尺寸

已知

$$竖井隔墙孔洞的过水面积 = \frac{流量}{过孔速度}$$

如 $1^{\#}$ 竖井的孔洞面积 $= \dfrac{0.304}{0.3} = 1.013 \text{ m}^2$

取孔的宽为 1.56 m,高为 0.65 m。其余各竖井隔墙孔洞的计算尺寸见表 13.8。

(10) 水头损失 h

$$h = \sum h_1 + \sum h_2 = \sum \xi_1 \frac{v_1^2}{2g} + \sum \xi_2 \frac{v_2^2}{2g}$$

式中:h——总水头损失,m;

h_1——每层网络、栅条的水头损失,m;

h_2——每个孔洞的水头损失,m;

ξ_1——栅条、网络阻力系数,前段取 1.0,中段取 0.9;

ξ_2——孔洞阻力系数,可取 3.0;

v_1——竖井过栅、过网流速,m/s;

v_2——各段孔洞流速,m/s。

表 13.8　竖井隔墙孔洞尺寸

竖井编号	1	2	3	4	5	6
(孔洞宽×高)/m	0.65×1.56	0.65×1.56	0.73×1.56	0.81×1.56	0.89×1.56	0.98×1.56
竖井编号	7	8	9	10	11	12
(孔洞宽×高)/m	1.03×1.56	1.03×1.56	1.1×1.56	1.17×1.56	1.24×1.56	1.3×1.56
竖井编号	13	14	15	16	17	
(孔洞宽×高)/m	1.39×1.56	1.57×1.56	1.75×1.56	0.97×1.56	0.48×1.56	

① 第一段计算数据如下。竖井数 6 个,单个竖井栅条层数 3 层,共计 18 层。

$\xi_1=1.0$,过栅流速 $v_{1栅}=0.253$ m/s,竖井隔墙 6 个孔洞,$\xi_2=3.0$。

过孔流速 $v_{1孔}=0.3$ m/s,$v_{2孔}=0.3$ m/s,$v_{3孔}=0.27$ m/s,$v_{4孔}=0.24$ m/s,$v_{5孔}=0.22$ m/s,$v_{6孔}=0.2$ m/s。

$$h=\sum h_1+\sum h_2=\sum \xi_1\frac{v_1^2}{2g}+\sum \xi_2\frac{v_2^2}{2g}$$

$$=18\times1.0\times\frac{0.253^2}{2\times9.81}+\frac{3}{2\times9.81}\times(0.3^2+0.3^2+0.27^2+0.24^2+0.22^2+0.2^2)$$

$$=0.059+0.061=0.120 \text{ m}$$

② 第二段计算数据如下。竖井数为 6 个,4 个竖井内设置 2 层栅条,2 个竖井内设置 1 层栅条,共计 10 层。

$\xi_1=0.9$,过栅流速 $v_{2栅}=0.224$ m/s,竖井隔墙 6 个孔洞,$\xi_2=3.0$。

过孔流速 $v_{1孔}=0.19$ m/s,$v_{2孔}=0.19$ m/s,$v_{3孔}=0.18$ m/s,$v_{4孔}=0.17$ m/s,$v_{5孔}=0.16$ m/s,$v_{6孔}=0.15$ m/s。

$$h=\sum h_1+\sum h_2=\sum \xi_1\frac{v_1^2}{2g}+\sum \xi_2\frac{v_2^2}{2g}$$

$$=10\times0.9\times\frac{0.224^2}{2\times9.81}+\frac{3}{2\times9.81}\times(0.19^2+0.19^2+0.18^2+0.17^2+0.16^2+0.15^2)$$

$$=0.023+0.028=0.051 \text{ m}$$

③ 第三段计算数据如下。水流通过的孔数为 5。

过孔流速 $v_{1孔}=0.14$ m/s,$v_{2孔}=0.12$ m/s,$v_{3孔}=0.11$ m/s,$v_{4孔}=0.1$ m/s,$v_{5孔}=0.1$ m/s,$\xi_2=3.0$。

$$h=\sum h_2=\sum \xi_2\frac{v_2^2}{2g}=\frac{3}{2\times9.81}\times(0.14^2+0.12^2+0.11^2+0.1^2+0.1^2)$$

$$=0.01 \text{ m}$$

(11) 各段的停留时间

第一段　　　$t_1=\frac{v_1}{Q}=\frac{1.6\times1.6\times4.4\times6}{0.304}=222.316 \text{ s}=3.71 \text{ min}$

第二段　　　$t_2=\frac{v_2}{Q}=\frac{1.6\times1.6\times4.4\times6}{0.304}=222.316 \text{ s}=3.71 \text{ min}$

第三段　　　$t_3=\frac{v_3}{Q}=\frac{1.6\times1.6\times4.4\times8}{0.304}=296.42 \text{ s}=4.94 \text{ min}$

(12) G 值的计算

$$G=\sqrt{\frac{\rho h}{60\mu T}}$$

当 $T=20$ ℃时，$\mu=1.029\times10^{-4}$ kg·s/m²。

$$\overline{G}=\sqrt{\frac{\rho\sum h}{60\mu T}}=\sqrt{\frac{1\,000\times0.181}{1.029\times10^{-4}\times741.052}}=48.7\ \text{s}^{-1}$$

$$\overline{G}T=48.7\times741.052=36\,104.05$$

【算例 2】 网络絮凝池的计算

设计水量 $Q_0=5\times10^4$ m³/d，絮凝池分为 2 组，絮凝时间 $t=10$ min，竖井内流速，前段和中段 0.12～0.14 m/s，末段 0.1～0.14 m/s。

【解】

(1) 每组絮凝池设计水量

$$Q=\frac{50\,000\times1.05}{2}=26\,250\ \text{m}^3/\text{d}=1\,093.75\ \text{m}^3/\text{h}=0.304\ \text{m}^3/\text{s}$$

(2) 絮凝池的有效容积

$$V=Qt=0.304\times60\times10=182.4\ \text{m}^3$$

(3) 絮凝池面积

结合沉淀池设计，絮凝池池深取 3.0 m。

$$A=\frac{V}{H}=\frac{182.4}{3.0}=60.8\ \text{m}^2$$

(4) 单格面积

$$f=\frac{Q}{v_{井}}=\frac{0.304}{0.12}=2.53\ \text{m}^2$$

结合平面布置，取竖井长 1.817 m，宽 1.4 m，每格实际面积为 2.54 m²，分格数 $n=\dfrac{60.8}{2.54}\approx$ 24 格。

每行分 6 格，每组布置 4 行，平面布置见图 13.12。

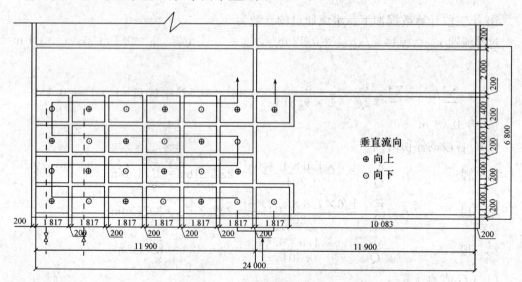

图 13.12 网格絮凝池布置图

（5）实际絮凝时间

$$t = \frac{24 \times 1.817 \times 1.4 \times 3.0}{0.304} = 602.5 \text{ s} = 10.04 \text{ min}$$

（6）絮凝池高度

絮凝池有效水深 3.0 m，超高 0.40 m，泥斗深度取 0.60 m，则池的总高为 4.0 m。

（7）过水洞设计和网络布置

设计过水洞流速从前向后分为 4 档递减，每行取一个流速，进口为 0.3 m/s，出口为 0.1 m/s。设计计算过程参见本章节 13.5.2 的【算例 1】。各行墙上孔洞尺寸分别为：0.7 m× 1.4 m，0.9 m×1.4 m，1.4 m×1.4 m 和 2.1 m×1.4 m。

前三行均安装网格，第一行每个安装 3 层，网格尺寸为 50 mm×50 mm；第二行每行安装 2 层，网格尺寸 80 mm×80 mm；第三行每格安装 1 层，网格尺寸 100 mm×100 mm。第四行不安装网格。

（8）水头损失计算

① 网格水头损失

$$h_1 = \xi_1 \frac{v_1^2}{2g}$$

第一行每格网络水头损失

$$h_1 = 1.0 \times \frac{0.25^2}{2 \times 9.81} = 0.003\,2 \text{ m}$$

其中过栅流速 $v_1 = 0.25$ m/s。则第一行内通过网络总水头损失为

$$\sum h_1 = 3 \times 6 \times 0.003\,2 = 0.057\,6 \text{ m}$$

同理可得第二行、第三行水头损失分别为 0.025 m 和 0.007 m。网络总水头损失为 0.09 m。

②过水洞水头损失

$$h_2 = \xi_2 \frac{v_2^2}{2g}$$

第一行单格过水洞水头损失

$$h_2 = 3.0 \times \frac{0.3^2}{2 \times 9.81} = 0.014 \text{ m}$$

第一行内通过水洞总头水头损失为

$$\sum h_2 = 6 \times 0.014 = 0.084 \text{ m}$$

同理可得第二行、第三行、第四行过水洞总水头损失分别为 0.049 m、0.004 m、0.000 2 m。网络总水头损失为 0.14 m。

③ 絮凝总水头损失

$$h = 0.09 + 0.14 = 0.23 \text{ m}$$

（9）GT 值校核

$$G = \sqrt{\frac{\rho h}{60 \mu T}} = \sqrt{\frac{1\,000 \times 0.23}{60 \times 1.029 \times 10^{-4} \times 10.04}} = 60.9 \text{ s}^{-1}$$

$$GT = 60.9 \times 60 \times 10.04 = 3.7 \times 10^4$$

G 和 GT 值均满足要求。

设计采用 DN150 穿孔排泥管排泥,安装排泥阀。

13.6 机械絮凝池

13.6.1 设计要点

机械絮凝池是利用在水下转动的叶轮进行搅拌的絮凝池。按叶轮轴的安放方向,可分为水平(卧)轴式和垂直(立)轴式两种类型。叶轮的转数可根据水量和水质情况进行调节,水头损失比其他池型小。

机械絮凝池一般不少于 2 个,絮凝时间为 15~20 min。搅拌器常设 3~4 排,搅拌叶轮中心应设于池水深 1/2 处,每排搅拌叶轮上的桨板总面积为水流截面积的 10%~20%,不宜超过 25%,每块桨板的宽度为板长的 $\frac{1}{15}$~$\frac{1}{10}$。一般采用 10~30 cm。水平轴式的每个叶轮的桨板数目为 4~6 块,桨板长度不大于叶轮直径的 75%。水平轴式叶轮直径应比絮凝池水深小 0.3 m,叶轮边缘与池子侧壁间距不大于 0.2 m;垂直轴式的上桨板顶端应设于池子水面下 0.3 m 处,下桨板低端设于池底 0.3~0.5 m 处,桨板外缘与池侧壁间距不大于 0.25 m。叶轮半径中心点的线速度宜自第一档的 0.4~0.5 m/s 逐渐变小至末档的 0.2 m/s。各排搅拌叶轮的转速沿顺水流的方向逐渐减小,即第一排转速最大,以后各排逐渐减小,絮凝池深度应根据水厂高程系统布置确定,一般为 3~4 m。搅拌装置(轴、叶轮等)应进行防腐处理,轴承与轴架宜设于池外(水位以上),以避免池中泥沙进入导致严重磨损或折断。

13.6.2 算例

【算例1】 水平轴式等径叶轮机械絮凝池的计算

设计水量 $Q=30\,000$ m³/d$=1\,250$ m³/h。

【解】

(1) 池体尺寸

① 每池容积 W

池数 $n=2$ 个,絮凝时间 $t=20$ min,则

$$W=\frac{Qt}{60n}=\frac{1\,250\times20}{60\times2}=208 \text{ m}^3$$

② 池长 L

池内平均水深采用 $H=3.2$ m。搅拌器的排数采用 $Z=3$,则

$$L=\alpha ZH=1.4\times3\times3.2=13.5 \text{ m},取 L=14 \text{ m}$$

式中:α——系数,$\alpha=1.0$~1.5。

③ 池宽 B

$$B=\frac{W}{LH}=\frac{208}{14\times3.2}=4.6 \text{ m},取 B=5 \text{ m}$$

(2) 搅拌设备(见图 13.13)

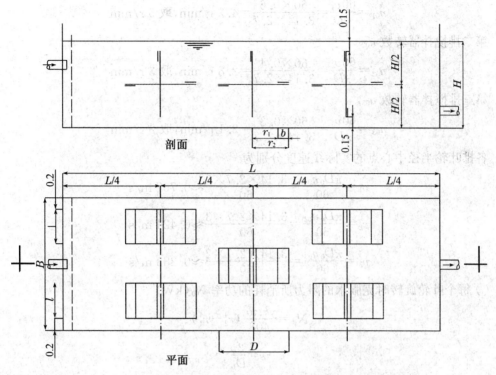

图 13.13　水平轴式等径叶轮机械絮凝池

① 叶轮直径 D 叶轮旋转时,应不露出水面,也不触及池底,取叶轮边缘与水面及池底间净空 $\Delta H = 0.15$ m,则

$$D = H - 2\Delta H = 3.2 - 2 \times 0.15 = 2.9 \text{ m}$$

② 叶轮的桨板尺寸桨板长度取 $l = 1.5$ m($l/D = 1.5/2.7 = 0.56 < 75\%$)。桨板宽度取 $b = 0.20$ m。

③ 每个叶轮上设置桨板数 $y = 4$ 块。

④ 每个搅拌轴上装设叶轮个数(见图 13.13)。第一排轴装 2 个叶轮,共 8 块桨板;第二排轴装 1 个叶轮,共 4 块桨板;第三排轴装 2 个叶轮,共 8 块桨板。

⑤ 每排搅拌器上桨板总面积与絮凝池过水断面积之比

$$\frac{8bl}{BH} = \frac{8 \times 0.2 \times 1.5}{5 \times 3.2} = 15\% < 25\%$$

⑥ 搅拌器转数 n_0(r/min)

$$n_0 = \frac{60v}{\pi D_0}$$

式中:v——叶轮边缘的线速度,m/s;

D_0——叶轮上桨板中心点的旋转直径,m。

本例题采用:第一排叶轮 $v_1 = 0.6$ m/s,第二排叶轮 $v_2 = 0.4$ m/s,第三排叶轮 $v_3 = 0.3$ m/s,$D_0 = 2.9 - 0.2 = 2.7$ m。

所以,第一排搅拌器转数 n_{01}

$$n_{01}=\frac{60v_1}{\pi D}=\frac{60\times0.6}{3.14\times2.7}=4.2 \text{ r/min，取 } 5 \text{ r/min}$$

第二排搅拌器转数 n_{02}

$$n_{02}=\frac{60v_2}{\pi D}=\frac{60\times0.4}{3.14\times2.7}=2.8 \text{ r/min，取 } 3 \text{ r/min}$$

第三排搅拌器转数 n_{03}

$$n_{03}=\frac{60v_3}{\pi D}=\frac{60\times0.3}{3.14\times2.7}=2.1 \text{ r/min，取 } 2 \text{ r/min}$$

各排叶轮半径中心点的实际线速度分别为

$$v_1=\frac{\pi D_0 n_{01}}{60}=\frac{3.14\times2.7\times5}{60}\approx0.707 \text{ m/s}$$

$$v_2=\frac{\pi D_0 n_{02}}{60}=\frac{3.14\times2.7\times3}{60}\approx0.424 \text{ m/s}$$

$$v_3=\frac{\pi D_0 n_{03}}{60}=\frac{3.14\times2.7\times2}{60}\approx0.283 \text{ m/s}$$

⑦ 每个叶轮旋转时克服水的阻力所消耗的功率 N_0(kW)

$$N_0=\frac{yklw^3}{408}(r_2^4-r_1^4)$$

$$w=\frac{2v}{D_0}$$

式中：y——每个叶轮上的桨板数目，个；

l——桨板长度，m；

r_2——叶轮半径，m；

r_1——叶轮半径与桨板宽度之差，m；

w——叶轮旋转的角速度，rad/s；

k——系数，$k=\frac{\psi\rho}{2g}$；

ρ——水的密度，1 000 kg/m³；

ψ——阻力系数，根据桨板宽度与长度之比($\frac{b}{l}$)确定，见表 13.9。

表 13.9 阻力系数 ψ

b/l	<1	1~2	2.5~4	4.5~10	10.5~18	>18
ψ	1.10	1.15	1.19	1.29	1.40	2.00

例题中，y=4 个，l=1.5 m，

$$r_2=\frac{1}{2}D_0=\frac{1}{2}\times2.7=1.35 \text{ m}, r_1=r_2-b=1.35-0.20=1.15 \text{ m}$$

所以，

$$w_1=\frac{2v_1}{D_0}=\frac{2\times0.707}{2.7}=0.523 \text{ rad/s}$$

$$w_2=\frac{2v_2}{D_0}=\frac{2\times0.424}{2.7}=0.314 \text{ rad/s}$$

$$w_3 = \frac{2v_3}{D_0} = \frac{2 \times 0.283}{2.7} = 0.21 \text{ rad/s}$$

桨板宽长比 $\frac{b}{l} = \frac{0.2}{1.5} = 0.133 < 1$，故 $\psi = 1.10$，所以

$$k = \frac{1.10 \times 1\,000}{2 \times 9.81} = 56.1$$

各排轴上每个叶轮的功率分别为

第一排：

$$N_{01} = \frac{4 \times 56.1 \times 1.5}{408} \times (1.35^2 - 1.15^2)w_1^3 = 1.294 w_1^3 = 1.294 \times 0.523^3 = 0.185 \text{ kW}$$

$$N_{02} = 1.294 w_2^3 = 1.294 \times 0.314^3 = 0.040 \text{ kW}$$

$$N_{03} = 1.294 w_3^3 = 1.294 \times 0.21^3 = 0.012 \text{ kW}$$

⑧ 转动每个叶轮所需电动机功率 N(kW)

$$N = \frac{N_0}{\eta_1 \eta_2}$$

式中：η_1——搅拌机机械总效率，采用 0.75；

η_2——传动效率，为 0.6~0.95，采用 0.8。

各排轴每个叶轮的功率分别为

第一排　　　$N_1 = \dfrac{N_{01}}{\eta_1 \eta_2} = \dfrac{0.185}{0.75 \times 0.8} = 0.3 \text{ kW}$

第二排　　　$N_2 = \dfrac{N_{02}}{\eta_1 \eta_2} = \dfrac{0.040}{0.75 \times 0.8} = 0.1 \text{ kW}$

第三排　　　$N_3 = \dfrac{N_{03}}{\eta_1 \eta_2} = \dfrac{0.012}{0.75 \times 0.8} = 0.02 \text{ kW}$

⑨ 每排搅拌轴所需搅拌轴电动机功率 N'

第一排　　　　　　$N_1' = 2N_1 = 2 \times 0.3 = 0.6 \text{ kW}$

第二排　　　　　　$N' = 1N_2 = 1 \times 0.1 = 0.1 \text{ kW}$

第三排　　　　　　$N_3' = 2N_3 = 2 \times 0.02 = 0.04 \text{ kW}$

(3) GT 值

絮凝池的平均速度 $G(\text{s}^{-1})$ 为

$$G = \sqrt{\frac{102P}{\mu}}$$

式中：P——单位时间、单位体积液体所消耗的功，即外加于水的输入功率，kW/m³；

μ——水的绝对黏度，Pa·s。

$$P = \frac{N_0}{W} = \frac{2N_{01} + N_{02} + N_{03}}{W} = \frac{2 \times 0.185 + 0.040 + 2 \times 0.012}{208} = 0.002 \text{ kW/m}^3$$

水温 $T = 15\,℃$，$\mu = 1.162 \times 10^{-4} \text{ kg} \cdot \text{s/m}^2$

于是有 $G = \sqrt{\dfrac{102 \times 0.002}{1.162 \times 10^{-4}}} = 41.9 \text{ s}^{-1}$

$GT = 41.9 \times 20 \times 60 = 50\,280$，在 $10^4 \sim 10^6$ 范围内，计算范围见图 13.13。

【算例 2】　垂直轴式等径叶轮机械絮凝池的计算

设计水量 $Q = 4\ 000\ \text{m}^3/\text{d} = 166.7\ \text{m}^3/\text{h}$。

【解】

(1) 池体尺寸

① 池容积 W 絮凝时间 $t = 18\ \text{min}$，则

$$W = \frac{Qt}{60} = \frac{166.7 \times 18}{60} = 50\ \text{m}^3$$

② 池平面尺寸为便于安装叶轮，并根据叶轮沉淀池尺寸，絮凝池的分格数采用 $n = 3$，每格内装设搅拌叶轮一个。各格之间用设有水孔的垂直隔墙导流，孔口位置采取上下交错方式排列，以使水流分布均匀(见图 13.14)。

絮凝池的各格平面尺寸为 $2.4\ \text{m} \times 2.4\ \text{m}$。

絮凝池宽度 $B = 2.4\ \text{m}$，长度 $L = 2.4 \times 3 = 7.2\ \text{m}$。

③ 池高 H

有效水深 $H' = \dfrac{W}{nBl'} = \dfrac{50}{3 \times 2.4 \times 2.4} = 2.89\ \text{m}$，取 $2.9\ \text{m}$

池超高取 $\Delta H = 0.3\ \text{m}$。则絮凝池总高为

$$H = H' + \Delta H = 2.9 + 0.3 = 3.2\ \text{m}$$

(2) 搅拌设备(见图 13.14)

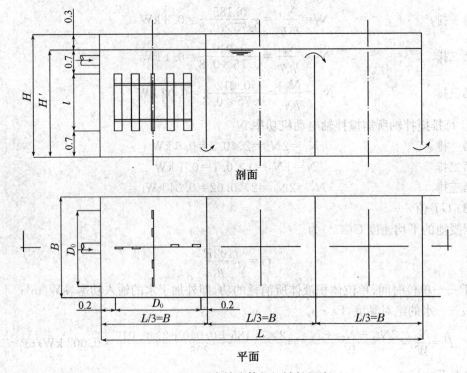

剖面

平面

图 13.14　垂直轴式等径机械絮凝池

① 叶轮的构造参数叶轮直径取 $D_0 = 2\ \text{m}$，桨板长度取 $l = 1.5\ \text{m}(l/D = 1.5/2 = 0.7 < 0.75)$，桨板宽度取 $b = 0.10\ \text{m}$，每个叶轮上的桨板数 $y = (\dfrac{8bl}{Bl'} = \dfrac{8 \times 0.1 \times 1.5}{2.4 \times 2.4} = 20.8\% <$

25%),叶轮内外侧各 4 块,内外桨板间净距 $S=0.3$ m

② 叶轮转数 $n_0=\dfrac{60v}{\pi D_0}=\dfrac{60v}{3.14\times 2}=9.55v$ r/min

式中各符号意义同【算例 1】

各格叶轮半径中心点的线速度采用 $v_1=0.7$ m/s, $v_2=0.5$ m/s, $v_3=0.3$ m/s,则

$$n_{01}=9.55v_1=9.55\times 0.7=6.9\ \text{r/min},取 6\ \text{r/min};$$
$$n_{02}=9.55v_2=9.55\times 0.5=4.78\ \text{r/min},取 5\ \text{r/min};$$
$$n_{03}=9.55v_3=9.55\times 0.3=2.87\ \text{r/min},取 3\ \text{r/min}。$$

③ 实际线速度 v

$$v=\frac{\pi D_0}{60}n_0=\frac{3.14\times 2}{60}n_0=0.104\,7n_0\ \text{m/s}$$
$$v_1=0.104\,7n_{01}=0.104\,7\times 6=0.628\ \text{m/s}$$
$$v_2=0.104\,7n_{02}=0.104\,7\times 5=0.524\ \text{m/s}$$
$$v_3=0.104\,7n_{03}=0.104\,7\times 6=0.314\ \text{m/s}$$

④ 叶轮功率 N_0 每个叶轮旋转时,克服水的阻力所消耗的功率 N_0(kW)为 $N_0=\dfrac{yklw^2}{408}(r_2^4-r_1^4)$

式中各符号意义同【算例 1】。

a. 由 $b/l=0.1/1.5=0.066<1$,查表 14.9 得 $\psi=1.10$,于是

$$系数\ k=\frac{\psi\rho}{2g}=\frac{1.10\times 1\,000}{2\times 9.81}=56$$

b. 叶轮半径 $r_{2外}=\dfrac{D_0}{2}=\dfrac{2}{2}=1$ m

c. 叶轮各部分尺寸(见图 13.15)$r_{2内}=0.6$ m, $r_{1外}=0.9$ m, $r_{3内}=0.5$ m

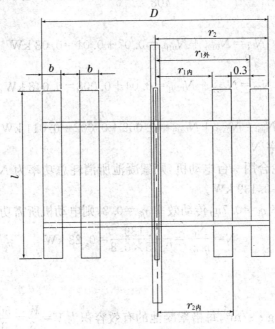

图 13.15　叶轮

d. 叶轮旋转的角速度

第一格

$$w_1 = \frac{2v_1}{D_0} = \frac{2 \times 0.628}{2} = 0.628 \text{ rad/s}$$

第二格

$$w_2 = \frac{2v_2}{D_0} = \frac{2 \times 0.524}{2} = 0.524 \text{ rad/s}$$

第三格

$$w_3 = \frac{2v_3}{D_0} = \frac{2 \times 0.314}{2} = 0.314 \text{ rad/s}$$

e. 每个叶轮旋转时的功率

第一格外侧桨板

$$N_{01外} = \frac{ykl}{408}(r_{2外}^4 - r_{1外}^4)w_1^3 = \frac{4 \times 56 \times 1.5}{408}(1^4 - 0.9^4) \times 0.628^3 = 0.07 \text{ kW}$$

第一格内侧桨板

$$N_{01内} = \frac{ykl}{408}(r_{2内}^4 - r_{1内}^4)w_1^3 = \frac{4 \times 56 \times 1.5}{408}(0.6^4 - 0.5^4) \times 0.628^3 = 0.01 \text{ kW}$$

第二格外侧桨板

$$N_{02外} = \frac{ykl}{408}(r_{2外}^4 - r_{1外}^4)w_2^3 = \frac{4 \times 56 \times 1.5}{408}(1^4 - 0.9^4) \times 0.524^3 = 0.04 \text{ kW}$$

第二格内侧桨板

$$N_{02内} = \frac{ykl}{408}(r_{2内}^4 - r_{1内}^4)w_2^3 = \frac{4 \times 56 \times 1.5}{408}(0.6^4 - 0.5^4) \times 0.524^3 = 0.008 \text{ kW}$$

第三格外侧桨板

$$N_{03外} = \frac{ykl}{408}(r_{2外}^4 - r_{1外}^4)w_3^3 = \frac{4 \times 56 \times 1.5}{408}(1^4 - 0.9^4) \times 0.314^3 = 0.009 \text{ kW}$$

第三格内侧桨板

$$N_{03内} = \frac{ykl}{408}(r_{2内}^4 - r_{1内}^4)w_3^3 = \frac{4 \times 56 \times 1.5}{408}(0.6^4 - 0.5^4) \times 0.314^3 = 0.002 \text{ kW}$$

所以,第一格叶轮

$$N_{01} = N_{01外} + N_{01内} = 0.07 + 0.01 = 0.08 \text{ kW}$$

第二格叶轮

$$N_{02} = N_{02外} + N_{02内} = 0.04 + 0.008 = 0.048 \text{ kW}$$

第三格叶轮

$$N_{03} = N_{03外} + N_{03内} = 0.009 + 0.002 = 0.011 \text{ kW}$$

⑤ 所需电动机功率 N

设三格的搅拌叶轮合用一台电动机,则絮凝池所消耗总功率为 $N_0 = N_{01} + N_{02} + N_{03} = 0.08 + 0.048 + 0.011 = 0.139 \text{ kW}$。

搅拌器机械总功率 $\eta_1 = 0.75$,传动效率 $\eta_2 = 0.8$,则电动机所需功率为

$$N = \frac{N_0}{\eta_1 \eta_2} = \frac{0.139}{0.75 \times 0.8} = 0.23 \text{ kW}$$

(3) GT 值

水温 $T = 20 \text{ ℃}$,则

$\mu = 1.029 \times 10^{-4} \text{ kg·s/m}^2$,每格絮凝池的有效容积为 $V = \frac{W}{3} = \frac{50}{3} = 16.7 \text{ m}^3$

（4）各格的速度梯度

第一格　　　$G_1 = \sqrt{\dfrac{102N_{01}}{\mu V}} = \sqrt{\dfrac{102 \times 0.08}{1.029 \times 10^{-4} \times 16.7}} = 68.9 \text{ s}^{-1}$

第二格　　　$G_2 = \sqrt{\dfrac{102N_{02}}{\mu V}} = \sqrt{\dfrac{102 \times 0.048}{1.029 \times 10^{-4} \times 16.7}} = 53.37 \text{ s}^{-1}$

第三格　　　$G_3 = \sqrt{\dfrac{102N_{03}}{\mu V}} = \sqrt{\dfrac{102 \times 0.011}{1.029 \times 10^{-4} \times 16.7}} = 25.55 \text{ s}^{-1}$

絮凝池的平均速度梯度为

$$G = \sqrt{\dfrac{102N_0}{\mu W}} = \sqrt{\dfrac{102 \times 0.139}{1.029 \times 10^{-4} \times 50}} = 52.5 \text{ s}^{-1}$$

$GT = 52.5 \times 18 \times 60 = 56\,700$（在 $10^4 \sim 10^5$ 之间）。

第14章　混合及投药系统

14.1　溶解池和溶液池

14.1.1　设计要点

在药剂湿投法系统中,首先把固体(块状或粒状)药剂置入溶解池中,并注水溶化。为增加溶解速度及保持均匀的浓度,一般采用水力、机械及压缩空气等方法搅拌,投药量较小的水厂也有采用人工进行搅拌调制的。

设计药剂溶解池时,为便于投置药剂,溶解池的设计高度一般以在地平面以下或半地下为宜,池顶宜高出地面1 m左右,以减轻劳动强度,改善操作条件。溶解池的底坡不小于0.02,池底应有直径不小于100 mm的排渣管,池壁需设超高,防止搅拌溶液时溢出。由于药液一般都具有腐蚀性,所以盛放药液的池子和管道及配件都应采取防腐措施。溶解池一般采用钢筋混凝土池体,若其容量较小,可用耐酸陶土缸作溶解池。当投药量较小时,亦可在溶液池上部设置淋溶斗以代替溶解池。

溶液池一般以高架式设置,以便能依靠重力投加药剂。池周围应有工作台,底部应设置放空管。必要时设溢流装置。混凝剂的投加量一般采用5%～15%(按商品固体质量计)。通常每日调制2～6次,人工调制时则不多于3次。溶液池的数量一般不少于2个,以便交替使用,保证连续投药。

溶解池的容积常按溶液池溶剂的0.2～0.3倍计算。

14.1.2　算例

【算例1】　药剂溶解池和溶液池的计算

计算水量$Q=25\ 000\ m^3/d=1\ 042\ m^3/h$。混凝剂为硫酸亚铁,助凝剂为液态氯(亚铁氯化法)。混凝剂的最大投加量$u=20\ mg/L$(按$FeSO_4$计),药溶剂的浓度$b=15\%$(按商品质量计),混凝剂每日配置次数$n=2$次。

【解】

(1) 溶液池　溶液池容积

$$W_1=\frac{uQ\times 24\times 100}{bn\times 1\ 000\times 1\ 000}=\frac{uQ}{417bn}=\frac{20\times 1\ 042}{417\times 15\times 2}=1.67\ m^3$$

取1.7 m³(注意:在代入上式计算时,b值为百分数的分数值。)

溶液池设置两个,每个容积为W_1。

溶液池的形状采用矩形,尺寸为:长×宽×高=2 m×1.5 m×0.8 m,其中包括超高0.2 m。

（2）溶解池　溶解池容积

$$W_2=0.3W_1=0.3\times1.7=0.51\approx0.5\ \text{m}^3$$

溶解池的放水时间采用 $t=10\ \text{min}$，则放水流量

$$q_0=\frac{W_2}{60t}=\frac{0.5\times1\ 000}{60\times10}=0.83\ \text{L/s}$$

查水力计算表得放水管管径 $d_0=20\ \text{mm}$，相应流速 $v_0=2.58\ \text{m/s}$。

溶解池底部设管径 $d=100\ \text{mm}$ 的排渣管一根。

（3）投药管　投药管流量

$$q=\frac{W_1\times2\times1\ 000}{24\times60\times60}=\frac{1.7\times2\times1\ 000}{24\times60\times60}=0.039\ 3\ \text{L/s}$$

查水力计算表得投药管管径 $d=10\ \text{mm}$，相应流速为 $0.38\ \text{m/s}$。

（4）亚铁氯化的加氯量[Cl]

$$[\text{Cl}]=\left[\frac{u}{8}+(1.5\sim2)\right]=\frac{20}{8}+2=4.5\ \text{mg/L}$$

14.2　压缩空气搅拌调制药剂

14.2.1　设计要点

用压缩空气搅拌调制药剂时，在靠近溶解池底部处设置格栅，用以放置块状药剂。格栅下部空间设穿孔空气管，加药时可通入压缩空气进行搅拌，以加速药剂的溶解。穿孔空气管应能防腐蚀，可采用塑料管或加筋橡胶软管等。

溶解池的空气供给强度为 $8\sim10\ \text{L/(s}\cdot\text{m}^2)$，溶液池则为 $3\sim5\ \text{L/(s}\cdot\text{m}^2)$。空气管内空气流速 $10\sim15\ \text{m/s}$，孔眼处空气流速为 $20\sim30\ \text{m/s}$。穿孔管孔眼直径一般为 $3\sim4\ \text{mm}$，支管间距为 $400\sim500\ \text{mm}$。

14.2.2　算例

【算例 1】　压缩空气搅拌调制药剂的计算

药池平面尺寸：溶解池为 $2.29\ \text{m}\times2.54\ \text{m}$；溶液池为 $2.3\ \text{m}\times5.2\ \text{m}$。

空气供给强度：溶解池采用 $8\ \text{L/(s}\cdot\text{m}^2)$；溶液池采用 $5\ \text{L/(s}\cdot\text{m}^2)$。

空气管的长度为 $20\ \text{m}$，其上共有 $90°$ 弯头 7 个。

【解】

（1）需用空气量 $Q(\text{L/s})$

$$Q=nFq$$

式中：n——药池个数，一般溶解池应设 2 个；

　　F——药池平面面积，m^2；

　　q——空气供给强度，$\text{L/(s}\cdot\text{m}^2)$。

溶解池需用空气量 Q'

$$Q'=2\times(2.29\times2.54)\times8=93.1\ \text{L/s}$$

溶液池需用空气量 Q''

$$Q''=2.3\times5.2\times5=59.8 \text{ L/s}$$

所以,总需用空气量 Q

$$Q=Q'+Q''=93.1+59.8=152.9 \text{ L/s}=9.2 \text{ m}^3/\text{min}$$

(2) 选配机组

选用 D22×21-10/5000 型鼓风机两台(一台工作,一台备用),其风量为 10 m³/min,风压(静压)为 4.903 2×10⁴ Pa(5 000 mmH₂O);配用电机功率 17 kW,转数 1 460 r/min。

(3) 空气管流速 v(m/s)

$$v=\frac{Q}{60(p+1)\times0.785d^2}=\frac{Q}{47.1(p+1)d^2}$$

式中:Q——空气供给量,m³/min;

p——鼓风机压力,Pa;

d——空气管管径,m,此处选用 $d=100$ mm=0.1 m。

$$v=\frac{10}{47.1\times(0.5+1)\times0.1^2}=14.15 \text{ m/s}$$

此值在空气管流速规定范围(10~15 m/s)之内。

(4) 空气管的压力损失 h

沿程压力损失 $\qquad h_1=1.225\,8\times10^6\beta\dfrac{G^2 l}{\rho d^5}$

局部压力损失 $\qquad h_2=6.178\,0\times v^2\sum\xi$

式中:l——空气管长度,m;

G——管内空气质量流量,kg/h,$G=60\rho Q$;

ρ——空气密度(见表 14.1),kg/m³;

Q——供给空气量,m³/min;

β——阻力的系数,见表 14.2;

d——空气管直径,mm;

ξ——局部损失阻力系数;

v——空气管流速,m/s

表 14.1 空气密度(干空气密度以 kg/m³ 计)

压力/Pa	温度/℃							
	−30	−20	−10	0	+10	+20	+30	+40
9.806 5×10⁴	1.406	1.350	1.299	1.251	1.207	1.166	1.128	1.058
1.961 3×10⁵	2.812	2.701	2.589	2.583	2.414	2.332	2.555	2.115
3.922 6×10⁵	5.624	5.402	5.196	5.006	4.829	4.604	4.510	4.232
5.883 9×10⁵	8.436	8.102	7.794	7.509	7.244	6.996	6.765	6.346
7.845 2×10⁵	11.25	10.80	10.39	10.01	9.658	9.328	9.020	8.464
9.806 5×10⁵	14.06	13.50	12.99	12.51	12.07	11.66	11.28	10.58

表 14.2　根据 G 值确定的阻力系数 β

$G/(\text{kg/h})$	β	$G/(\text{kg/h})$	β
10	2.03	400	1.18
15	1.92	650	1.10
25	1.78	1 000	1.03
40	1.68	1 500	0.97
65	1.54	2 500	0.90
100	1.45	4 000	0.84
150	1.36	6 500	0.78
250	1.26		

当温度为 0 ℃、压力为 $9.8 \times 10^4 + 4.9 \times 10^4 = 1.47 \times 10^5$ Pa 时,由表 14.1 查知空气密度 $\rho = 1.92$,则

$$G = 60 \times 1.92 \times 10 = 1152 \text{ kg/h}$$

据此查表 15.2 得 $\beta = 1.01$

$$h_1 = 1.225\ 8 \times 106 \times 1.01 \times \frac{1\ 152^2 \times 20}{1.92 \times 100^5} = 1.711\ 5 \times 10^3 \text{ Pa}$$

7 个 90°弯头的局部阻力系数 $\sum \xi = 7\xi = 7 \times 0.9 = 6.3$

$$h_2 = 6.178\ 0 \times 14.15^2 \times 6.3 = 7.793 \times 10^3 \text{ Pa}$$

故得空气管中总的压力损失为

$$h = h_1 + h_2 = 1.711\ 5 \times 10^3 + 7.793 \times 10^3 = 9.505 \times 10^3 \text{ Pa}$$

（5）空气分配管的孔眼数 N

孔眼直径采用 $d_0 = 4$ mm

单孔面积 $f = \frac{\pi}{4} d_0^2 = 0.785 \times 0.004^2 = 12.56 \times 10^{-6}$ m²

孔眼流速采用 $v_0 = 20$ m/s

所需孔眼总数

$$N = \frac{Q}{60 f v_0} = \frac{10}{60 \times 12.56 \times 10^{-6} \times 20} \approx 663 \text{ 个}$$

用压缩空气调制药液的溶解池见图 14.1。

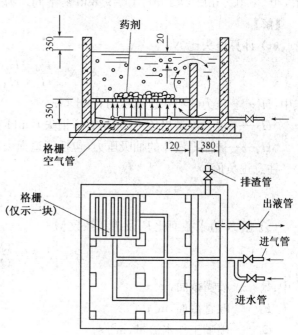

图 14.1　压缩空气调制药剂的溶解池

14.3 水射器投药

14.3.1 设计要点

水射器用于抽吸真空、投加药液、提升和输送液体。加注式水射器多用于向泵后的压力管道投药。水射器的进水压力一般采用 2.4516×10^5 Pa。虽然水射器效率较低（15%～30%），但设备简单，使用方便，工作可靠。水射器的构造形式和计算方法均有多种。

根据水射器效率试验得出以下经验数据：① 喷嘴和喉管进口之间的距离 $l = 0.5d_2$（d_2 喉管直径）时，效率最高；② 喉管长度 l_2 以等于 6 倍喉管直径为宜（$l_2 = 6d_2$），在制作有困难时，可减至不小于 4 倍喉管直径；③ 喉管进口角度 α 采用 120° 比 60° 效果略好，喉管与外壳连接切忌突出，见图 14.3 所示；④ 扩散角度 θ 为 2°45′～5°，以 5° 较好；⑤ 抽提液体的进水方向夹角 β 和位置，以锐角 45°～60° 为好，夹角线与喷嘴喉管轴线交点宜在喷嘴之前；⑥ 喷嘴收缩角度 γ 可为 10°～30°；⑦ 喷嘴和喉管中心线应一致，它与水射器效率有极大关系；⑧ 水射器安装时，应严防漏气，并应水平安装，不可将喷口向下。

14.3.2 算例

【算例 1】 投药水射器的计算

加药流量为 0.20 L/s；压力喷射水进水压力 $H_1 = 2.4516 \times 10^5$ Pa；水射器出口压力（考虑了管道等损失）要求 $H_d = 9.8065 \times 10^4$ Pa；被抽提药液吸入口压力（考虑了管道等损失）$H_s = 0.3 \sim 0.5$ mH₂O（1 mH₂O = 9.8 kPa，下同），为安全起见，以 $H_s = 0$ 计。

【解】

(1) 计算压头比 N

$$N = \frac{H_d - H_s}{H_1 - H_d}$$

式中：H_1——压力喷射水进水压力，mH₂O；

H_d——混合液送出压力（包括管道损失），mH₂O；

H_s——被抽提液体的抽吸压力（包括管道损失），mH₂O。

注意正负值。

$$N = \frac{10 - 0}{25 - 10} = 0.667$$

(2) 据 N 值求截面比 R 及掺和系数 M

$$R = \frac{F_1}{F_2}, \quad M = \frac{Q_2}{Q_1}$$

式中：F_1——喷嘴截面，m²；

F_2——喉管截面，m²；

Q_1——喷嘴工作水流量，m³/s；

Q_2——吸入水流量，m³/s。

据 N 值,查图 14.2 得 $R=0.46$, $M=0.44$。

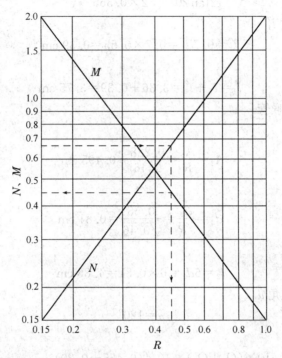

图 14.2　最高效率(30%)时 R、M 与 N 的关系曲线

(3) 据 M 值计算喷嘴

① 喷嘴工作水流量 Q_1

$$Q_1=\frac{Q_2}{M}=\frac{0.20}{0.44}=0.455 \text{ L/s}$$

② 喷口断面 A_1

$$A_1=\frac{10Q_1}{C\sqrt{2gH_1}}=\frac{10\times0.455}{0.9\sqrt{2\times9.81\times25}}=0.228 \text{ cm}^2$$

式中:C——喷口出流系数,$C=0.9\sim0.95$,此处采用 0.9。

③ 喷口直径 d_1

$$d_1=\sqrt{\frac{4A_1}{\pi}}=\sqrt{\frac{4\times0.228}{3.14}}=0.54 \text{ cm}$$

采用 $d_1=0.55$ cm,则相应喷口断面 $A_1'=0.24$ cm²。

④ 喷口流速 v_1'

$$v_1'=\frac{10Q_1}{A_1'}=\frac{10\times0.455}{0.24}=18.96 \text{ m/s}$$

⑤ 喷嘴收缩段长度 l_1'

$$l_1'=\frac{D_1-d_1}{2\tan\gamma}$$

式中:D_1——喷射水的进水管直径,cm,一般按流速 $v_1\leqslant1$ m/s 选用,此处采用 $D_1=3.0$ cm;

　　　γ——喷嘴收缩段的收缩角,一般为 $10°\sim30°$,此处采用 $\gamma=20°$。

$$l_1' = \frac{3.0 - 0.55}{2\tan 20°} = \frac{2.45}{2 \times 0.365} = 3.36 \text{ cm}$$

⑥ 喷嘴直线长度 l_1''

$$l_1'' = 0.7d_1 = 0.7 \times 0.55 = 0.39 \text{ cm}$$

⑦ 喷嘴总长度 l_1

$$l_1 = l_1' + l_1'' = 3.36 + 0.39 = 3.75 \text{ cm}$$

（4）据 R 值计算喉管

① 喉管断面 A_2

$$A_2 = \frac{A_1}{R} = \frac{0.228}{0.46} = 0.495 \text{ cm}^2$$

② 喉管直径 d_2

$$d_2 - \frac{d_1}{\sqrt{R}} = \frac{0.55}{\sqrt{0.46}} = 0.81 \text{ cm}$$

③ 喉管长度 l_2

$$l_2 = 6d_2 = 6 \times 0.81 = 4.86 \text{ cm}$$

④ 喉管进口扩散角 α

$$\alpha = 120°$$

⑤ 喉管流速 v_2'

$$v_2' = \frac{10 \times (Q_1 + Q_2)}{A_2} = \frac{10 \times (0.455 + 0.20)}{0.495} = 13.2 \text{ m/s}$$

（5）计算扩散管长度

$$l_3 = \frac{D_3 - d_2}{2\tan\theta}$$

式中：D_3——水射器混合水出水管管径，cm，采用 $D_3 = D_1$；

　　　θ——扩散管扩散角度，一般为 $5° \sim 10°$，此处采用 $\theta = 5°$。

$$l_3 = \frac{3.0 - 0.81}{2\tan 5°} = 12.6 \text{ cm}$$

（6）喷嘴和喉管进口的间距 l

$$l = 0.5d_2 = 0.5 \times 0.81 = 0.41 \text{ cm}$$

水射器简图见图 14.3。采用水射器投药的工艺系统见图 14.4。

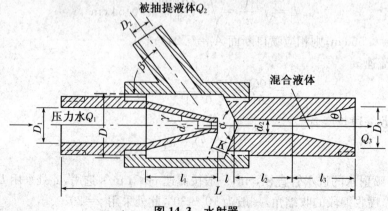

图 14.3　水射器

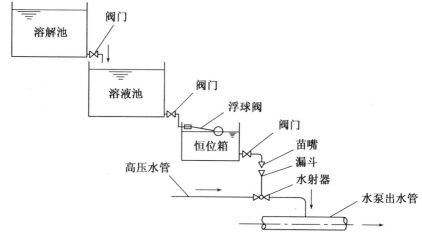

图 14.4　水射器投药工艺系统

14.4　药剂仓库

14.4.1　设计要点

药剂仓库与加药间应合并布置,储存量一般按最大投药量的 15～30 d 用量计算,并应根据药剂供应情况和运输条件等因素适当增减。药剂堆放高度一般为 1.5 m,有吊运设备时可适当增加。仓库内应设有磅秤,尽可能考虑汽车运输方便,并留有 1.5 m 宽的过道。药库层高一般不小于 4 m,当有起吊设备时应通过计算确定。应有良好的通风条件,并应防止受潮。

14.4.2　算例

【算例 1】　药剂仓库的计算

混凝剂为精制硫酸铝,每袋质量 40 kg,每袋体积 0.5×0.4×0.2 m³。投药量为 30g/m³,水厂设计水量为 800 m³/h。药剂堆放高度为 1.5 m,药剂储存期为 30 d。

【解】

(1)硫酸铝袋数 N

$$N=\frac{Q\times24ut}{1\,000W}=0.024\,\frac{Qut}{W}$$

式中:Q——水厂设计水量,m³/h;

u——投药量,mg/L;

t——药剂储存期,d;

W——每袋药剂质量,kg。

$$N=0.024\times\frac{800\times30\times30}{40}=432\ 袋$$

（2）有效堆放面积 A

$$A = \frac{NV}{H(1-e)}$$

式中：H——堆放药剂高度，m；

V——每袋药剂体积，m^3；

e——堆放孔隙率，袋堆时 $e=0.2$。

$$A = \frac{432 \times 0.5 \times 0.4 \times 0.2}{1.5 \times (1-0.2)} = 14.4 \ m^2$$

14.5　混合设施

14.5.1　设计要点

混合的主要作用，是让药剂迅速而均匀地扩散到水中，使其水解产物与原水中的胶体微粒充分作用完成胶体脱稳，以便进一步去除。按现代观点，脱稳过程需时很短，理论上只要数秒钟。在实际设计中，一般不超过 2 min。

对混合的基本要求是快速与均匀。"快速"是因混凝剂在原水中的水解及发生聚合絮凝的速度很快，需尽量造成急速的扰动，以形成大量氢氧化物胶体，而避免生成较大的绒粒。"均匀"是为了使混凝剂在尽量短的时间里与原水混合均匀，以充分发挥每一粒药剂的作用，并使水中的全部悬浮杂质微粒都能受到药剂的作用。

混合设备的种类很多，但基本类型主要是机械和水力两种。表 14.3 列出了混合设备的类型及特点。我国常采用的混合方式为水泵混合、管式静态混合器混合和机械混合。

表 14.3　混合方式比较

方式	优缺点	适用条件
水泵混合	优点：(1) 设备简单 　　　(2) 混合充分，效果较好 　　　(3) 不另消耗动能 缺点：(1) 吸水管较多时，投药设备要增加，安装、管理较麻烦 　　　(2) 配合加药自动控制较困难 　　　(3) G 值相对较低	适用于一级泵房离处理构筑物 120 m 以内的水厂
管式静态混合器	优点：(1) 设备简单，维护管理方便 　　　(2) 不需土建构筑物 　　　(3) 在设计流量范围，混合效果较好 　　　(4) 不需外加动力设备 缺点：(1) 运行水量变化影响效果 　　　(2) 水头损失较大 　　　(3) 混合器构造较复杂	适用于水量变化不大的各种规模水厂

续　表

方式	优缺点	适用条件
扩散混合器	优点:(1) 不需外加动力设备 (2) 不需土建构筑物 (3) 不占地 缺点:混合效果受水量变化有一定影响	适用于中等规模水厂
跌水(水跃)混合	优点:(1) 利用水头的跌落扩散药剂 (2) 受水量变化影响较小 (3) 不需外加动力设备 缺点:(1) 药剂的扩散不易完全均匀 (2) 需建混合池 (3) 容易夹带气泡	适用于各种规模水厂,特别当重力流进水水头有富余时
机械混合	优点:(1) 混合效果较好 (2) 水头损失较小 (3) 混合效果基本不受水量变化影响 缺点:(1) 需耗动能 (2) 管理维护较复杂 (3) 需建混合池	适用于各种规模的水厂

14.5.2　管道式混合

（1）设计要点

采用管式混合,药剂加入水厂进水管中,投药管道内的沿程与局部水头损失之和不应小于 $0.3\sim0.4$ m,否则应装设孔板或文丘里管。通过混合器的局部水头损失不小于 $0.3\sim0.4$ m,管道内流速为 $0.8\sim1.0$ m/s,采用的孔板 $d_1/d_2=0.7\sim0.8$（d_1 为装孔板的进水管直径;d_2 为孔板的孔径）。为了提高混合效果,可采用目前广泛使用的管式静态混合器或扩散混合器。管式静态混合器是按要求在混合器内设置若干固定混合单元,每一混合单元由若干固定叶片按一定角度交叉组成。当加入药剂的水通过混合器时,将被单元体分割多次,同时发生分流、交流和涡旋,以达到混合效果。静态混合器有多种形式,如图 14.5 为其中一种的构造。管式静态混合器的口径和输水管道相配合,分流板的级数一般可取 3 级。扩散混合器的构造如图 14.6 所示,锥形帽夹角为 90°,锥形帽顺水流方向的投影面积为进水管总面积的 1/4,孔板的孔面积为进水管总面积的 3/4。孔板流速 $1.0\sim1.5$ m/s,混合时间 $2\sim3$ s,水流通过混合器的水头损失 $0.3\sim0.4$ m,混合器截管长度不小于 500 mm。

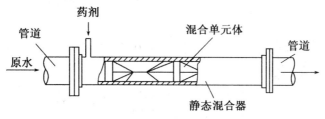

图 14.5　管式静态混合器

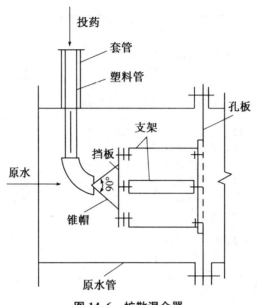

图 14.6 扩散混合器

（2）算例

【算例1】 管道式混合的计算

设计进水量 $Q=20\,000\ \mathrm{m^3/d}$，水厂进水管投药口至絮凝池的距离为 50 m，进水管采用两条，直径 $d_1=400\ \mathrm{mm}$。

【解】

（1）进水管流速 v

据 $d_1=400\ \mathrm{mm}$，$q=\dfrac{20\,000}{2\times24}=417\ \mathrm{m^3/h}$，查水力计算表知 $v=0.92\ \mathrm{m/s}$。

（2）混合管段的水头损失 h

$$h=il=\frac{3.11}{1\,000}\times50=0.156\ \mathrm{m}<0.3\sim0.4\ \mathrm{m}$$

说明仅靠进水管内流不能达到充分混合的要求。故需在进水管内装设管道混合器，如装设孔板（或文丘里管）混合器。

（3）孔板的孔径 d_2

取 $d_2/d_1=0.75$，所以

$$d_2=0.75d_1=0.75\times400=300\ \mathrm{mm}$$

（4）孔板处流速 v'

$$v'=v\left(\frac{d_1}{d_2}\right)^2=0.92\times\left(\frac{400}{300}\right)^2=0.92\times1.78=1.64\ \mathrm{m/s}$$

（5）孔板的水头损失 h'

$$h'=\xi\frac{v'^2}{2g}=2.66\times\frac{1.64^2}{2\times9.81}=0.365\ \mathrm{mH_2O}$$

式中：ξ——孔板局部阻力系数，据 $d_2/d_1=0.75$，查表 14.4 得 $\xi=2.66$。

表 14.4　孔板局部阻力系数 ξ 值

d_2/d_1	0.60	0.65	0.70	0.75	0.80
ξ	11.30	7.35	4.37	2.66	1.55

如装设扩散混合器,选用进水直径＝400 mm,锥帽直径＝200 mm,孔板直径＝340 mm。如选用管式静态混合器,其规格为 DN400。

14.5.3　隔板式混合

【算例 2】　分流隔板式混合槽的计算

设计水量 $Q=540$ m³/h＝0.15 m³/s。槽内设三道隔板,首末两道隔板上的通道孔洞开在中间,中间隔板上的通道孔洞开在两侧(见图 14.7)。

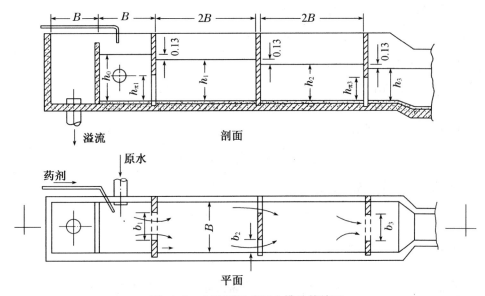

图 14.7　分流隔板式混合槽计算简图

【解】

(1) 槽的横断面 f　槽中流速采用 $v=0.6$ m/s,故

$$f=\frac{Q}{v}=\frac{0.15}{0.6}=0.25 \text{ m}^2$$

(2) 末端隔板后水深 H　采用 $H=0.5$ m。

(3) 槽宽 B

$$B=\frac{f}{H}=\frac{0.25}{0.5}=0.5 \text{ m}$$

(4) 隔板通道的水头损失 h_c　通道孔洞流速采用 $v_c=1$ m/s,所以有

$$h_c=\frac{v_c^2}{\mu^2 2g}=\frac{1^2}{0.62^2\times2\times9.81}=0.13 \text{ mH}_2\text{O}$$

式中:μ——孔眼流量系数。

三道隔板的总水头损失为

$$\sum h_c = 3h_c = 3 \times 0.13 = 0.39 \text{ mH}_2\text{O}$$

(5) 中部隔板 中部隔板通道分两侧开设,每侧通道孔洞断面 f_2 为

$$f_2 = \frac{Q}{2v_c} = \frac{0.15}{2 \times 1} = 0.075 \text{ m}^2$$

中部隔板后的水深 h_2 为

$$h_2 = H + h_c = 0.5 + 0.13 = 0.63 \text{ m}$$

通道孔洞的淹没水深取 0.13 m,故中部隔板通道孔洞的净高度 $h_{\pi 2}$ 为

$$h_{\pi 2} = h_2 - 0.13 = 0.63 - 0.13 = 0.5 \text{ m}$$

中部隔板通道的宽度(单侧)b_2 为

$$b_2 = \frac{f_2}{h_{\pi 2}} = \frac{0.075}{0.5} = 0.15 \text{ m}$$

(6) 末端隔板 末端隔板通道孔洞的断面 f_3 为

$$f_3 = \frac{Q}{v_c} = \frac{0.15}{1} = 0.15 \text{ m}^2$$

末端隔板后水深 $h_3 = H = 0.5$ m

通道孔洞的淹没水深采用 0.13 m,故通道孔洞的净高 $h_{\pi 3}$ 为

$$h_{\pi 3} = h_3 - 0.13 = 0.37 \text{ m}$$

末端隔板通道的宽度为

$$b_3 = \frac{f_3}{h_{\pi 3}} = \frac{0.15}{0.37} = 0.41 \text{ m}$$

(7) 首端隔板 首端隔板通道孔洞的断面 f_1 为

$$f_1 = \frac{Q}{v_c} = f_3 = 0.15 \text{ m}^2$$

首端隔板后的水深 h_1 为

$$h_1 = H + 2h_c = 0.5 + 2 \times 0.13 = 0.76 \text{ m}$$

通道孔洞的淹没水深采用 0.16 m,故首端隔板通道孔洞的净高 $h_{\pi 1}$ 为

$$h_{\pi 1} = h_1 - 0.16 = 0.76 - 0.16 = 0.6 \text{ m}$$

首端隔板通道孔洞的宽度 b_1 为

$$b_1 = \frac{f_1}{h_{\pi 1}} = \frac{0.15}{0.6} = 0.25 \text{ m}$$

首端隔板前的水深 h_0 为

$$h_0 = h_1 + h_c = 0.76 + 0.13 = 0.89 \text{ m}$$

(8) 隔板间距 l

$$l = 2B = 2 \times 0.5 = 1.0 \text{ m}$$

计算简图见图 14.7。

15.5.4 机械混合

(1) 设计要点

机械搅拌混合池的池为圆形或方形,可以采用单格,也可以多格串联。

机械混合的搅拌器可以是浆板式、螺旋浆式或透平式。浆板式采用较多,适用于容积较

小的混合池(一般在 2 m³ 以下),其余可用于容积较大的混合池。混合时间控制在 10～30 s 以内,最大不超过 2 min,桨板外缘线速度为 1.0～5 m/s。

混合池内一般设带两叶的平板搅拌器。

当 H(有效水深)∶D(混合池直径)≤1.2～1.3 时,搅拌器设一层;

当 H∶$D>$1.2～1.3 时,搅拌器可设两层;

当 H∶D 的值很大时,可多设几层,相邻两层桨板采用 90°交叉安装,间距为(1.0～1.5)D_0(D_0 为搅拌器直径);

搅拌器离池底(0.5～1.0)D_0,$D_0=\left(\dfrac{1}{3}～\dfrac{2}{3}\right)D$,搅拌器宽度 $B=(0.1～0.25)D_0$。

(2)算例

【算例 3】 桨板式机械混合池的计算

设计水量 $Q=5\,000$ m³/d$=208$ m³/h,池数 $n=2$ 个。

【解】

(1)池体尺寸的计算

① 混合池容积 W。采用混合时间 $t=2$ min,则

$$W=\frac{Qt}{60n}=\frac{208\times2}{60\times2}=3.47 \text{ m}^3$$

② 混合池高度 H。混合池平面采用正方形,边长 $B=1.6$ m,则有效水深 H' 为

$$H'=\frac{W}{B^2}=\frac{3.47}{1.6^2}=1.36 \text{ m}$$

超高取 $\triangle H=0.3$ m,则池总高度

$$H=H'+\Delta H=1.36+0.3=1.66 \text{ m}$$

(2)搅拌设备的计算

① 桨板尺寸。桨板外缘线直径 $D_0=1$ m,桨板宽度 $b=0.2$ m,桨板长度 $l=0.3$ m。

垂直轴上装设两个叶轮,每个叶轮装一对桨板。

混合池布置见图 14.8。

② 垂直轴转速 n_0。桨板外缘线速度采用 $v=2$ m/s,则

$$n_0=\frac{60v}{\pi D_0}=\frac{60\times2}{3.14\times1}=38.2\approx38 \text{ r/min}$$

③ 桨板旋转角速度 ω

$$\omega=\frac{2V}{D_0}=\frac{2\times2}{1}=4 \text{ rad/s}$$

④ 桨板转动时消耗功率 N_0

$$N_0=C\frac{\rho\omega^3Zb(R^4-r^4)}{408g}$$

式中:C——阻力系数,$C=0.2～0.5$,采用 0.3;

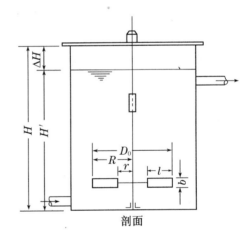

剖面

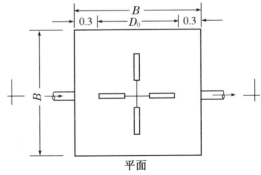

平面

图 14.8 桨板式机械混合池布置

ρ——水的密度，1 000 kg/m³；

Z——浆板数，此处 $Z=4$；

R——垂直轴中心至浆板外缘的距离，m，$R=\dfrac{D_0}{2}=\dfrac{1}{2}=0.5$ m；

r——垂直轴中心至浆板内缘的距离，m，$r=R-l=0.5-0.3=0.2$ m；

g——重力加速度，9.81 m/s²

所以　　　$N_0=0.3\times\dfrac{1\,000\times3.8^3\times4\times0.2}{408\times9.81}\times(0.5^4-0.2^4)=0.200\,6$ kW

⑤ 转动浆板所需电动机功率 N。浆板转动时间的机械总功率 $\eta_1=0.75$，传动效率 $\eta_2=0.6\sim0.95$，采用 $\eta_2=0.7$，则

$$N=\frac{N_0}{\eta_1\eta_2}=\frac{0.200\,6}{0.75\times0.7}=0.382\text{ kW}$$

选用功率 0.55 kW 电机。

第15章 臭氧、活性炭处理

15.1 臭氧消毒

15.1.1 设计要点与设计参数

臭氧(O_3)是一种极强的氧化剂和高效杀菌消毒剂,具有特殊的刺激性气味,在浓度很低时呈现新鲜气味,臭氧是淡蓝色气体,在高压下形成的液体为深褐色。

(1)臭氧消毒工艺流程

臭氧须由臭氧发生器现场制取,一般以干燥空气为原料,在$10\sim20$ kV 交流电压作用下,通过电极间放电制取低浓度的臭氧化空气。

由于臭氧不易溶于水而被充分利用,生产成本又相当高,所以要有设计良好的水气接触装置,方能充分发挥臭氧的效力。

臭氧与水接触后,剩余的臭氧从尾气管中排出,为保护环境,必须加以处理。臭氧消毒处理工艺流程如图 15.1 所示。

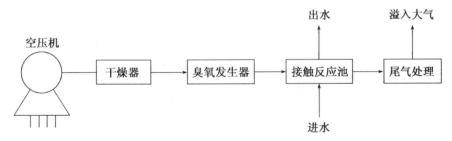

图 15.1 臭氧消毒处理工艺流程

(2)设计参数

① 投加量

臭氧消毒的投加量由于受出水水质的影响较大,应通过试验或参照类似处理厂的运行经验确定,污水二级处理出水一般为$1\sim5$ mg/L。

② 臭氧发生器的选择

臭氧发生量 $D(\mathrm{kgO_3/h})$ 的计算公式如下。

$$D = 1.06aQ$$

式中:a——臭氧投加量,$\mathrm{kg/m^3}$;

Q——处理水量,$\mathrm{m^3/h}$;

1.06——安全系数。

另需考虑 $25\%\sim30\%$ 的备用,且不得少于 2 台备用。

臭氧发生器的工作压力 H

$$H\geqslant h_1+h_2+h_3$$

式中:h_1——接触池水深,m;

h_2——布气装置的水头损失,m;

h_3——臭氧化空气输送管的水头损失,m。

臭氧发生器产品所产生的臭氧化空气中的臭氧浓度约为 $10\sim20$ g/m³。

③ 臭氧接触系统

臭氧吸收接触装置有多种形式:微孔扩散器、水射器、填料塔、机械涡轮注入器和固定螺旋混合器等,如图 15.2 所示。

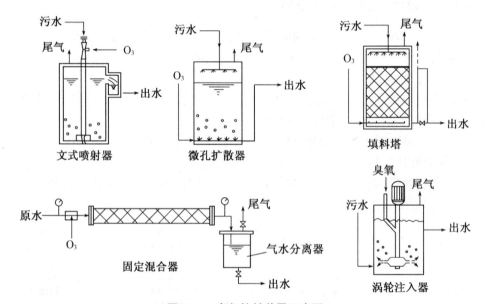

图 15.2 臭氧接触装置示意图

目前,各种新型微孔扩散器材料不断出现,产生的气泡较小,溶氧效率逐步提高,因此应用较广泛。不同接触方式的比较见表 15.1。

表 15.1 不同接触方式的比较

接触方式	臭氧利用率 /%	要求水头 /(kgf/m²)	气体压力 /(kgf/m²)	主要特点
微孔扩散器	90~99	无	>0.6	效率高,简单易行,易堵塞
水射器	80~95	1~2.5	无	需另外的加压系统,用于小投加量
填料塔	90~99	无	>0.6	传质好,效率高,但填料费用高
机械涡轮注入器	70~90	无	无	效率较低,需消耗动力
固定螺旋混合器	70~90	1~2.5	>0.6	效率较低,水头损失大

注:1 kgf/m² = 9.806 65 Pa,全书同。

a. 消毒接触时间一般为 $4\sim12$ min,当需要可靠消灭病毒时,可用双格接触池。第一格接触时间 $4\sim6$ min,第二格接触时间 4 min,布气量可按 $4:6$ 分配。

b. 臭氧接触池容积 V

$$V=\frac{QT}{60}$$

式中:Q——设计流量,m³/h;

T——水利停留时间,min。

接触池水深一般为 $4\sim4.5$ m,根据接触时间要求可建成封闭的单格或多格串联的接触池,如图 15.3、图 15.4 所示。

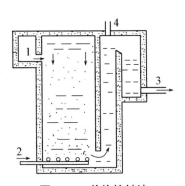

图 15.3 单格接触池

1—进水;2—臭氧化空气进口;3—出水;4—尾气

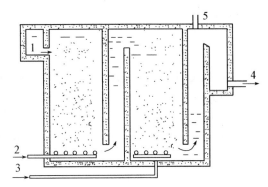

图 15.4 双格接触池

1—进水;2、3—臭氧化空气进口;4—出水;5—尾气

c. 微孔扩散器的材料有陶瓷、刚玉、锡青铜、钵板等。国产微孔扩散材料压力损失实测值见表 15.2。

表 15.2 国产微孔扩散材料压力损失实测值

材料型号及规格	不通过气流量[L/(cm² · h)]下的压力损失/kPa							
	0.2	0.45	0.93	1.65	2.74	3.8	4.7	5.4
WTDIS 型钛板 (孔径小于 10 μm,厚 4 mm)	5.80	6.00	6.40	6.80	7.06	7.333	7.60	8.00
WTDZ 型微孔钛板 (孔径 10~20 μm,厚 4 mm)	6.53	7.06	7.60	8.26	8.80	8.93	9.33	9.60
WTD3 型微孔钛板 (孔径 25~40 μm,厚 4 mm)	3.47	3.73	4.00	4.27	4.53	4.80	5.07	5.20
锡青铜微孔板 (孔径未测,厚 6 mm)	0.67	0.93	1.20	1.73	2.27	3.07	4.00	4.67
刚玉石微孔板(厚 20 mm)	8.26	10.13	12.00	13.86	15.33	17.20	18.00	18.93

④ 尾气处理

臭氧接触池的尾气中还含有一部分臭氧,如直接排入大气会污染环境,危害人体健康,必须加以处理。尾气处理的方法有燃烧法、活性炭吸附法、化学吸收法和霍加特催化法。

· 227 ·

⑤ 臭氧处理系统的安全与防护

a. 臭氧具有很强的腐蚀性,管道阀门、接触反应设备均应采取防腐措施。

b. 臭氧发生间的电线、电缆不能使用橡胶包线,应使用塑料电线。

c. 设备间应设置通风设备,通风机应安装在靠近地面处。

15.1.2 算例

【算例 1】 臭氧消毒工艺设计

某污水处理厂二级处理出水采用臭氧消毒,设计水量 $Q=1\,450\ \mathrm{m^3/h}$,经试验确定其最大投加量为 3 mg/L,试设计臭氧消毒系统。

【解】

(1) 所需臭氧量 D

$$D=1.06aQ=1.06\times0.003\times1450=4.61\ \mathrm{kgO_3/h}$$

考虑到臭氧的实际利用率只有 70%~90%,确定需要臭氧发生器的产率 $=4.61/70\%=6.59\ \mathrm{kgO_3/h}$

(2) 臭氧接触池

设臭氧接触池水力停留时间 $T=10\ \mathrm{min}$,则臭氧接触池容积为

$$V=\frac{QT}{60}=\frac{1\,450\times10}{60}=241.67\ \mathrm{m^3}$$

采用两个串联的臭氧接触池,设计水深 4.5 m,超高 0.5 m,第一、二格池容积按 6:4 分配,容积分别为 145.00 $\mathrm{m^3}$、96.67 $\mathrm{m^3}$,接触池面积为

$$A=V/h_1=241.67/4.5=53.7\ \mathrm{m^2}$$

池宽取 5 m,池长为 11 m,则接触池容积为

$$V=11\times5.0\times4.5=247.5\ \mathrm{m^3}>241.7\ \mathrm{m^3}$$

臭氧接触池计算图如图 15.5 所示。

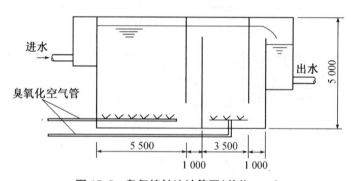

图 15.5 臭氧接触池计算图(单位:mm)

(3) 微孔扩散器的数量 n

设臭氧发生器产生的臭氧化空气中的臭氧浓度为 $20\ \mathrm{g/m^3}$,则臭氧化空气的流量 $Q_{气}$ 为

$$Q_{气}=\frac{1\,000\times6.59}{20}=329.5\ \mathrm{m^3/h}$$

折算成发生器工作状态($t=20\ \mathrm{℃}$,$p=0.08\ \mathrm{MPa}$)下的臭氧化气流量 $Q'_{气}$ 为

$$Q'_{气}=0.614Q_{气}=0.614\times329.5=202.3\ \mathrm{m^3/h}$$

选用刚玉微孔扩散器,每个扩散器的鼓气量为 $1.2\ \mathrm{m^3/h}$,则扩散器个数

$$n=Q'_{气}/1.2=202.3/1.2=169\ 个$$

(4) 臭氧发生器的工作压力 H

① 接触池设计水深 $h_1=4.5\ \mathrm{m}$。

② 布气装置的水头损失查表 15.2,$h_2=17.2\ \mathrm{kPa}=1.72\ \mathrm{mH_2O}$。

③ 臭氧化空气管路损失 h_3。根据臭氧化空气流量、管径、管路布置计算管路的沿程和局部水头损失,取 $h_3=0.5\ \mathrm{m}$,则

$$H\geqslant h_1+h_2+h_3=4.5+1.72+0.5=6.72\ \mathrm{m}$$

(5) 选择设备

选用 4 台卧管式臭氧发生器,3 用 1 备,每台臭氧产量为 $3\ 500\ \mathrm{g/h}$。

(6) 尾气处理

采用霍加拉特催化剂分解尾气中臭氧,每 $1\ \mathrm{kg}$ 药剂可分解约 $27\ \mathrm{kg}$ 以上的臭氧,选用两个装设 $15\ \mathrm{kg}$ 催化剂的钢罐,交替使用,隔 $100\ \mathrm{h}$ 将药剂取出,烘干后继续使用。

15.2　活性炭吸附单元

15.2.1　活性炭吸附概述与设计要点

通过活性炭吸附,可以去除一般的生化处理和物化处理单元难以去除的微量污染物质。活性炭吸附杂质的范围很广,不仅可以除嗅、脱色、去除微量的元素及放射性污染物质,而且还能吸附诸多类型的有机物质,如高分子烃类、卤代烃、氯化芳烃、多核芳烃、酚类、苯类以及杀虫剂、除草剂等。随着现代给水工程面对着更多的水源遭受微有机污染质,活性炭吸附在现代给水工程中的应用日趋广泛。在三级处理中的活性炭吸附单元基本上是直接由给水处理工程借鉴而来,所采用的设计方法及材料设备均与给水处理系统相同。

(1) 活性炭的类型

活性炭既可以按生产原料分类,也可以按其性状和使用功能来分类。生产活性炭的原料不同,产品的特性和用途也不同。如用木材制成的活性炭具有最大的孔隙,往往专门用于液相吸附。而用果壳制成的活性炭则因孔隙最小,常用于吸附气相小分子。有关不同品牌活性炭产品的规格、性能、用途及生产厂商等均可查阅给水排水设计手册第 12 册《器材与装置》和《给水排水设计手册·材料设备》(续册)第 4 册。在同一类应用领域中,活性炭产品的性状和类型又往往决定了其使用方式,因此,在水处理行业中多习惯于这一分类方式。活性炭产品一般有粉状、粒状和块状三种。在各种水处理中,以粉状活性炭 PAC 和粒状活性炭 GAC 最为常见,但粉状炭与粒状炭的使用方法及吸附装置是完全不同的。粉状活性炭常与混凝剂联合使用,投加于絮凝单元中。粒状活性炭则往往装于容器内,作为滤料使用。

(2) 吸附装置

① 悬浮吸附装置:使用粉状活性炭常采用悬浮吸附方法,将 PAC 投加到原水中,经过混合、搅拌,使活性炭表面与介质充分接触,实现吸附去除污染物的目标。其反应池大致可分为两种类型:一种是搅拌混合型,一般设于沉淀单元之前。其工作方式相似于絮凝反应

池,采用搅拌器在整个池内进行快速搅拌,保持活性炭与原水充分接触。另一种是泥浆接触型,相似于澄清池。采用这种池型,一方面可以延长活性炭在池内的停留时间,使活性炭接近达到吸附平衡,提高去除效率;另一方面还可以增强反应器的缓冲能力,在原水浓度和流量发生变化时,不需频繁调整活性炭投加量就能得到稳定的处理效果。通常这类泥浆接触型吸附池多直接借用澄清池,将吸附单元与固液分离单元结合起来。

在污水的深度处理中采用泥浆接触型反应池时,活性炭对有机物质的吸附量比一次式搅拌混合型的反应池增加 30%,并能发挥相当于 1.5 个搅拌吸附池的能力。在这种池内又分为固液接触部分、凝聚部分以及固液分离部分。活性炭浆一面在池内循环,一面和连续流入的原水相接触,逐渐趋于达到吸附平衡。为了防止活性炭流失,通常使用高分子混凝剂或者硫酸铝,铁盐等无机混凝剂来提高固液分离效果。活性炭粉末在絮凝过程中还能形成絮凝体的骨核,对提高絮凝体的沉淀性能产生积极的作用。对粉状炭进行再生并重复使用时,为了控制灰分的增加,最好使用高分子混凝剂。通常使用阳离子型高分子混凝剂比较适合,对某些种类的污水亦可采用非离子型的混凝剂,对不同的废水应通过试验来选择适宜的混凝剂。在泥浆接触反应池内的炭浆浓度要保持在 10%~20% 之间。在浓缩区积存的活性炭要定期排出,并利用螺杆泵把活性炭输送到脱水装置。

② 滤床吸附装置:在活性炭吸附装置中,使用最多的就是滤床类吸附装置。其滤床类吸附装置又可分为固定床、移动床和流动床等,固定床的构造、工作方式、反冲洗方式等都与普通快滤池十分相似,只是把砂滤层换成了粒状活性炭。移动床和流动床的工作方式则类似于用于水质软化的离子交换装置。有关滤床吸附装置的构造特点、工作原理、设计方法、炭粒再生方法等均在给水排水设计手册第 3 册《城镇给水》中有详细介绍,可在设计中参考。

(3) 吸附试验

① 确定吸附容量:活性炭对水中有机物质的吸附效果受许多因素影响,如活性炭颗粒大小、溶质浓度和水温等。因此须通过吸附容量试验来测定单位重量活性炭能吸附的溶质重量。

测定不同活性炭对水中杂质的吸附容量,可将重量为 m 的某一型号活性炭放到初始溶质浓度为 C_0、容积为 V 的水样中,不断搅拌,直至达到吸附平衡(即溶质浓度不再变化)时,再测定溶质的浓度 C_e,便可求出单位重量的活性炭在平衡时所吸附的溶质量,即吸附容量:

$$q_e = \frac{x}{m} = \frac{V(C_0 - C_e)}{m} \text{(mg/g 炭)}$$

在一定温度下,吸附容量 q_e 和溶质浓度 C_e 的关系可用 Freundlich 吸附等温式表示:

$$q_e = KC_e n$$

式中:K、n——常数。

在双对数坐标纸上,$\lg q_e$ 和 $\lg C_e$ 为线性关系,即吸附等温线,K 为直线的截距,n 为斜率。依据吸附等温线可对各种炭的吸附容量进行分析比较。有条件时,除等温吸附数据外,还应进行三种以上滤速的连续炭柱试验,以确定滤床的设计参数。

② 确定吸附速率:吸附速率由吸附动力学试验得出。重复上面的试验,测定不同时间 t 的水样中溶质浓度 C,直到浓度不再变化,达到平衡浓度 C_e 时为止,即可求出溶质浓度变化速率:

$$\ln\left(\frac{C_0 - C_e}{C - c_e}\right) = k_a t$$

式中：k_a——单位时间内，每克炭所吸附的溶质量，称吸附速率常数，其值等于所得直线的斜率。

③ 试验装置：对滤床试验，可选用直径为 $100\sim150$ mm，高为 $1.5\sim2.5$ m 的炭柱装置，炭层厚度约 $1.0\sim1.5$ m。为模拟选用的滤床厚度，可将试验炭床串联布置。对悬浮吸附试验，则可直接借用作混凝试验用的搅拌装置和烧瓶。

吸附试验的目的在于比较活性炭的吸附性能，确定处理效果并取得有关的设计参数。因此，通常吸附试验应比较两种以上的活性炭产品；对滤床设计，还应进行比较三种以上的滤速。

（4）设计要点

① 由吸附试验确定设计参数：活性炭吸附能力不仅取决于活性炭产品本身的吸附特性，而且也取决于介质中污染物的组分构成。因此要取得有针对性的设计参数，通常都要进行活性炭吸附实验（吸附导试）。一方面，吸附实验是确定处理效果、吸附时间、活性炭用量以及过滤水头损失、反冲洗条件等设计参数的重要依据。另一方面吸附实验也是确定、选择活性炭品种的有效方法。通过上节所述的试验方法，对试验数据分析整理后，便能取得基本设计参数。

② 在活性炭吸附滤床的设计中，接触时间 t 与吸附滤速 v、炭层厚度 h，以及炭床容积 R、设计流量 Q 之间的相关关系为

$$t=\frac{R}{Q}=\frac{h}{v}$$

由于活性炭的吸附容量和吸附速率决定了炭床容积与设计流量之间的关系，因此，在接触时间、吸附滤速与炭层厚度这三个相互关联的设计参数之间，选取任何一个参数时都应考虑其他参数的取值范围。例如：在接触时间相同的条件下，当选取了较高的吸附滤速时，炭层厚度就将随之增高；反之，则炭层厚度降低。但不论如何，其过滤装置的总容积都是相对恒定的。受过滤设备构造高度的限制，要提高设计滤速，就必须通过增加滤罐（池）串联级数，来增大炭层厚度，满足接触时间的要求。而串联级数过高不仅会增大系统的水头损失、增加能耗，而且还会给运行管理带来诸多不便。为此，在设计中应充分考虑滤速与系统流程的内在关系，避免选用过高的滤速，以简化流程和运行管理，提高系统的可靠性。

拟采用滤床吸附装置可参考选用以下数值：

a. 接触时间：通常可根据活性炭的柱容来计算接触时间。对于三级处理，当出水要求的 COD 为 $10\sim20$ mg/L 时，接触时间可采用 $20\sim30$ min；要求出水的 COD 为 $5\sim10$ mg/L 时，则接触时间为 $30\sim50$ min。

b. 吸附滤速：活性炭床的吸附滤速与砂滤池相似，滤速一般为 $6\sim15$ m³/(m²·h)。

c. 操作压力：操作压力通常为每 30 cm 炭层厚不大于 7.1 kPa。相当于采用 3 m 高的炭柱时，操作压力不超过 71 kPa。

d. 炭层厚度：炭层的厚度通常在 $4\sim12$ m 之间选用，常用厚度为 $4\sim8$ m。炭层应考虑有超高，炭床膨胀率按 $20\%\sim50\%$ 考虑。单柱炭床的炭层厚度一般为 $1.2\sim2.4$ m，炭床多为串联工作，运行时依次顺序冲洗、再生一组串联床数通常不多于 4 个。并联组数不应少于 2 组，以便活性炭再生或维修时，不致停产而影响水质。

e. 反冲洗：活性炭滤床的反冲洗与快滤池十分相似。工作周期不大于 12 h，反冲时间一般为 $5\sim10$ min，反冲强度为 30 m³/(m²·h)。

采用粉末活性炭吸附时,炭浆浓度可控制在 20%～30% 之间,接触时间为 1.0～1.5 h 为宜。

③ 预处理及其他:在活性炭吸附处理之前,应对原水进行必要的预处理。以提高活性炭的吸附能力,延长活性炭的使用寿命。常用的预处理方法主要是传统的混凝、澄清、过滤。由于活性炭对小分子的有机物吸附能力更强,在活性炭吸附之前增设臭氧氧化单元,将有利于提高活性炭的吸附效果和处理能力。使用过的活性炭应再生后重复利用,活性炭的再生方法很多,常用的再生方法和设备可参见给水排水设计手册第 3 册《城镇给水》。

此外,在三级处理中采用活性炭吸附单元时要特别注意吸附装置厌氧产气问题。为避免活性炭吸附装置在运行中出现厌氧条件,设计中应采取以下措施:

① 强化预处理,尽量降低原水中的 BOD;
② 控制原水在装置中的水力停留时间;
③ 限制工作周期,增加反冲洗次数;
④ 增设气冲洗系统,提高冲洗效果,并增加介质的溶解氧值。

15.2.2 算例

【算例 1】 某工厂排废水 5 000 m³/d,经生化处理后,COD 降为 30 mg/L。拟采用粉状活性炭吸附处理后回用,回用水流量为 100 m³/h,水质要求 COD≤3 mg/L。

静态吸附试验采用六个烧杯,每杯 1 L 水样进行试验,达到吸附平衡时的试验结果见表 15.3。

表 15.3   试验结果

活性炭投加量	50	100	150	200	250	500
剩余 COD 浓度	18	11	7.5	5.0	3.5	1.0

(1) 求出表示溶液浓度和吸附量之间关系的计算式。

(2) 求出粉状活性炭投加量。

(3) 采用水力循环澄清池作为泥浆接触反应池进行吸附,设计停留时间为 1.0 h,活性炭浆浓度为 20 g/L。试问当原水的 COD 浓度增至 50 mg/L 时,仍按(2)的活性炭投加量运转,4 h 之后处理水水质恶化到何种程度?在这种状态下继续运转,最终处理水 COD 的浓度为多少?

【解】

(1) 利用式 $q_e = \dfrac{x}{m} = \dfrac{V(C_0 - C_e)}{m}$,计算平衡吸附量 q(mg/mg 炭)与溶液的 COD 浓度之间的关系,结果见表 15.4。

表 15.4   平衡吸附量与剩余 COD 关系

剩余 COD 浓度	50	100	150	200	250	500
平衡吸附量 q	18	11	7.5	5.0	3.5	1.0

将此结果在双对数坐标纸上作图,得到一条直线(图略)。根据直线斜率得 $1/n = 0.5$。又根据 $c = 1$ 时的 q 值 0.058,可求出 k 值。由此关系求得 Freundlich 吸附等温式:

$$Q=0.058C^{0.5} \tag{15.1}$$

（2）当剩余的 COD 为 3 mg/L 时，其平衡吸附量 q 等于 0.1 mgCOD/mg 炭。故活性炭投加量 m/V 可用另一种形式来计算：

$$\frac{m}{v}=\frac{c_0-c_e}{q_e}=\frac{30-3}{0.1}=270 \text{ mg/L} \tag{15.2}$$

即处理每立方米水需消耗活性炭粉 270 g。

（3）由停留时间，可求出吸附池的容积 V_a 为

$$V_a=100\times0.1=100 \text{ m}^3$$

根据炭浆浓度，可求出池内的活性炭总量 M 为

$$M=100\times20=2\,000 \text{ kg}$$

根据活性炭的平衡吸附量 q 和活性炭总量 M，可求出池内活性炭吸附的 COD 总量 Q_a 为

$$Q_a=0.1\times2\,000=200 \text{ kg}$$

当原水 COD 由 30 mg/L 增至 50 mg/L，而且在不改变活性炭供给量的条件下进行运转时，在 4 h 内应该多吸附的 COD 量 Q_c 为

$$Q_c=(50-30)\times100\times4/2\,000=4 \text{ kg}$$

根据 Q_a+Q_c 和 M，可求出经过 4 h 之后的吸附量 q_c 为

$$q_c=(200+4)/2\,000=0.102 \text{ kgCOD/kg 炭}$$

根据(15.1)与 $q=0.102$，相对应的溶液浓度可由(15.2)计算：

$$C=(q/0.058)^2=(0.102/0.058)^2=3.09 \text{ mg/L}$$

因此，经 4 h 之后，处理水的 COD 约为 3.09 mg/L。从(15.1)和(15.2)中消去 q，则

$$C=C_0+1.68\times10^{-3}\frac{m^2}{V}-\left\{\left[C_0+1.68\times10^{-3}\left(\frac{m}{v}\right)^2\right]^2-C_0^2\right\}^{0.5} \tag{15.3}$$

将 $C_0=50, m/V=270$ 代入(15.3)，得

$$C=7.406 \text{ mg/L}$$

这表明：原水浓度上升到 50 mg/L 时，保持 270 mg/L 的活性炭粉供给量连续运行，处理水的 COD 浓度缓慢增加，最终达到 7.406 mg/L 的吸附平衡点。

另外，可借鉴经验数据进行设计：在设计前期阶段或在无法取得原水水质进行吸附导试的条件下，可采用借鉴相关工程参数的方法进行设计，但应注意在设计时留有充分的余地，以便在实际运行中能进行调整。

15.3 活性炭吸附深度处理

15.3.1 处理概述与设计参数

（1）活性炭的吸附与再生

① 吸附性能

活性炭吸附是深度处理技术中成熟有效的方法之一，活性炭不仅能吸附去除水中的有机物，从而降低水中的三卤甲烷的前体物，还可以去除水中的色、嗅、味、微量重金属、合成洗

涤剂、放射性物质,也可利用活性炭吸附工艺进行脱氮等。活性炭对有机物的去除除了吸附作用外还有生物化学的降解作用。它最大的特点是可以去除水中难以生物降解或一般氧化法不能分解的溶解性有机物。

活性炭产品分粉末活性炭(PAC)和颗粒活性炭(GAC)。粉末活性炭粒径为 $10\sim50\,\mu m$。一般与混凝剂一起投加到原水中,以去除水中的色、嗅、味等,即间歇吸附。因目前不能回收,使用费用高,仅做应急措施使用,颗粒活性炭的有效粒径一般为 $0.4\sim10\,mm$,通常以吸附滤池的形式将水中的有机物、臭味和有毒有害物质吸附去除,即连续吸附或称动态吸附。

② 再生方法

活性炭在运行一段时间后,吸附能力逐渐降低,最后因饱和而失效。因此,活性炭再生是活性炭水处理工艺中的重要组成部分。再生方法很多,如溶剂萃取、酸碱洗脱、蒸汽吹脱、湿式空气氧化、电解氧化、生物氧化、高频脉冲放电、微波加热、热法再生等,但目前国内用得最多的还是采用高温加热的热法再生。

热法再生是在一种专门的再生炉中进行的。在炉中通入燃料(煤气或油)、空气和水蒸气,产生高温气流,直接加热活性炭。国内使用的再生炉有直接电流加热炉、立式移动床炉和盘式炉等。其再生能力大都在 $50\sim100\,kg/h$ 之间,再生温度一般为 $750\sim850\,℃$,与之相应的水处理规模约为 $12\sim30\,kt/h$,活性炭再生的时间与炭的使用条件有关。

活性炭吸附法处理程度高,应用范围广,适应性强,可进行再生和重复使用,设备紧凑,管理方便。

(2) 活性炭吸附装置的设计参数

① 吸附装置的形式

吸附装置的形式有固定床、移动床、流化床等,使用较多的是固定床。

a. 固定床

将被处理水连续通过炭接触器,使水中的吸附质被活性炭吸附,当出水中吸附质的含量达到规定的数值时,应停止进水,对活性炭进行再生。吸附再生可在同一设备中交替进行,也可将失效活性炭排到再生设备中进行再生。

固定床又分为重力式和压力式。重力式用在下向流池中,可采用普通快滤池、虹吸滤池或无阀滤池,压力式有上向流、下向流两种,构造同压力滤池。

b. 移动床

移动床为压力式,原水由底部从下向上通过活性炭滤层与活性炭进行逆流接触。冲洗废水和处理后的水从池顶部流出。失效炭由底部排出,新活性炭从池顶间歇性或连续性加入。活性炭处理单元一般在快滤池和消毒工艺之间,也可在快滤池砂滤料上铺设活性炭层。如活性炭直接吸附处理浊度高的原水,则会降低吸附有机物的功能。

c. 流化床

在吸附时活性炭在塔内处于形胀状态。

② 防止炭粒流失的措施

为防止冲洗时活性炭流失,压力滤池的活性炭层上设置不锈钢丝网,下面设不锈钢格栅和卵石承托层。

③ 床体的运行组合

固定床一般为 $2\sim3$ 个串联使用,但不宜多于 4 个,运行时依次顺序再生。水量大时,可将几组串联池并联运行。进水有机物浓度较低但处理水量较大时,可多个固定床并联使用,但活性炭利用率降低。钢制固定床的直径不宜超过 1.6～2.0 m。

移动床可以只设 1 个,流量大时可多个并联运行。

固定床和移动床都应有备用。

④ 滤速

下向流的滤速为 5～15 m/h,上向流为 12～22 m/h。

重力式下向流小于 10 m/h,压力式下向流可大于 10 m/h,移动床(8×30 目炭)应小于 15 m/h。

⑤ 活性炭的粒径和厚度

一般颗粒活性炭的平均粒径以 0.8～1.7 mm 较好,既有良好的水力性能又能减少吸附区高度。炭层厚度为 1.5～2.0 m,接触时间为 10～20 min。

⑥ 反冲洗要求

反冲洗强度为 8～9 L/(s·m²),冲洗时间为 4～10 min。冲洗水量不超过 5% 的处理水量,反冲洗周期可以按设定的时间定期进行,也可按水头损失增长值确定,一般冲洗间隔大约 72～144 h,反冲洗时滤层膨胀率为 30%～50%。

无须气水反冲洗和表面冲洗等辅助冲洗设施,反冲洗水用过滤水或活性炭池出水。

⑦ 活性炭的输送

活性炭最好采用水力输送法,炭浆浓度的碳水比一般为(1:12)～(1:8)。可用水射器、隔膜泥浆泵或橡皮衬里的凹形叶轮离心泵,通过管道输送。管道内径不小于 5 cm,炭浆流速不小于 1 m/s,以防止炭沉淀,但也不应大于 2 m/s,以免磨损管道。5 cm 内径的管道,输送炭的能力为 10～20 kg/min,100 m 长度管道的摩擦损失约为 0.6～3 m。

国内活性炭吸附法水处理的一些运行实例,例于表 15.5 中,供参考。

表 15.5　国内部分活性炭吸附法水处理实例资料

工程情况	项目			
	白银有色金属公司	沈阳市自来水公司	兰州炼油厂	某化工厂
处理类别	饮用水深度处理	饮用水深度处理	炼油废水深度处理	TNT 废水深度处理
处理流程	黄河水→自然沉淀→混凝沉淀→砂滤→活性炭吸附→供用户	地下水→活性炭虹吸吸↓氯滤池→储水池	废水→隔油→浮选→曝气→砂滤→活性炭吸附→回用	废水→沉淀→活性炭吸附→回用或排放
处理水量 /(t/d)	30 000	40 000	12 000	250
设备和类型	钢制圆锥形接触塔 6 座,直径 4.5 m,高 7.6 m,单塔处理能力 209 m³/h,每塔装新华 8# 炭 30 t(60 m³),为逆流移动床	炭接触装置采用钢筋混凝土虹吸滤池形式,采用新华 8#、5# 混合筛余炭,炭层厚 1.5 m	吸附塔 6 座,直径 3.6 m,高 6.5 m,每塔装新华 8# 炭 50 m³,炭层厚 5m。为逆流移动床	采用升流式固定床,炭柱直径 1 m,装 5# 筛余炭 1 100 kg,炭层高 4.6 m。两组(每组三柱)并联运行
通过流速 /(m/h)	16.1	10～15	10	10.2

续　表

工程情况	项目			
	白银有色金属公司	沈阳市自来水公司	兰州炼油厂	某化工厂
接触时间/min		9～10	40	27
冲洗周期	2 次/周	10 d 左右		
再生方式	直接电流加热再生炉	沸腾炉热再生(煤气加热)	移动床立式加热炉	热再生法(先用低温热分解,然后活化再生)
再生能力/(kg/h)	76	62.5	80～120	
工程投资/万元	110	60	176	
水处理成本/(元/m²)	0.036	0.033	0.051	0.070
处理效果	汞、砷、氰化物、硝基化合物等均低于国家饮用水规定的指标	嗅阈值由 40～60 降至 0～5,CCE 值由 1.1～1.3 降至 0.04～0.171	出水清澈透明,无色无味	可将废水中的 TNT 和 RDX(黑索金)降低到排放标准0.5 mg/L

15.3.2　算例

【算例 1】　颗粒活性炭吸附法用于饮用水深度处理的计算

某给水厂拟采用活性炭吸附法进行饮用水深度处理,原水 OC 含量平均 $C=12$ mg/L,pH$=6.5$,水温 10 ℃,供水规模为 $Q=6\ 000$ m³/d$=250$ m³/h,处理出水 OC 含量 $C_e=0.6$ mg/L。经过现场进行三种以上滤速的炭柱试验(活性炭柱炭层高 1.8 m,颗粒活性炭的粒径为 0.8～1.7 mm),试验结果见表 15.6,绘制 q_0(吸附容量即达到饱和时吸附剂的吸附量)、K(速率系数)、h_0(工作时间为零时,保证出水吸附质浓度不超过允许浓度的炭层理论高度)与水力负荷关系曲线。

表 15.6　三种以上滤速的活性炭柱试验结果

滤速/(m/h)	q_0/(kg/m³)	K/[m³/(kg·h)]	h_0/m
6	86	0.467	0.436
12	67	0.793	0.677
24	57	1.173	1.067

【解】

根据动态吸附试验结果和水厂条件,决定采用重力式固定床,池型用普通快滤池(活性炭滤池池体具体计算参见普通快滤池部分)。滤速取 $v_L=10$ m/h,炭层厚度 $H_0=2.0$ m,活性炭填充密度 $\rho=0.5t/$ m³。

(1) 活性炭滤池总面积 $F=Q/v_L=250/10=25$ m²

（2）活性炭滤池个数 N

采用两池并联运行 $N=2$，每池面积为 $f=25/2=12.5\ \text{m}^2$

平面尺寸取 $3.6\ \text{m}\times3.6\ \text{m}$。另外备用一个活性炭滤池，共 3 个活性炭滤池。

（3）接触时间

$$t_{接}=H_0/v_L=2/10=0.2\ \text{h}$$

（4）活性炭充填体积 V

$$V=FH_0=25\times2=50\ \text{m}^3$$

（5）每池填充活性炭的质量 G

$$G=V\rho=50\times0.5=25\ \text{t}$$

（6）活性炭工作时间 t

查表 13.6，当滤速为 $10\ \text{m/h}$ 时，$K=0.696\ \text{m}^3/(\text{kg}\cdot\text{h})$，$h_0=0.6\ \text{m}$，$q_0=72.6\text{kg/m}^3$。

则活性炭的工作时间

$$t=\frac{q_0}{C_0 V}h-\frac{1}{C_0 K}\ln\left(\frac{C_0}{C_e}-1\right)=\frac{72.6}{0.012\times10}\times2-\frac{1}{0.012\times0.696}\times\ln\left(\frac{0.012}{0.006}-1\right)=1\ 210\ \text{h}$$

（7）活性炭每年更换次数 n

$$n=365\times24/t=365\times24/1\ 210\approx7.24，取\ 8\ 次$$

（8）活性炭层利用率

$$(H_0-h_0)/h=(2-0.6)/2=70\%$$

（9）活性炭滤池的高度 H

活性炭层高 $H_n=2.0\ \text{m}$，颗粒活性炭的粒径为 $0.8\sim1.7\ \text{mm}$；承托层厚度 $H_{0层}=0.55\ \text{m}$（级配组成见表 15.7）；活性炭层以上的水深 $H_1=1.70\ \text{m}$；活性炭滤池的超高 $H_2=0.30\ \text{m}$；活性炭滤池的总高

$$H=H_n+H_{0层}+H_1+H_2=2.0+0.55+1.70+0.30=4.55\ \text{m}$$

表 15.7　活性炭滤池承托层组成

层次（自上而下）	粒径 /mm	承托层厚度 /mm	层次	粒径 /mm	承托层厚度 /mm
1	1～2	100	4	8～16	100
2	2～4	100	5	16～32	150
3	4～8	100			

（10）单池反洗流量 $q_{冲}$

反洗强度取 $8\ \text{L}/(\text{s}\cdot\text{m}^2)$，冲洗时间为 $10\ \text{min}$，则

$$q_{冲}=fq=12.5\times8=100\ \text{L/s}=0.1\ \text{m}^3/\text{s}$$

（11）冲洗排水槽

每池只设一个排水槽，槽长 $3.6\ \text{m}$，槽内流速采用 $0.6\ \text{m/s}$。冲洗膨胀率取 30%，槽顶位于滤层面以上的高度为 $1.17\ \text{m}$。

（12）集水渠采用矩形断面，渠宽采用 $b=0.3\ \text{m}$，集水渠底低于排水槽底的高度 $0.6\ \text{m}$。

（13）配水系统

采用大阻力配水系统，配水干管 $DN300$，始端流速 $1.37\ \text{m/s}$。配水支管中心距采用

0.25 m,支管总数 28 根,支管流量 0.003 57 m^3/s,支管直径 DN50 mm,流速 $v_支$＝1.69 m/s,支管长 1.65 m。孔眼孔径 0.012 m,孔眼总数 165 个,每一支管孔眼数 6 个,孔眼中心距 0.55 m,孔眼平均流速 5.3 m/s。

（14）冲洗水箱

容积 90 m^3,水箱内水深 3.5 m,圆形水箱直径 6 m。水箱底至冲洗排水槽的高差 5.0 mH_2O。

【算例 2】 活性炭吸附塔基本尺寸的计算

处理水量 Q＝600 m^3/h;原水平均 COD 为 90 mg/L;出水 COD 要求小于 30 mg/L。

根据动态吸附试验结果,拟采用间歇式移动床吸附塔,其主要设计参数为:空塔内流速 v＝10 m/h;接触时间 t＝30 min;通水倍数 W＝6 m^3/kg(即单位质量活性炭处理水量);炭层密度 ρ＝0.43 t/m^3。

【解】

（1）吸附塔总面积 F

$$F=Q/v=600/10=60 \text{ m}^2$$

采用 4 塔并联式移动床,即塔数 n＝4

（2）单塔面积 f

$$f=F/n=60/4=15 \text{ m}^2$$

（3）吸附塔直径 D

$$D=\sqrt{4f/\pi}=\sqrt{4\times15/\pi}=4.4 \text{ m,采用 4.5 m}$$

（4）塔内炭层高度 h

$$h=vt=10\times0.5=5 \text{ m}$$

（5）单塔炭层容积 V

$$V=fh=15\times5=75 \text{ m}^3$$

（6）单塔所需活性炭质量 G

$$G=V\rho=75\times0.43=32.25 \text{ t}$$

（7）每日总需炭量 g

$$g=24Q/W=24\times600/6=2\,400 \text{ kg/d}=2.4 \text{ t/d}$$

【算例 3】 粉末活性炭补充量的计算

处理水量 Q＝360 m^3/h＝100 L/s;进水有机物浓度 C_0＝20 mg/L;出水有机物浓度 C＝1 mg/L。

试验测得的吸附等温线方程为

$$q=\frac{0.13\times0.345C_e}{1+0.13C_e}$$

式中:q——活性炭的吸附量,g/g;

C_e——吸附平衡时水中剩余的吸附质浓度,mg/L。

粉末活性炭投加在可连续搅拌的接触池内,池子容积 V＝6 000 L。开始运行时,炭量按每升池容积 20 g 投加。活性炭流出池子经分离后再回到池内,直到完全饱和才排走进行再生,同时按水流量中所含的有机物量补充投加活性炭。

【解】

（1）运行时间

活性炭按池容积每升 20 g 加入。

$C_e=1$ mg/L 时的活性炭吸附量为

$$q=\frac{0.13\times0.345\times1}{1+0.13\times1}=0.039\ 7\ \text{g/g}$$

开始运行时，所投加的全部活性炭所能吸附的有机物总量为

$$20\times6\ 000\times0.039\ 7=4\ 763\ \text{g}$$

在流量为 100 L/s 时，若按出水浓度为 1 mg/L 计，则吸附 4 763 g 有机物所需要的时间为

$$\frac{4\ 763}{100\times(0.020-0.001)}=2\ 507\ \text{s}=41.3\ \text{min}$$

实际上，池内所去除的有机物浓度应该是从 20 mg/L 变到 19 mg/L，而不是常数 19 mg/L。取平均值得 19.5 mg/L，因此吸附 4 763 g 有机物所需要的时间为

$$\frac{4\ 763}{100\times0.019\ 5}=2\ 442\ \text{s}=40.7\ \text{min}$$

（2）活性炭的补充量

在 40.7 min 后所应补充的活性炭量，只需满足将流量 100 L/s 水中的有机物去除即可。考虑到理论计算与实际情况之间的差别，去除有机物的浓度按 20 mg/L 计算。当 $q=0.039\ 7$ mg/mg 时，则活性炭的补充投加量为

$$100\times20/0.0397=50\ 380\ \text{mg/s}=50.38\ \text{g/s}$$

15.4　臭氧预处理、深度处理及臭氧-生物活性炭联合深度处理

15.4.1　概述

臭氧(O_3)是氧(O_2)的同素异形体，它具有极强的氧化能力，在水中的氧化还原电位仅次于氟。自 1785 年发现至今，作为一种强氧化剂、消毒剂、精制剂、催化剂等已广泛用于化工、石油、纺织、食品及香料、制药等工业部门。

（1）与臭氧联用的水处理技术

① 臭氧的水处理功能

臭氧在水处理中的应用开始于 1905 年，目前在发达国家作为消毒剂已经达到普及程度。随着研究、应用的不断深入，水处理中臭氧的使用范围越来越广，如污染物的氧化与分解、脱色、除嗅、灭藻、除铁、除锰、除硫化物、除酚、除氰、除农药、除致癌物、分解表面活性剂以及降低水中有机物含量等。它还能使原水中溶解性有机物产生微凝聚作用，强化水的澄清、沉淀和过滤效果，提高出水水质，节省消毒剂用量。

臭氧在微污水源水处理中可用作预处理、深度处理以及和其他处理技术联合使用作为预处理或深度处理的手段，如紫外线-臭氧、臭氧-生物处理等联用工艺。

因为臭氧在氧化水中蛋白质、氨基酸、有机胺、木质素、腐殖质等有机物的过程中会产生一些中间产物，如果这些中间产物没有被彻底氧化，水的 BOD、COD 指标就会升高。而用

臭氧氧化全部有机物不经济,故臭氧预处理或深度处理的目的是部分氧化有机物,去除水中色、嗅、味,强化混凝沉淀效果。

② 臭氧与生物处理联用的工艺

臭氧与生物处理联用处理微污染水源水用于实际工程的工艺有臭氧-煤/砂滤池、臭氧-慢滤池、臭氧-生物活性炭、臭氧-土壤渗滤。其中的臭氧-生物活性炭联合处理工艺效率高,出水水质好,发达国家的水处理工程采用较多。我国的一些水厂也相继采用这一工艺进行微污染水源水的深度处理。

在生物处理之前投加臭氧,不仅可以依靠臭氧极强的氧化能力,部分氧化水中有机物,尤其是生物氧化不能去除的有机物,还能使水中的有机物分子量减小,提高水中有机物的可生化性。另外,臭氧分解使水中溶解氧的含量增加,供后续生物炭滤池进行生化反应时所需的氧量。后续的生物活性炭处理单元在活性炭吸附、炭粒表面生长的生物膜的生物吸附和生物氧化降解作用下使水中有机物含量进一步降低。臭氧-生物活性炭联合处理工艺能显著提高活性炭除污能力,延长活性炭使用周期。

③ 臭氧使用中的问题

臭氧的使用也会带来一些问题,如臭氧发生设备复杂,能耗高,占地面积大;投加臭氧时气味大,工作条件差,影响周围环境;臭氧的强氧化性使车间的钢、铁、塑料制品受到腐蚀、老化。

(2) 臭氧和生物活性炭的技术参数

① 臭氧

a. 臭氧作为预处理手段,用于除臭、味时,臭氧投量为 1~2.5 mg/L,接触时间>1 min;脱色时,臭氧投量为 2.5~3.5 mg/L,接触时间>5 min;除铁、锰时,臭氧投量为 0.5~2 mg/L,接触时间>1 min;去除有机物时,臭氧投量为 1~3 mg/L,接触时间>5 min;去除 CN^- 时,臭氧投量为 2~4 mg/L,接触时间>3 min;去除 ABS 时,臭氧投量为 2~3 mg/L,接触时间>10 min;去除酚时,臭氧投量为 1~3 mg/L,接触时间>10 min。

b. 臭氧作为深度处理手段,投量约为 0.5~1.0 mg/L。

c. 臭氧-生物活性炭联合处理工艺中,臭氧投量约为 0.5~1.5 mg/L。

d. 臭氧在水中的半衰期为 20 min 左右,在没有试验数据时,设计氧化接触时间一般采用 5~15 min。

② 生物活性炭

a. 在生物活性炭前不能进行预氯化处理,否则微生物不能生长,因而失去生物活性炭的生物氧化作用。

b. 生物活性炭滤池的滤速 5~10 m/h,炭床高 2~4 m,空床接触时间 12~40 min,高径比(炭床高与半径比)2~4,炭粒径 0.3~2.0 mm,反冲洗水强度 10~16 L/(s·m²),气体反冲洗强度 5~9 L/(s·m²),反冲洗时间 12~20 min,反冲洗周期 3~35 h,反冲洗膨胀率 30%~50%。

c. 生物活性炭的处理效果受水温影响,当水温低于 10 ℃时更明显。

d. 由于活性炭表面生长的生物膜的生物净化作用,显著提高了活性炭的工作周期。生物活性炭法比单独使用活性炭的周期增加了 2~9 倍。

15.4.2　算例

【算例 1】 臭氧-生物活性炭联合处理微污染水源水的计算

某给水厂采用臭氧－生物活性炭联合进行饮用水深度处理，主要去除水中的有机物。原水 OC 含量平均 $C_0 = 6$ mg/L，pH=6.5，水 10 ℃，供水规模为 $Q = 4\,800$ m³/d=200 m³/h。

经现场试验，臭氧投量为 $a = 1.0$ mg/L=0.001 kg/m³，接触反应装置内的水力停留时间 $t = 5$ min。活性炭滤池滤速 $v_L = 10$ m/h 时，活性炭滤层厚 $H_n = 2.5$ m，颗粒活性炭的粒径为 0.8～1.7 mm。有机物的平均去除率为 39%（其中，臭氧单元去除 28%，生物活性炭单元去除剩余有机物的 15.3%）。

【解】

(1) 臭氧投加

① 所需臭氧量 D

$$D = 1.06aQ = 1.06 \times 0.001 \times 200 = 0.212 \text{ kgO}_3/\text{h}$$

考虑到设备制造及操作管理水平较低等因素（臭氧的有效利用率只有 60%～80%），确定选用臭氧发生器的产率可按 500 g/h 计。

② 设备选型

因厂内没有氧气源，故选用某厂生产的空气源臭氧发生器，产品型号为 YCKGC-00500。发生器直径为 Φ0.68 m，高 1.58 m，放电面积 7～8 m²。环境温度 0～40 ℃，相对湿度要求小于 85%RH，进气压力露点≤−40 ℃，噪声<65 dB，工作压力 0.2 MPa，冷却水流量 1 m³/h，冷却水温度<30 ℃。电源为 380 V，50 Hz，臭氧产量调节范围 0～100%，耗电量 27 kW·h/kgO₃。臭氧化气浓度≥18 g/m³。

③ 接触装置（采用鼓泡塔）

a. 鼓泡塔体积 $V_塔$

$$V_塔 = Qt/60 = 200 \times 5/60 \approx 16.67 \text{ m}^3$$

b. 塔截面积 $F_塔$。塔内水深 H_A 取 4 m，则

$$F_塔 = Qt/(60H_A) = 200 \times 5/(60 \times 4) = 4.17 \text{ m}^2$$

c. 塔高 $H_塔$

$$H_塔 = 1.3H_A = 5.2 \text{ m}$$

d. 塔径

设 2 座鼓泡塔，每座面积

$$F'_塔 = F_塔/2 = 4.17/2 = 2.085 \text{ m}^2$$

每座鼓泡塔直径

$$D_塔 = \sqrt{4F'_塔/\pi} = \sqrt{4 \times 2.085/\pi} \approx 1.62 \text{ m}$$

④ 臭氧化气流量

$$Q_气 = 1\,000D/Y = 1\,000 \times 0.212/18 \approx 11.78 \text{ m}^3/\text{h}$$

折算成发生器工作状态下的臭氧化气流量

$$Q'_气 = 0.614Q_气 = 0.614 \times 11.78 \approx 7.23 \text{ m}^3/\text{h}$$

⑤ 微孔扩散板的个数 n

根据产品样本提供的资料，所选微孔扩散板的直径 $d = 0.2$ m，则每个扩散板的面积

$$f = \pi d^2/4 = 3.14 \times 0.2^2/4 = 0.031\ 4\ m^2$$

使用微孔钛板,微孔孔径 $R = 40\ \mu m$,系数 $a = 0.19$, $b = 0.066$,气泡直径取 $d_{气} = 2\ mm$,则气体扩散速度

$$\omega = (d_{气} - aR^{1/3})/b = (2 - 0.19 \times 40^{1/3})/0.066 \approx 20.5\ m/h$$

微孔扩散板的个数

$$n = Q'_{气}/(\omega f) = 7.23/(20.5 \times 0.031\ 4) \approx 11\ 个$$

⑥ 所需臭氧发生器的工作压力 H_y

a. 塔内水柱高为 $h_1 = 4\ mH_2O$。

b. 布水元件水头损失 h_2 查表, $h_2 = 0.2\ kPa \approx 0.02\ mH_2O$。

c. 臭氧化气输送管道水头损失。臭氧化气选用 $DN15\ mm$ 管道输送,总长 30 m,气体流量较小,输送管道的沿程及局部水头损失按 $h_3 = 0.5\ mH_2O$ 考虑。

臭氧发生器的工作压力 H_y

$$H_y = h_1 + h_2 + h_3 = 4 + 0.02 + 0.5 = 4.52\ mH_2O$$

⑦ 尾气处理。

余臭氧消除器采用壁挂式活性炭余臭氧消除器吸附催化剩余臭氧。

(2) 活性炭滤池

由于生物活性炭是在贫营养的环境下降解有机物,氧气需要量不大。原水中含有一定的溶解氧,原水在进入活性炭滤池之前经过了落差 0.5 m 跌水曝气供氧,同时臭氧分解产生的氧气也增加了水中溶解氧的含量。所以在活性炭滤池内水的溶解氧量是足够的,不需设置曝气系统。

① 活性炭滤池总面积

$$F = Q/v_L = 200/10 = 20\ m^2$$

② 活性炭滤池个数 N_L。采用两池并联运行 $N_L = 2$,每池面积为

$$f = 20/2 = 10\ m^2$$

平面尺寸取 3.6 m×3.6 m。另外备用一个活性炭滤池,共 3 个活性炭滤池。

③ 接触时间

$$T_L = \frac{H_n}{v_L} = \frac{2.5}{10} = 0.25\ h$$

④ 活性炭充填体积 V

$$V = FH_n = 10 \times 2.5 = 25\ m^3$$

⑤ 每池填充活性炭的质量 G

活性炭填充密度 $\rho = 0.5\ t/m^3$,则

$$G = V\rho = 25 \times 0.5 = 12.5\ t$$

⑥ 活性炭工作时间 t_L

吸附型活性炭模型试验结果为滤速为 10 m/h 时, $K = 0.7\ m^3/(kg \cdot h)$, $h_0 = 0.5\ m$, $q_0 = 71\ kg/m^3$。进水 $C'_0 = 4.32\ mg/L$,出水 $C'_e = 3.66\ mg/L$。则吸附型活性炭的工作时间

$$t_x = \frac{q_0}{C'_0 v} h - \frac{1}{C'_0 K} \ln\left(\frac{C'_0}{C'_e} - 1\right) = \frac{71}{0.006 \times 10} \times 2.5 - \frac{1}{0.003\ 66 \times 0.7} \times \ln\left(\frac{0.006}{0.003\ 66} - 1\right)$$

$$= 3\ 132.9\ h$$

由于活性炭表面生长的生物膜降解了一部分有机物,延长了活性炭的工作周期。据试验结果,工作周期延长了 3 倍,则

$$t_L = 3t_x = 3 \times 3\ 132.9 = 9\ 398.7\ \text{h}$$

⑦ 活性炭每年更换次数

$$n = 365 \times 24 / t_L = 365 \times 24 / 9\ 398.7 \approx 0.93,\text{取 1 次}$$

⑧ 活性炭层利用率

$$(H_n - h_0) / H_n = (2.5 - 0.5) / 2.5 = 80\%$$

⑨ 活性炭滤池的高度 H_L

活性炭层高 $H_n = 2.5$ m,颗粒活性炭的粒径为 $0.8 \sim 1.7$ mm;承托层厚度 $H_{0层} = 0.55$ m,活性炭层以上的水深 $H_1 = 1.70$ m;活性炭滤池的超高 $H_2 = 0.30$ m;则活性炭滤池的总高

$$H_L = H_n + H_{0层} + H_1 + H_2 = 2.5 + 0.55 + 1.70 + 0.30 = 5.05\ \text{m}$$

⑩ 炭滤池排水槽、排水渠、反冲洗配水系统、反冲洗水箱等的设计步骤参见普通快滤池部分。

第16章　膜分离

膜分离技术主要应用领域及其作用见表16.1所示。

表16.1　膜分离技术主要应用领域及其作用

应用领域	膜分离技术	作用
海水、苦咸水淡化	RO、ED	提取淡水
纯水、高纯水制备	RO、ED	用作混合树脂预脱盐
	NF	软化 RO 供水
	UF	用作 RO、ED 或 EDI 供水预处理
	MF	用作纯水、高纯水制备系统的终端装置
医药、医疗、卫生	RO	医用纯水、注射用水和抗生素、激素等小分子量物质的浓缩
	UF	血液去除毒素、腹水超滤治腹水症、霍乱外毒素精制、人体生长激素提取、浓缩人血清白蛋白、浓缩中草药
	MF	热敏药物除菌、注射液去菌、去微粒,细菌快速测定
食品饮料	RO、UF、MF、ED	生产用水脱盐、净化,各种酒类、酱油、醋去浊,矿泉水去菌净化等
环境工程废水处理	RO、UF、ED	化工、造纸、电镀、纺织印染废水脱盐、去 COD 和 BOD,水回收利用 造纸工业回收木质素、印染工业回收染料、毛纺工业回收羊毛脂、金属涂装工业浓缩电泳漆废水等

注:RO:反渗透;NF:纳滤;UF:超滤;MF:微滤;ED:电渗析;EDI:填充床电渗析

16.1　超滤设计要点

超滤是一种介于纳滤与微滤之间的膜分离技术。膜的截留分子量范围为 500~500 000 道尔顿左右,相应孔径大小的近似值约为 50 Å~1 000 Å。

超滤分离过程以筛滤机理为主。通常情况下,可把不同截留分子量的超滤膜看作是不同孔径的系列筛网。在一定的压力(0.1~0.7 Mpa)下,它只允许溶剂和小于膜孔径的溶质透过,而阻止水中的悬浮物、微粒、胶体、大分子有机物和细菌等大于膜孔径的溶质通过,以完成溶液的分离、净化、分级及浓缩的过程。

近30年来,超滤技术的发展极为迅速,不但在特殊溶液的分离方面有独到的作用,而且在工业给水方面也用得越来越多。例如在海水淡化、纯净水及高纯水的制备中,超滤可作为高级预处理设备,确保 RO 及 EDI 等设备的长期安全连续运行。在食品饮料、矿泉水生产中,超滤发挥了更重要的作用。因为超滤仅去除水中的悬浮物、胶体微粒和细菌等杂质,而保留对人体健康有益的矿物质。

超滤分离的特性有:

(1) 分离过程不发生相变化,耗能量少。

(2) 分离过程可以在常温下进行,适合一些热敏性物质如果汁、生物制剂及某些药品等的浓缩或者提纯。

(3) 分离过程仅以低压泵提供的压力作为推动力,设备及工艺流程简单,易于操作、管理及维修。

(4) 应用范围广,凡溶质分子量为 500~500 000 道尔顿或者溶质尺寸大小为 50~1 000 Å 左右,都可以利用超滤分离技术。此外,采用系列化不同截留分子量的膜,能将不同分子量溶质的混合液中各组分实行分子量分级。

16.2　分　类

超滤装置同反渗透装置相类似,根据处于工作状态时膜的形状也分为板框式、管式、卷式和中空纤维式四种结构形式。

(1) 板框式

板框式超滤装置类似于化工常用的板框压滤机,其构造系由数十张膜与支撑板一层一层叠加而成,其顶端和底部各有一块封板,并用长螺栓夹紧固定。为了防止发生泄漏现象,在各层板之间设有 O 型密封圈。膜支撑板可由工程塑料制成,它的作用一是支撑膜,防止膜被压破;二是输出透过水。

板框式结构优点是:

① 装置牢固,适合在广泛的压力范围内工作。

② 流道间隙大小可以调节,而且还可以设计成为具有促进湍流的机构,改善水的流动状态,提高膜的传质效果。同时,原水流道不易被杂物堵塞,因而应用面较广泛。

③ 该种装置具有可拆性,清洗比较方便,既可以实施化学清洗,又可以拆开装置用海绵等柔软物擦洗。

④ 不同透水量的系列化装置,可通过增减膜及膜支撑板的数量很容易地实现。

其缺点是:

① 装置比较笨重。

② 单位体积内的有效膜面积较小。虽然新近开发了一种流道间隙为 0.8 mm 的薄板超滤装置,但其膜的充填密度与卷式和中空纤维式结构相比较仍有相当的差距。

③ 对所用膜的强度要求较高,以防在较高压力或者高速流体的冲击下发生损坏,通常的做法是将膜做在织物(或不织布)上,以增强膜的机械性能。

(2) 管式

管式超滤装置系由圆管形的膜及多孔性的支撑管构成。品种有多样,按圆管的直径大小不同分有粗管和细管。按膜的工作面(即致密层)在圆管的内壁或外壁分为内压式和外压式。按圆管的构型分有直管式和螺旋管式。按圆管的组合方式又分有单管式和列管式。另外还分有套管式和管束式等。

管式超滤装置优点：

① 原液流道截留面积比较大，不易被堵塞，因而对供水预处理要求不十分严格。②膜面的清洗比较容易，既能实施化学方法清洗，也可用海绵球之类软物进行机械擦洗，因而应用面比较广。

③ 为改进原水在膜表面的流动状态，管内宜设置湍流促进器，以改进传质效果。

其缺点是：

① 单位体积内膜的充填密度较低，因而占地面积大。

② 膜管的弯头及联接件多，设备安装劳工费时。

（3）卷式

卷式超滤装置最基本的工作单元是膜组件。膜组件是由膜元件（俗称膜芯）和与之相配合的压力容器构成。

卷式膜元件构造由中心集水管、膜支撑体、膜和原水导流网等构成。将片状多孔支撑体夹在两张膜中间（膜的致密层向外），三个边用黏接剂密封，成为袋状，敞口一边连接到带有许多小孔的中心管上，每一个袋状膜称为一页，一个或数个这样的袋状膜，连同附在袋外的原水导流网一起卷绕在中心集水管上，成为圆筒状膜卷。

卷式结构的优点是：

① 单位体积内有效膜面积较大（即膜充填密度大）。

② 水在膜表面流动状态较好。

③ 结构紧凑，占地面积较小。

其缺点是：

① 对进水预处理要求较严格（但不像中空纤维式反渗透装置那样严格），以防堵塞导流网。

② 对所用膜强度要求较高，要耐折叠，耐水力冲击，因此必须用织物（或不织布）增强的超滤膜。

③ 使用过程中，一旦发现膜破损或有泄漏现象将无法弥补，要更换新的膜元件。

（4）条槽式

条槽式超滤装置也叫槽棒式超滤装置。实际上它是外压管式的变形结构。只不过是将圆管支撑体改为槽棒。制作时将棒料沿轴向开数道沟槽（通常为三个沟槽），外包织物（或其他多孔支撑体），并将膜覆在织物上。使用时，将制作好的膜件装入一压力容器内，原水从容器的一端进入并沿轴向流动，浓缩水从容器的另一端排出，透过膜及膜支撑物的水进入棒的沟槽并引出体外。

（5）中空纤维式

中空纤维超滤膜是一种很细的空心纤维管，类似于中空纤维反渗透膜，但超滤膜的纤维管比较粗。外压式纤维管的外径为 $0.4\sim0.5\,\mathrm{mm}$，内压式约为 $0.8\sim1.2\,\mathrm{mm}$。它们的外径与内径之比为 2:1 左右。

根据工作面是在纤维管的内壁还是外壁，分内压式和外压式两种。内压式中空纤维超滤组件是将数千根甚至于数万根空心纤维平行地装入耐压容器中，两个端头用环氧树脂密封(纤维的空心不要堵塞),原水从容器的一端进入,并沿纤维的空心流动,浓缩水从容器的另一端排出。透过水透过膜后汇集于压力容器并引出。

外压式中空纤维超滤组件类似于中空纤维反渗透组件,进水是由钻有许多小孔的中心管均匀地向空心纤维布水,浓缩水从压力容器出水口排出,透过水则进入纤维的空腔并被引出。

无论是内压式还是外压式的中空纤维超滤膜,它们的共同点是不设膜的支撑体,因为如此细的空心纤维,足可以承受超滤分离所需的工作压力。中空纤维膜的耐压性如式 16.1 所示,取决于它的外径和内径之比

$$P = K\left(\frac{D_外}{D_内} - 1\right) \tag{16.1}$$

式中:K——膜材料的抗拉强度;

D——管径。

因此,同样壁厚纤维管越细,耐压性能就越好。

中空纤维超滤装置的优点是:

① 单位体积内有效膜面积最大,因而工作效率最高,占地面积最小。

② 中空纤维膜无支撑物,不会因选择支撑物不当而影响产水水质。

其缺点是:

① 外压式的空心纤维很细,透过水在引出过程中阻力损失比较大。

② 膜的清洗比较困难,只能用水力冲洗或化学清洗,而不能采用机械清洗法。

③ 中空纤维膜一旦损坏无法修补,只能将整个组件更换。

(6) 各种结构形式超滤装置特点比较

以上四种不同结构类型的超滤装置,由于各有其特点,因而它们在不同的领域都得到广泛的应用。它们特点比较见表 16.2。

表 16.2 各种组件结构类型特点比较

	管式	平板式	卷式	中空纤维式
组件结构	简单	非常复杂	较复杂	较复杂
膜充填密度(m²/m³)	33~330	160~500	650~1 600	5 000~10 000
膜支撑结构	简单	复杂	简单	不需要
膜清洗	内压式易,外压式难	易	难	内压式易,外压式难
膜更换	更换膜	更换膜	更换元件	更换组件
膜更换难易	外压式易,内压式费时	较易	易	易
膜更换费用	低	中	较高	较高
对供水要求	低	较低	较高	高
要求泵功率	大	中	较小	小
安装工作量	大	中	小	小
适合应用范围	废水处理浓缩	浓缩特殊溶液分离	净水工程特殊溶液分离	净水工程特殊溶液分离

16.3　设计计算

（1）超滤的基本工艺流程

① 间歇式工艺流程

如图16.1所示，该工艺流程的特点是：运行过程中不补充新的料液。超滤后的浓缩液全部返回到料液槽，透过液则不断地排出，直到料液浓度达到预计的目标为止。

该工艺流程多用于溶液的浓缩。

② 无循环连续式工艺流程

如图16.2所示，该工艺流程的特点是：运行过程中不断补充新的料液。超滤后的浓缩液不断排放，透过液也连续地引出。

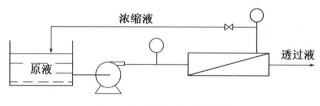

图16.1　间歇式工艺流程

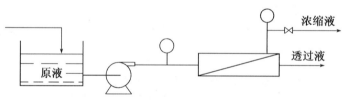

图16.2　连续式工艺流程

③ 部分循环连续式工艺流程

如图16.3所示，该工艺流程的特点是：运行过程中，不断补充新的料液。超滤后的浓缩液部分返回到料液槽或增压泵进口，另外一部分浓缩排放，透过水则连续引出。

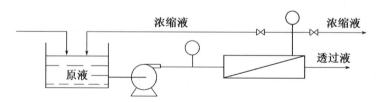

图16.3　部分循环连续式工艺流程

无循环连续式和部分循环连续式是目前常用的两种工艺流程设计。

（2）超滤的设计计算

① 截留率的计算

膜的截留率可由下式计算：

$$R_i = \left(1 - \frac{C_{ip}}{C_{if}}\right) \times 100\% \tag{16.2}$$

式中：R_i——溶质 i 的截留率；

C_{ip}——透过水中溶质 i 的浓度；

C_{if}——原水中溶质 i 的浓度。

透过水中溶质浓度 C_{ip} 由下式计算：

$$C_{ip} = C_{if}\left[2\left(1 - \frac{d}{2r}\right)^2 - \left(1 - \frac{d}{2r}\right)^4\right] \times \left[1 - 2.104\left(\frac{d}{2r}\right) + 2.09\left(\frac{d}{2r}\right)^3 - 0.95\left(\frac{d}{2r}\right)^5\right]$$

式中：d——被截留溶质 i 的直径，cm；

r——膜小孔半径，cm。

16.4 算 例

【算例 1】

有一超滤膜小孔的半径 r 为 31 Å（即 3.1×10^{-7}），被分离溶质的分子量为 45 000 道尔顿，分子直径 d 为 58 Å，试计算膜对该溶质的截留率。

【解】

由已知条件得 $\dfrac{d}{2r} = \dfrac{5.8 \times 10^{-7}}{2 \times 3.1 \times 10^{-7}} = 0.935$，代入下式得：

$$C_{ip} = C_{if}[2 \times 4.225 \times 10^{-3} - 1.78 \times 10^{-5}] \times [1 - 1.967 + 1.708 - 0.679]$$
$$= C_{if}(0.008\,43) \times (0.062) = C_{if} \times 5.227 \times 10^{-4}$$

即 $\dfrac{C_{ip}}{C_{if}} = 5.227 \times 10^{-4}$，代入式(16.2)得：

$$R_i = (1 - 5.227 \times 10^{-4}) \times 100\% = 99.95\%$$

透水量的计算：关于超滤膜水通量的计算，尽管以往有些科技人员根据某些特定溶液的实验数据或者理论推导，建立各种数学模型（例如有名的 Darcy 定律）。但至今尚没有一个准确完整的计算公式。因为影响膜水通量的因素太多，而建立一个数学模型往往需要引入一些与实际情况有出入的假设条件和设置测定或待定系数，并且计算过程也相当麻烦。

目前在实际超滤工程设计上，有的采用估算法，即根据组件供应厂商提供的性能数据，结合多年来的使用经验，建立一个简易的公式进行估算。

一般情况下，由一批组件构成的一套超滤装置的透水量，往往小于各组件的标称透水量之和，这主要是由于水力分布等方面的原因造成的。如果把组装后的超滤组件的实际初始透水量（q_1）与标称透水量（q_m）之比称为组装系数（K_m），则 $K_m = \dfrac{q_1}{q_m}$，或者 $q_1 = K_m q_m$。

根据经验，K_m 取值范围为 0.90～1.0，对于一般小型装置（例如少于 20 个组件），$K_m = 0.95$；中、大型装置（例如多于 20 个组件），$K_m = 0.90$；如果只有 1 个组件，$K_m = 1$。

另外，超滤组件透水量随着运转时间的延长会逐渐下降，但当下降到一定程度时，又会出现一相对稳定期，在此期间，超滤组件的透水量虽然仍有下降的趋势，但经过清洗再生后，基本上可恢复到某一相对稳定值。把组件的稳定透水量（q_s）与其标称透水量（q_m）之比称为

稳定系数 K_w，则 $K_w = \dfrac{q_s}{q_m}$，或者 $q_s = K_w q_m$。

根据经验，K_m 取值范围为 $0.70 \sim 0.95$，对于以普通城市自来水，经 $10 \sim 20\ \mu m$ 精密过滤器过滤后的水作为供水，$K_w = 0.8$；地表水仅经过砂滤过滤，$K_w = 0.7$；如果超滤组件作用作超纯水的终端处理设备，$K_w = 0.95$。

于是超滤装置的初始透水量（Q_1）和稳定透水量（Q_s）可分别由下式计算：

$$Q_1 = K_m \sum_{i=1}^{n} q_{im}$$

$$Q_s = K_w Q_1 = K_m K_w \sum_{i=1}^{n} q_{im}$$

式中：q_{im}——为第 i 个组件的标称透水量；

其余符号含义同前。

如果计划设计某一稳定透水量的超滤水处理工程所需要超滤组件的数量，可由下式计算：

$$n = \frac{Q_s}{q_s} = \frac{Q_s}{K_m K_w q_{im}}$$

式中：Q_s——设计稳定透水量，L/h；

其余符号含义同前。

如果实际操作温度不是 $25\ ℃$，则按如下公式计算：

$$Q_T = Q_{25}(1 + 0.021\ 5)^{T-25}$$

式中：T——为实际操作温度，℃。

【算例 2】

某一超滤水处理工程，设计稳定透水量为 $8\ m^3/h$，以城市自来水经 $10\ \mu m$ 精密过滤器过滤后作为供水，操作温度为 $25\ ℃$，操作压力为 $0.1\ MPa$，拟选用规格为 $\Phi 90\ mm \times 1\ 100\ mm$，截留分子量为 $50\ 000$ 道尔顿的中空纤维超滤组件，已知该组件的性能参数为：截留分子量：$50\ 000$ 道尔顿、纯水透过量（q）：$700\ L/h$、测试压力：$0.1\ MPa$、测试温度：$25\ ℃$、测试液：蒸馏水。

试计算：

① 该水处理系统需要组装超滤组件多少个？

② 组装完成后，该系统的实际初始透水量和稳定透水量各是多少？

③ 如果实际运行温度为 $20\ ℃$ 或 $28\ ℃$ 时，该系统的初始透水量和稳定透水量又各是多少？

【解】

① 所需组件个数

根据题意将有关数据代入下式得：

$$n = \frac{Q_s}{q_s} = \frac{8}{K_m K_w q} = \frac{8}{0.95 \times 0.8 \times 0.7} = 15 \text{ 个}$$

则该水处理系统应组装组件 15 个。

② 该水处理系统的实际初始透水量和稳定透水量

$$Q_1 = K_m \sum_{i=1}^{n} q_{im} = 0.95 \times 0.7 \times 15 \approx 9.98 \, \text{m}^3/\text{h}$$

$$Q_s = K_w Q_1 = 0.8 \times 9.98 \approx 7.98 \, \text{m}^3/\text{h}$$

则该水处理系统的实际初始透水量和稳定透水量分别为 9.98 m³/h 和 7.98 m³/h。

③ 在 20 ℃和 28 ℃的初始透水量和稳定透水量

设在 20 ℃和 28 ℃时的初始透水量和稳定透水量分别为 Q_{120}、Q_{s20}、Q_{128} 和 Q_{S28}，将有关数据分别代入式得

$$Q_{120} = Q_1 \times (1 + 0.021\,5)^{T-25} = 9.98 \times 1.021\,5^{-5} = 8.97 \, \text{m}^3/\text{h}$$

$$Q_{s20} = Q_s \times (1 + 0.021\,5)^{T-25} = 7.98 \times 1.021\,5^{-5} = 7.18 \, \text{m}^3/\text{h}$$

$$Q_{128} = Q_1 \times (1 + 0.021\,5)^{T-25} = 9.98 \times 1.021\,5^{3} = 10.6 \, \text{m}^3/\text{h}$$

$$Q_{s28} = Q_s \times (1 + 0.021\,5)^{T-25} = 7.98 \times 1.021\,5^{3} = 8.5 \, \text{m}^3/\text{h}$$

则 20 ℃时，初始和稳定透水量分别为 8.97 m³/h 和 7.18 m³/h；

28 ℃时，初始和稳定透水量分别为 10.6 m³/h 和 8.5 m³/h。

第17章　高级氧化法

17.1　铁炭微电解

17.1.1　铁炭微电解概述

铁炭微电解还原法是基于铁电极腐蚀溶解电化学的原理,在含有酸性的、导电性的电解质废水中,炭粒和金属铁之间会形成很多个微型的原电池,在反应体系中会构成一个个微型的电场。此时废水中的极性分子、分散的胶体颗粒以及微小的有毒物质会在微电场的作用下形成电泳,会向带有相反电荷的电极扩散,在电极上聚集形成大颗粒被沉淀,继而可以净化废水。生成的还原氢能使废水中的很多大分子有毒物质被还原成易生物去除的小分子物质。例如,废水中的硝基苯类有毒物质被还原成苯胺类易生物去除的有机物,从而可提高废水的可生化性。

铁炭微电解法处理废水的具体机理:铁炭具有不同的电极电位,在废水中铁可作为阳极,炭作为阴极从而形成原电池。

电极反应如下:

阳极:$Fe^0 - e^- \rightarrow Fe^{2+}$　　　　$E_{(Fe^{2+}/Fe^0)} = -0.44 \text{ V}$

(1) 酸性条件下

阴极:$2H^+ + 2e^- \rightarrow 2[H]$　　　　$E_{(H^+/H_2)} = 0.00 \text{ V}$

有氧条件下:$O_2 + 4H + 4e^- \rightarrow 2H_2O$　　　　$E_{(O_2/H_2O)} = 1.22 \text{ V}$

(2) 在中性或碱性条件下

阴极:$O_2 + 2H_2O + 4e^- \rightarrow 4OH^-$　　　　$E_{(O_2/OH^-)} = 0.41 \text{ V}$

铁炭微电解去除废水中有机物机理可归纳为:

① 氧化还原反应

原电池反应中,电极反应一般会生成化学活性比较高的产物,在中性或酸性条件下,铁电极所产生的还原氢、自由电子等都可能和废水中的有毒物质发生氧化还原反应,不易去除的基团可被降解成较易去除的基团,大分子物质可被去除成小分子物质,同时破坏废水中有机物的发色基团,继而可以达到去除色度的目的。

铁炭微电解也可去除废水中的一些无机盐成分,由铁电极的电解电位差可知,金属活性的顺序表中,在铁后面的金属离子就会被铁所还原,置换出来的金属会沉积在铁的表面,从而可以使一些高价位金属离子被还原,从而达到与废水分离的目的。而其他的一些化合物亦或是无机盐离子也可能会被单质铁或是亚铁离子所还原得到价态较低的还原产物。

② 电化学附集

铁炭之间会形成一个原电池,其周围会产生一个电场。一方面,在电场下,废水中的稳定胶体就会在电泳作用下被附集;另一方面,在电场的作用下废水中的带电离子会发生定向移动集聚到电极上沉积下来,继而去除这些带电的有毒物质。

③ 铁离子沉淀作用

在铁炭微电解中,一些无机物(如 S^{2-}、CN^-)也会和一些电池的电极产物如 Fe^{3+} 直接发生反应产生沉淀,继而得到去除。可以减轻对后续生物处理工艺的影响。

④ 铁的混凝作用

在铁炭微电解的过程中,由电极反应所产生的 Fe^{3+} 以及 Fe^{2+} 是很好的絮凝剂,可将废水中的污染物通过凝胶作用聚集在一起,形成以 Fe^{3+} 和 Fe^{2+} 为胶凝中心的很好的絮凝体。可用来夹裹、吸附和捕集悬浮的胶体形成共沉物。若值为碱性且在有氧的条件下,则会形成絮凝沉淀。反应式为:

$$Fe^{2+} + 2OH^- \rightarrow Fe(OH)_2 \downarrow$$

$$4Fe^{2+} + 8OH^- + O_2 + 2H_2O \rightarrow 4Fe(OH)_3 \downarrow$$

生成的 $Fe(OH)_2$ 和 $Fe(OH)_3$ 为胶体絮凝剂,具有较强的吸附絮凝性能。

⑤ 物理吸附

在铁炭微电解体系中,铁和炭都是一种多孔性物质,表面具有比较强的活性,可以吸附废水中的有机有毒物和多种金属离子,从而到达去除废水的目的。另外,废水中的有毒有机物与电极产物通过反应产生的络合物也具有吸附、絮凝和沉淀等作用。

总之,铁炭微电解法去除废水的机理是集絮凝吸附、络合作用、氧化还原、絮凝吸附、共同沉淀以及催化氧化等作用为一体的综合效应的结果。正是由于铁炭还原微电解过程中多种综合作用,使铁炭还原拥有远优于传统混凝工艺的效果,已成为解决难降解工业废水处理的有效手段和工艺方法。

17.1.2　铁炭微电解工程设计

铁炭还原微电解工艺的设计涉及反应器构型、工艺设计运行参数两方面的问题。

(1) 工艺流程及形式

铁炭还原工艺形式

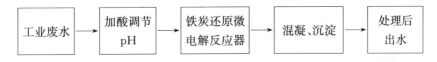

(2) 铁炭反应器或构筑物设计原则

铁炭还原微电解是铁炭还原工艺中至关重要的环节,但目前铁炭还原反应器、构筑物尚无明确的、统一的设计规范。因此需结合目前的工程实践及应用情况,提出铁炭反应器或构筑物设计原则。

① 铁炭还原滤池

笔者结合传统滤池及曝气生物滤池的构型特征,以及铁炭还原滤池的功能特性,提出铁炭还原滤池的设计原则。

铁炭还原滤池构型与普通快滤池及曝气生物滤池相似,尤其与曝气生物滤池基本相同,所不同之处在于滤料的选择及反冲洗系统的参数。曝气生物滤池滤料为陶粒、活性炭等,粒径 2～5 mm,而铁炭还原填料为工厂制备,粒径为 3～10 mm。此外,由于功能及滤料粒径的不同,其反冲洗方式及参数也有所区别。

曝气生物滤池的原理是滤料既是生物的载体,同时又发挥着截留污染物的重要功能。曝气生物滤池为恢复滤层的截污容量,对滤层的反冲洗要求较高,需要滤层在反冲洗时膨胀紊动,滤料与滤料之间,滤料与水、气之间不断擦洗,以清除滤层中截留的污染物,以擦除滤料上附着的污染物,使滤层恢复清洁。而铁炭还原滤池的主要功能在于提供一个铁炭微电解的场所,而不在于截留污染物,但随着运行时间的加长,一是铁炭填料微电解过程中产生的铁泥容易堵塞滤层,二是铁炭填料运行过程中可能发生钝化现象,但由于铁炭填料粒径较大,与曝气生物滤池或普通快滤池相比,反冲频率较低。铁炭滤池的反冲洗可清除滤层中部分铁泥,并在一定程度上减缓钝化现象。因而曝气生物滤池、普通快滤池与铁炭滤池的反冲洗参数有所差异。

铁炭还原滤池除易于堵塞之外,另外一个重要的问题是该种构型只适合小规模废水处理,适用于建立装置化水处理设施。对于大规模废水处理,如建设大规模铁炭还原滤池则投资较大。

② 铁粉、炭粉混合反应器

除铁炭滤池外,工程应用中尚有铁粉、炭粉混合反应法,但铁粉、炭粉成本较高,铁粉密度远高于废水,搅拌动力大。如反应时间不足,零价铁粉不能完全腐蚀而沉入池底或随水排出,难以调控。工程应用相对较少。但铁粉、炭粉混合反应器可克服铁炭滤池易于堵塞的缺点。

③ 铁炭还原接触法

针对铁炭还原滤池易于堵塞、板结及钝化,以及只适合水量较小的问题,笔者提出"铁炭微电解接触法"工艺。该种构型类似于接触氧化工艺,将铁炭填料做成包装袋,悬吊于接触池内,在接触池内曝气。实践证明,该种工艺构型易于建成大型构筑物,比较适用于大中型规模的废水处理,能够解决铁炭还原工艺的规模化水处理的问题。

(3) 铁炭反应器及构筑物构型

① 铁炭滤池

对于水量小于 10 000 m³/d 的中小规模废水处理工程,铁炭还原微电解装置构型常用滤池形式。铁炭还原滤池反应器构型示意见图 17.1,滤池方形、圆形均可。根据滤池构筑物构型及管路配置,还可以采用圆形铁炭滤罐形式。

② 铁粉、炭粉混合反应法

该种方式充氧靠废水中原有溶解氧及机械搅拌,对于废水中有机物浓度较高的废水,充氧效果较差,废弃炭粉与污泥混合后沉淀,无法回收,工程应用中较少采用。

铁粉、炭粉混合反应器示意见图 17.2。

③ 铁炭还原接触池

对于水量大于 10 000 m³/d 的大规模废水处理,如用滤池形式则投资及运行费用较高。因此,笔者近年根据工程实践,提出铁炭还原接触池构型,研发了铁炭还原接触池反应器其构型见图 17.3。

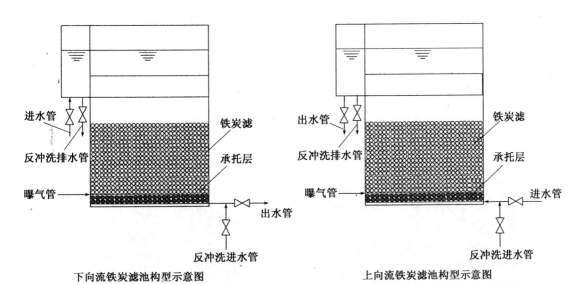

下向流铁炭滤池构型示意图   上向流铁炭滤池构型示意图

图 17.1 铁炭还原滤池反应器构型示意图

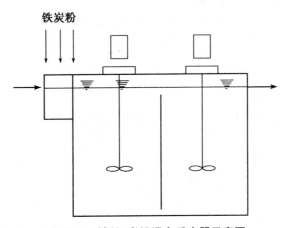

图 17.2 铁粉、炭粉混合反应器示意图

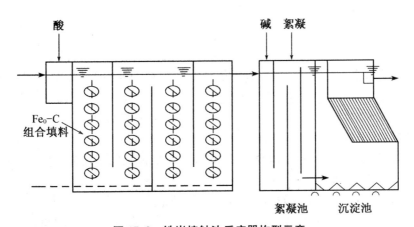

图 17.3 铁炭接触池反应器构型示意

这种构型不仅适合大型构筑物建设及运行，且不存在滤池的堵塞问题。由于采用接触法形式，铁炭填料与废水能够充分接触，处于曝气水流造成的紊动状态，填料的钝化及板结可在很大程度上减轻。铁炭接触法型在工程实施时，可全部采用钢筋混凝土构筑物形式，非常适合大中型废水处理规模的工程建设，投资成本低。

（4）铁炭还原填料

铁炭填料市场上均有销售成型填料，大部分为采用铁粉和炭粉烧成的不规则、大颗粒形状。常用铁炭填料见图17.4。

图 17.4　常用铁炭填料

（5）铁炭还原工程设计计算

主要设计运行参数：

① 酸调节

一般而言铁炭还原需将 pH 调节至 3～4 的较低水平，但 pH 过低容易造成铁炭填料中零价铁腐蚀过快，铁泥量及酸碱消耗量大。但废水水质不同，铁炭还原所需 pH 值也不尽相同。如水中含有促进铁腐蚀的无机盐，则有时 pH 值不需调至过低甚至不需调整，亦可达到铁炭微电解的目的，这一观点已经笔者及团队的研究及工程实践中证明。

铁炭还原 pH 调节酸投加量理论值可依据调节前后的 pH 值计算。实际情况中工业废水组分复杂，其中有的废水中含大量 pH 缓冲物质，导致实际投酸量和理论值偏差较大。故对于实际废水处理，除计算理论值之外，建议做烧杯实验，以确定准确的工程运行投加量。

② 铁炭反应

a. 铁炭还原滤池

滤速：铁炭还原滤速或表面负荷类似于慢滤池或普通生物的水力负荷 1～3 $m^3/(m^2 \cdot d)$，BOD 容积负荷为 0.15～0.30 $kg/(m^3 \cdot d)$。

滤层厚度：铁炭滤层厚度宜为 1.5～2.0 m，以保证足够的接触时间。

接触时间：实际接触时间为 3～4 h，空床接触时间 5～6 h。

曝气量：铁炭还原微电解对溶解氧的要求不高，只要保证气水比为 1∶3～1∶5 即可。

b. 铁粉、炭粉混合反应法

铁粉、炭粉投加量：需根据小试或中试确定，从理论上无确定的计算方法。

混合反应时间：为保证零价铁粉在酸性条件下完全腐蚀，混合反应时间宜为 5～6 h。

搅拌器的设计参数：见设计手册。

③ 铁炭接触法

接触反应时间：与铁炭滤池相比，铁炭接触法铁炭填料填充密度相对较低，因而接触反应时间宜为 5～8 h。

曝气量：铁炭还原接触池对溶解氧的要求不高，只要保证气水比为 1∶3～1∶5 即可。

填料填充比：50～60 kgFe/m³ 池容。

（3）混凝、沉淀单元设计

由于铁炭反应出水偏酸性，为获得良好的絮凝条件，需加碱将反应后 pH 调高，并投加絮凝剂或助凝剂，从而形成良好的铁盐絮体。

混凝沉淀单元设计与相关设计手册及规范中的基本一致，在工程设计运行时参见混凝相关资料。

有时铁炭反应出水中含有一定量的 Fe^{2+}，Fe^{2+} 的存在有时干扰出水 COD 的测定。因此在工程设计时，在铁炭反应单元出水设置停留时间为 1～2 h 的曝气稳定池，并投加碱，以促使 Fe^{2+} 快速转化为 Fe^{3+}。

17.2　芬顿水处理技术

17.2.1　芬顿水处理技术概述

芬顿体系所产生的中间态活性物质羟基自由基(·OH)，跟其他氧化剂相比，具有更高的氧化电极电位($E=2.80$ V)，·OH 与其他强氧化剂的标准电极电位的比较详见表 17.1。可以看出，除 F_2 外，·OH 高于其他常见氧化剂的标准电极电位，即·OH 具有更强的氧化能力。因此，能够有效地分解常规方法所无法分解的有机物，能基本无选择地与废水中的污染物反应。大量实验结果表明，芬顿试剂能不同程度地氧化降解各种工业废水和去除水中的污染物。

由于芬顿体系在使用过程中具有试剂无毒性，均相体系没有质量传输的阻碍，而且操作简单，相对投资小等优点，所以一直广泛地用于有毒有害废水的处理上。

表 17.1　常见氧化剂的标准电极电位

氧化剂	氧化还原电位(V)
F_2	3.06
·OH	2.80
O_3	2.07
H_2O_2	1.77
$KMnO_4$	1.69
$HClO_4$	1.63
ClO_2	1.50
Cl_2	1.36
$Cr_2O_7^{2-}$	1.33
O_2	1.23

芬顿体系总体上被分为两种反应,其一称为芬顿反应,即二价铁与过氧化氢产生羟基自由基进而氧化降解有机物。反应如下:

$$Fe^{2+}+H_2O_2 \longrightarrow Fe^{3+}+HO^-+HO\cdot$$
$$HO\cdot+RH \longrightarrow R\cdot+H_2O$$
$$R\cdot+Fe^{3+} \longrightarrow R+H_2O$$
$$R\cdot+Fe^{3+} \longrightarrow R+H_2O$$

在反应过程中,生成的三价铁可以重新再生成二价铁。三价铁与过氧化氢引发的一系列反应被称之为类芬顿反应。具体如下:

$$Fe^{3+}+H_2O_2 \longrightarrow Fe\cdots OOH^{2+}+H^+$$
$$Fe\cdots OOH^{2+} \longrightarrow Fe^{2+}+HO_2\cdot$$
$$Fe^{2+}+H_2O_2 \longrightarrow Fe^{3+}+HO^-+HO\cdot$$
$$HO\cdot+RH \longrightarrow R\cdot+H_2O$$

芬顿体系均相铁催化分解 H_2O_2 的反应机理和反应动力学一直备受关注,此体系对污染物的有效去除吸引了众多的科研人员对其反应机理进行研究。其中涉及的机理比较复杂,与配体的属性、溶液的 pH 值、溶剂的性质有关,很难清楚地下定论。

当前世界公认的羟基自由基反应机理是在 1934 年由 Haber 和 Weiss 在自己的研究中提出的,即芬顿试剂通过催化分解 H_2O_2 产生羟基自由基(·OH)进攻有机物分子,并使其氧化为 CO_2、H_2O 等无机物质。之后,Walling 对反应路径进一步的详细化,采用下面的系列反应式来表达芬顿体系的反应过程:

链的开始:

$$Fe^{2+}+H_2O_2 \longrightarrow Fe^{3+}+HO^-+HO\cdot$$

链的传递:

$$HO\cdot+Fe^{2+} \longrightarrow Fe^{3+}+HO^-$$
$$Fe^{3+}+H_2O_2 \longrightarrow Fe^{3+}+HO^-+HO\cdot$$
$$HO\cdot+H_2O_2 \longrightarrow H_2O+HO_2\cdot$$
$$HO_2\cdot+Fe^{2+}+H^+ \longrightarrow Fe^{3+}+H_2O_2$$
$$HO_2\cdot+Fe^{3+}+H^+ \longrightarrow Fe^{2+}+O_2+H^+$$
$$HO_2 \longrightarrow O_2^-\cdot+H^+$$
$$RH+HO\cdot \longrightarrow R\cdot+H_2O$$

链的终止:

$$2HO\cdot \longrightarrow H_2O_2$$
$$HO_2\cdot+HO_2\cdot \longrightarrow H_2O_2+O_2$$
$$Fe^{3+}+O_2^-\cdot \longrightarrow Fe^{2+}+O_2$$
$$Fe^{2+}+O_2^-\cdot+2H^+ \longrightarrow Fe^{3+}+H_2O_2$$
$$R\cdot+HO_2^- \longrightarrow ROH$$

关于芬顿体系的氧化作用机理,至今还没有完全的定论,但是大多数研究者都倾向于 HO· 机理。首先,HO· 在体系很容易通过电子自旋共振波谱(ESR)等技术手段观测到;其次,芬顿体系在氧化有机物时的动力学规律大部分都能用 HO· 的氧化来描述。但是,在一些有络合剂存在的体系中或是高 pH 值下的作用体系中,单纯的 HO· 机理经常难以解释一些观察到的特殊实验现象,此时,许多研究者往往倾向于高价铁主导的作用机理。

17.2.2　芬顿氧化工程化设计

芬顿氧化工艺的设计包括反应器构型、工艺设计运行参数两方面的问题:

(1) 工艺流程及形式

芬顿氧化工艺形式如下图 17.5 所示:

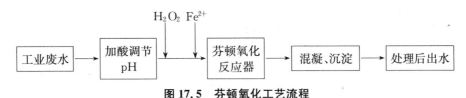

图 17.5　芬顿氧化工艺流程

(2) 芬顿氧化反应器或构筑物设计原则

对于处理水量低于 10 000 m³/d 的构筑物,宜采用多个芬顿氧化罐体的形式,罐体可用碳钢制作,但必须内部做防腐。此外为有利于内部反应传质,罐体内有时采用机械搅拌方式,也可内部装填填料,以加强水流的紊动,以强化传质。

对于处理水量大于 10 000 m³/d 的构筑物,建设罐体投资较大,管理不方便,宜建成钢混构筑物形式,但内壁必须做防腐。芬顿反应池一般采用机械搅拌,由于在酸性充氧条件下 Fe^{2+} 向 Fe^{3+} 转化的速率低,对于大型构筑物池体,也可采用对设备要求较低的曝气搅拌方式。

(3) 芬顿反应器及构筑物构型

① 芬顿反应罐

芬顿反应罐构型主要适用于处理水量小于 10 000 m³/d 的废水处理工程。

a. 均相芬顿氧化反应罐(见图 17.6)

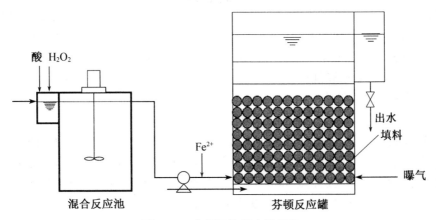

图 17.6　芬顿氧化反应罐示意

均相芬顿氧化是废水与投加药剂均为液态,通过液相和液相的反应促进 ·OH 的产生。酸和 H_2O_2 经混合反应池混合后,进入芬顿反应罐,在芬顿反应罐进水处投加硫酸亚铁,从而在反应罐创造了芬顿氧化的化学条件。促进反应罐中废水的紊动状态及传质,内部设置蜂窝状或网格状填料,强化废水有机物降解动力。芬顿反应罐下部曝气主要作用一是搅拌强化传质,二是增加水中溶解氧,以促进后续调碱絮凝过程中 Fe^{2+} 向 Fe^{3+} 转化,增强混凝效果。

b. 非均相芬顿氧化滤罐

非均相芬顿主要用于矿物类芬顿反应,是废水、酸及 H_2O_2 组成的液相和铁矿石固相之间的反应,以促进具有强氧化性的·OH 的产生。在工程应用中如采用铁矿石粉末,在反应完毕经混凝沉淀后残余铁矿石粉末和混凝污泥混合和难以分离回收,成本较高,该种方式工程实用性不强。因而一般采用铁矿石滤罐形式,如图 17.7 所示。

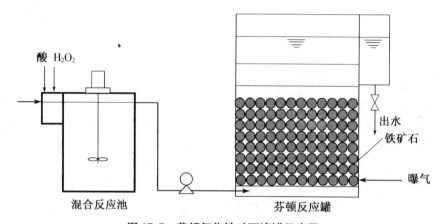

图 17.7 芬顿氧化铁矿石滤罐示意图

废水先与酸、H_2O_2 混合后,进入芬顿反应罐,反应罐内填充大颗粒铁矿石,在反应罐内形成矿物类芬顿的反应条件。因铁矿石中主要是三价铁氧化物,所以曝气的目的主要是增强芬顿滤罐内部传质。

② 芬顿氧化构筑物

对于处理水量大于 10 000 m^3/d 的规模较大的工业废水处理工程,采用上述芬顿反应罐形式,需设置的芬顿氧化罐的数量较多,技术经济性不好,管理难度较大。因而对于废水处理规模较大的情况,宜采用芬顿反应构筑物形式,构筑物池体为钢筋混凝土,内壁防腐,该种形式不受限于处理水量和规模。

a. 均相芬顿反应构筑物

均相芬顿反应构筑物示意见图 17.8。

均相芬顿氧化池进水中投加酸、H_2O_2 和 Fe^{2+},在反应池中完成·OH 的生成及有机物的氧化过程。反应池中搅拌主要采用机械搅拌,也可用曝气搅拌。芬顿反应后出水在后续混凝沉淀中完成铁泥的固液分离。均相芬顿反应池易于采用钢筋混凝土结构,不受处理规模的限制,可根据水量和设计参数灵活设计构筑物。

b. 非均相芬顿反应构筑物

非均相芬顿构筑物类似于前述铁炭接触法,如图 17.9。将参与芬顿反应的矿石或废铁等加工成填料包形式,将其安装于芬顿反应池内。进水中投加酸和 H_2O_2,在反应池内完成芬顿氧化有机物的过程。限于池内安装填料因素,因而非均相芬顿池只能采用曝气搅拌方式。

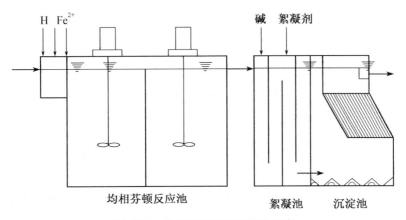

图 17.8　均相芬顿反应构筑物示意

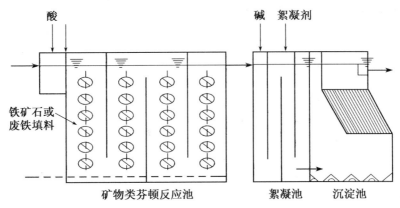

图 17.9　非均相芬顿反应构筑物示意

（4）芬顿反应的工程设计计算

主要设计运行参数：

① 酸调节

芬顿反应对废水的 pH 的要求在 3～4 的范围，这一数值与铁炭反应要求的 pH 区段基本相同。但与铁炭反应的不同的是，芬顿反应过程无升高 pH 的作用，因而后续碱调节用量较大。关于投酸量的计算依然有理论计算法和实验法，但由于工业废水水质的复杂性，往往理论算法与实际用量偏差较大，建议工程实践中通过烧杯实验确定其投酸量。

（2） H_2O_2 投量

理论上去除 1 g COD 需用 2.125 g H_2O_2，但笔者经工程实践验证，实际工程运行中 H_2O_2 的用量远不需要达到理论值，因为理论值是有机物完全矿化的需要量。而在实际应用中，废水中许多有机物经羟基自由基攻击后，变为可通过絮凝除掉的且在水中呈胶体状的物质，因而在 H_2O_2 投量较低的情况下，依然可以获得较高的 COD 去除率。H_2O_2 投量较大还会成出水 COD 的假性升高，因采用重铬酸钾氧化法测定 COD 时，H_2O_2 会消耗重铬酸钾。H_2O_2 投量较大还会造成沉淀池漂泥现象，因为在芬顿反应池中未来得及分解的 H_2O_2 会持续在沉淀池分解，分解产生的 O_2 会使沉淀池污泥上浮。笔者在工程实践中得出如下

H_2O_2 投量的工程经验数据：对于 COD500～1 000 mg/L 的工业废水，预处理 H_2O_2 投量为 166.5～333 mg/L；对于 COD1 000～5 000 mg/L 的工业废水，H_2O_2 投量一般为 333.0～499.5 mg/L；对于 COD5 000～30 000 mg/L 的工业废水，H_2O_2 投量一般为 499.5～832.5 mg/L。这一经验数值远比理论数值小，对于降低处理成本有较大应用价值，但采用这一数值的前提是必须优化后续混凝沉淀单元，以获得良好的沉淀效果，因部分有机物是通过混凝沉淀去除的。

（3）铁用量

如果采用 H_2O_2 和 Fe^{2+} 组合的均相芬顿反应，在 H_2O_2 按上述参数确定后，能否获得良好的效果，关键就在于 H_2O_2 和 Fe^{2+} 的比例。关于该比例，资料和工程应用中无明确的既定数据，从得失电子平衡的角度考虑 H_2O_2 和 Fe^{2+} 的摩尔比应为 1∶2，但废水实际体系较为复杂，需结合科学实验确定 H_2O_2 和 Fe^{2+} 的摩尔比及 Fe^{2+} 的最佳投量。

（4）混凝沉淀

混凝沉淀单元设计同铁炭还原。

第18章 污泥浓缩池

18.1 设计要点

污泥浓缩的目的在于去除污泥颗粒间的孔隙水,以减少污泥体积,为污泥的后续处理提供便利条件。

污泥浓缩有重力浓缩、气浮浓缩、离心浓缩、微孔滤机浓缩及隔膜浓缩等方法。

重力浓缩适用于活性污泥、活性污泥与初沉污泥的混合体以及消化污泥的浓缩,不宜用于脱氮除磷工艺产生的剩余污泥。腐殖污泥与高负荷腐殖污泥经长时间浓缩后,比阻将增加,上清液 BOD_5 升高,不利于机械脱水,因此也不宜采用重力压缩。

气浮浓缩适用于相对密度接近 1.0 的疏水性物质,如好氧消化污泥、接触稳定污泥、延时曝气活性污泥和一些工业的含油废水等,可将含水率为 99.5% 的活性污泥浓缩到 94%～96%。气浮浓缩由于在好氧状态中完成,而且持续时间较短,因此适用于脱氮除磷系统的污泥浓缩。初沉污泥、腐殖污泥、厌氧消化污泥等,由于相对密度较大,沉降性能好、絮凝效果差,不适于气浮浓缩。

离心浓缩是利用污泥中的固体与液体的相对密度差,在离心力场所受的离心力的不同而被分离浓缩。因此适用范围较广,但运行与维修费较高。

18.2 重力浓缩

18.2.1 设计参数

重力浓缩根据运行方式不同分为连续式、间歇式,如图 18.1、18.2 所示。

前者是用于大、中型污水处理厂,后者应用于小型污水处理厂。

(1) 间歇式重力浓缩池进泥、排泥是间歇进行的。在池子的不同高度上设置上清液排出管。运行时,应先排除上清液,然后排出浓缩污泥,排空池容,再投入下一个循环。

(2) 连续式重力浓缩池可采用沉淀池形,一般为竖流或辐流式,带有刮泥器和搅动栅。

(3) 重力浓缩池面积应按污泥沉淀曲线实验数据确定的固体通量计算,当无污泥沉淀实验资料时,可参考表 18.1 选取。

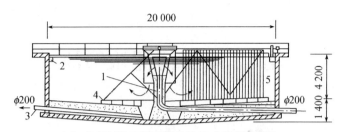

(a) 有刮泥机及搅动栅的连续式重力浓缩池

1—中心进泥管；2—上清液溢流堰；
3—排泥管；4—刮泥机；5—搅动栅

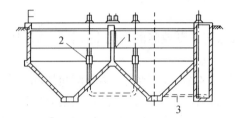

(b) 多斗连续式浓缩池

1—进口；2—可升降的上清液排除管；3—排泥管；

图 18.1 连续式重力浓缩池(单位:mm)

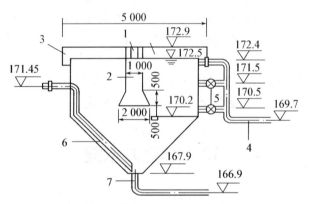

图 18.2 带中心管间歇式重力浓缩池(单位:mm)

表 18.1 重力浓缩池固体通量经验值

污泥类型	污泥含水率/%	固体通量/[kg/m² · d]	浓缩污泥含水率/%
初沉污泥	95～97	80～120	90～92
活性污泥	99.2～99.6	20～30	97～98
腐殖污泥	98～99	40～50	96～97
混合污泥	99～99.4	30～50	97～98

（4）污泥浓缩时间不宜小于 12 h。

（5）当浓缩池不设刮泥机时,污泥斗斜壁与水平面形成的角度不小于 $50°$,设刮泥机时,池底坡度为 1/20。

（6）刮泥机周边线速度一般为 $1\sim2\,\mathrm{m/min}$。

18.2.2 设计计算

重力浓缩理论及浓缩池所需面积计算

迪克（Dick）理论

迪克于 1969 年采用静态浓缩试验的方法，分析了连续式重力浓缩池的工况。迪克引入浓缩池横断面的固体通量这一概念，即单位时间内，通过单位面积的固体质量叫作固体通量，$\mathrm{kg/(m^2 \cdot h)}$。当浓缩池运行正常时，池中固体量处于动平衡状态，见图 18.3 所示。单位时间内进入浓缩池的固体质量，等于排出浓缩池的固体重量（上清液所含固体重量忽略不计）。通过浓

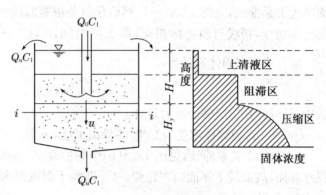

图 18.3 连续式重力浓缩池工况

缩池任一截面的固体通量，由两部分组成，一部分是浓缩池底部连续排泥所造成的向下流固体通量；另一部分是污泥自重压密所造成的固体通量。

1. 向下流固体通量

设图 18.3 中，断面 i—i 处的固体浓度为 C_i，通过该断面的向下流固体通量：

$$G_u = uC_i$$

式中：G_u——向下流固体通量，$\mathrm{kg/(m^2 \cdot h)}$；

u——向下流流速，即由于底部排泥导致产生的界面下降速度，$\mathrm{m/h}$。

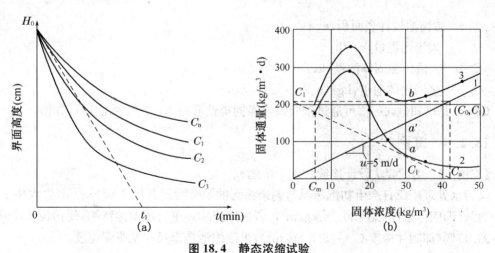

图 18.4 静态浓缩试验

（a）不同浓度的界面高度与沉降时间关系图 （b）固体通量与固体浓度关系图

若底部污泥量为 $Q_u(\mathrm{m^3/h})$，浓缩池断面积为 $A(\mathrm{m^2})$，则 $u = \dfrac{Q_u}{A}$，运行资料统计表明，活

性污泥浓缩池的 u 一般为 $0.25\sim0.51$ m/h；

C_i——断面 i—i 处的污泥固体浓度，kg/m³。

由公式可见，当 u 为定值时，G_u 与 C_i 呈直线关系。见图 18.4(b)中的直线 1。

2. 自重压密固体通量

用同一种污泥的不同固体浓度，$C_1,C_2,\cdots,C_i,\cdots,C_n$ 分别作静态浓缩试验，作时间与界面高度关系曲线，见图 18.4(a)。然后作每条浓缩曲线的界面沉速，即通过每条浓缩曲线的起点做切线，切线与横坐标相交，得沉降时间，$t_1,t_2,\cdots,t_i,t_n$。则该浓度的界面沉速 $v_i=\dfrac{H_0}{t_i}$，故自重压密固体通量为：

$$G_i=v_iC_i$$

式中：G_i——自重压密固体通量，kg/(m²·h)；

v_i——污泥固体浓度为 C_i 时的界面沉速，m/h。

作 G_i—C_i 关系曲线，见图 18.4(b)中的曲线 2。固体浓度低于 500 mg/L 时，不会出现泥水界面，故曲线 2 不能向左延伸。C_m 即等于形成泥水界面的最低浓度。

3. 总固体通量

浓缩池任一断面的总固体通量等于 G_u 与 G_i 之和，即图 18.4 中曲线 1 与 2 叠加得曲线 3。

$$G=G_u+G_i=uC_i+v_iC_i=C_i(u+v_i)$$

图 18.4(b)，曲线 3 即用静态试验的方法，表征连续式重力浓缩池的工况。经曲线 3 的最低点 b，作切线截纵坐标于 G_L 点，最低点 b 的横坐标为 C_L 称为极限固体浓度，其物理意义是：固体浓度如果大于 C_L，就通不过这个截面。G_L 就是极限固体浓度，其物理意义是：在浓缩池的深度方向，比存在着一个控制断面，这个控制断面的固体通量最小，即 G_L。而其他断面的固体通量都大于 G_L。因此浓缩池的设计断面面积应该是：

$$A\geq\frac{Q_0C_0}{G_L}$$

式中：A——浓缩池设计表面积，m²；

Q_0——入流污泥量，m³/h；

C_0——入流污泥固体浓度，kg/m³；

G_L——极限固体通量，kg/(m²·h)。

Q_0，C_0 是已知数，G_L 值可通过试验或参考同类性质污水厂的浓缩池运行数据。

18.2.3 算例

【算例 1】 用试验法设计连续式重力浓缩池

某污水处理厂每日产生初沉污泥与剩余污泥的混合污泥共计 3 800 m³/d，含水率 $p_0=96.924\%$（即固体浓度 $C_0=30.76$ kg/m³），若采用连续式重力浓缩池浓缩，使污泥浓度达到 $p_u=94.47\%$（即固体浓度 $C_u=55.3$ kg/m³），求浓缩池各部尺寸及排泥速度。

【解】

采用静态试验的方法，设计浓缩池，实验装置如图 18.5 所示。

(1) 用污水处理厂的混合污泥进行浓缩试验，并绘制沉淀时间的污泥界面降速即 H_i—t_i 曲线（见图 18.6）。

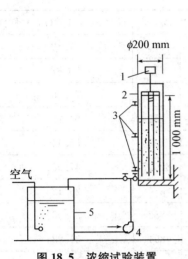

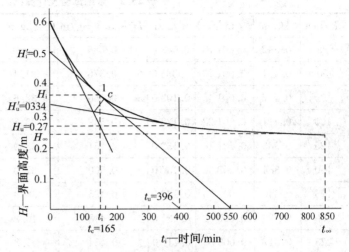

图 18.5　浓缩试验装置

1—搅拌装置；2—沉淀筒；3—取样口；
4—泵；5—污泥桶

图 18.6　污泥界面沉降曲线($H_i - t_i$)

（2）计算沉降曲线上任一污泥界面沉速及其浓度

在图 18.6 上任取一点"1"，其横坐标 $t_i = 150$ min，纵坐标 $H_i = 0.364$ m，经点"1"做切线，截纵坐标于 $H_i = 0.5$ m，切线的斜率即为"1"点的沉速。

$$v_i = \frac{H_i' - H_i}{t_i} = \frac{0.5 - 0.364}{150} = 0.000\,9 \text{ m/min} = 1.296 \text{ m/d}$$

对应"1"点的污泥界面浓度　$C_i = \dfrac{C_0 H_0}{H_i}$

式中：C_0——入流污泥的浓度，kg/m^3；

　　H_0——初始污泥界面高度，m。

本实验中 $H_0 = 0.6$ m，带入数据得

$$C_i = \frac{C_0 H_0}{H_i} = \frac{30.76 \times 0.6}{0.5} = 37 \text{ kg/m}^3$$

（3）计算任一污泥界面所需浓缩池面积 A_i

$$A_i = \frac{C_0 Q_0}{v_i}\left(\frac{1}{C_i} - \frac{1}{C_u}\right)$$

式中：Q_0——入流污泥量，m^3/h；

　　C_u——浓缩池底部排泥浓度，kg/m^3。

$A_i = \dfrac{C_0 Q_0}{v_i}\left(\dfrac{1}{C_i} - \dfrac{1}{C_u}\right) = \dfrac{3\,800 \times 30.76}{1.296} \times \left(\dfrac{1}{37} - \dfrac{1}{55.3}\right)$

$= 806.7 \text{ m}^2$

依照上述方法可计算不同断面的 C_i、A_i、v_i 值，见表 18.2。

做 $A_i - v_i$ 曲线如图 18.7 所示。查曲线 $A_i - v_i$ 最好点的纵坐标为 894 m^2，即为浓缩池设计面积。

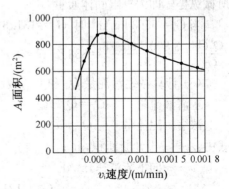

图 18.7　$A_i - v_i$ 曲线

表 18.2　浓缩试验及计算结果

T_i/min	H_i/m	v_i/(m/min)	v_it_i/m	$H_i'=H_i+v_it_i$/m	C_i/(kg/m³)	A_i/m²	$G_i=v_iC_i$/[kg/(m²·d)]
25	0.542	0.001 74	0.043 6	0.586	30.9	670	77.42
50	0.491	0.001 70	0.085 0	0.576	31.4	672	76.87
75	0.447	0.001 45	0.109 0	0.556	32.6	703	72.06
100	0.411	0.001 28	0.128 0	0.539	33.5	750	61.75
125	0.383	0.001 10	0.132 0	0.151	35.0	780	55.44
150	0.364	0.000 90	0.136 0	0.500	37.0	806.7	47.95
175	0.340	0.000 70	0.125 0	0.465	38.8	874	39.12
200	0.327	0.000 62	0.121 0	0.448	40.2	882	35.90
225	0.317	0.000 53	0.117 0	0.434	41.8	894	31.92
250	0.303	0.000 49	0.114 0	0.417	43.4	874	28.75
275	0.290	0.000 38	0.106 0	0.396	45.6	794	24.96
300	0.285	0.000 33	0.097 0	0.382	47.4	765	22.54
350	0.269	0.000 26	0.089 0	0.358	50.3	600	118.84
400	0.260	0.000 15	0.062 0	0.322	56.2	0	12.14
425	0.258	0.000 12	0.051 0	0.309	58.4	0	10.08

（4）校核浓缩池面积

浓缩池设计面积 $A \geqslant \dfrac{Q_0C_0}{G_L}$

式中：G_L——极限固体通量，kg/(m²·d)。

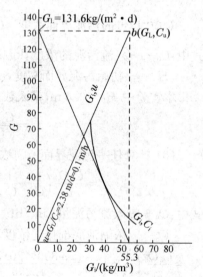

图 18.8　污泥浓度和固体通量关系

污泥自重压密固体通量 $G_i=v_iC_i$，用计算所得的 G_i、C_i 值绘制 G_i—C_i 曲线，如图 18.8 所示。

在 G_i-C_i 曲线上通过 C_u 点做曲线的切线，此切线所截纵坐标即为极限固体通量 G_L。

当 $C_u=55.3$ kg/m³ 时，$G_L=131.6$ kg/(m²·d)，则

$$\dfrac{Q_0C_0}{G_L}=\dfrac{3\,800\times30.76}{131.6}=888.2\ \text{m}^2<894\ \text{m}^2（符合要求）$$

（5）计算浓缩污泥量 Q_u 和上清液流量 Q_e

上清液流量　　　　$Q_e=Q_0-Q_u$

浓缩污泥流量　　　　$Q_u=uA$

式中：A——设计断面积，m²；

u——向下流流速，m/d。

$$u=\dfrac{G_L}{C_u}=\dfrac{131.6}{55.3}=2.38\ \text{m/d}=0.1\ \text{m/h}$$

浓缩污泥流量　　　　$Q_u=uA=0.1\times894=89.4$ m³/d

上清液流量　　　$Q_e=Q_0-Q_u=3\,800/24-89.4=68.93\ \mathrm{m^3/h}$

（6）确定所需的浓缩时间 t_u

当污泥浓度达到 $C_u=55.3\ \mathrm{kg/m^3}$ 时

$$H_u'=\frac{C_0H_0}{C_u}=\frac{30.76\times0.6}{55.3}=0.334\ \mathrm{m}$$

在图 18.6 上，经 $H_u'=0.334\ \mathrm{m}$ 点，做 H_i-t_i 曲线的切线，切点的横坐标 $t_u=396\ \mathrm{min}=6.6\ \mathrm{h}$，所需的浓缩时间为 6.6 h。

（7）确定浓缩池的各部尺寸

选用 2 座辐流式浓缩池。

池直径　　　　　$D=\sqrt{\dfrac{4A}{\pi n}}=\sqrt{\dfrac{4\times894}{3.14\times2}}=23.9\ \mathrm{m}$，取 $D=24\ \mathrm{m}$，

浓缩池的有效深度　　　　　$H=h_1+h_2+h_3+h_4$

式中：h_1——上清液区厚度，取 0.5 m；

　　　h_2——阻滞区厚度，m，取 0.5 m；

　　　h_3——浓缩区厚度，m；

　　　h_4——污泥斗的高度，m。

$h_3=\dfrac{Q_0t_u}{A}=\dfrac{3\,800/24\times6.6}{894}=1.17\ \mathrm{m}$，取 $h_3=1.2\ \mathrm{m}$，浓缩池选用带搅拌栅的刮泥机排

泥，池底采用 0.05 的坡度，污泥斗直径 $D_1=$
1.0 m，上口直径 $D_2=2.0\ \mathrm{m}$，斗倾角 $a=60°$，则

$$\begin{aligned}h_4&=\frac{D}{2}\times0.5+\left(\frac{D_2}{2}-\frac{D_1}{2}\right)\times\tan60°\\&=\frac{24}{2}\times0.5+\left(\frac{2}{2}-\frac{1}{2}\right)\times\tan60°\\&=1.47\ \mathrm{m}\end{aligned}$$

故浓缩池的有效深度 $H=0.5+0.5+1.2+1.47=3.67\ \mathrm{m}$。

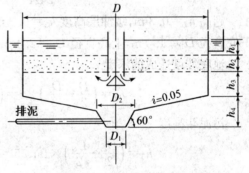

图 18.9　连续式重力浓缩池设计简图

详见连续式重力浓缩池设计简图（图 18.9）。

【算例 2】　用污泥固体通量设计连续式重力浓缩池

某污水处理厂日产剩余污泥 $Q=2\,200\ \mathrm{m^3/d}$，含水率 $p_0=99.4\%$（即固体浓度 $C_0=6\ \mathrm{kg/m^3}$），浓缩后湿污泥固体浓度为 $C_u=30\ \mathrm{kg/m^3}$（即污泥含水率 $p_u=97\%$），试设计重力浓缩池。

【解】　见图 18.10

（1）浓缩池面积 A

浓缩污泥为剩余活性污泥，根据表 18.1 污泥固体通量选用 30 $\mathrm{kg/(m^2\cdot d)}$。

$$浓缩池面积\ A=\frac{QC_0}{G}$$

式中：Q——污泥量，$\mathrm{m^3/d}$；

　　　C_0——污泥固体浓度，$\mathrm{kg/m^3}$；

$$G \text{——污泥固体通量,kg/(m}^2 \cdot \text{d)}$$

$$A = \frac{QC_0}{G} = \frac{2\,200 \times 6}{30} = 440 \text{ m}^2$$

（2）浓缩池直径 D

设计采用 $n = 2$ 个圆形辐流池。

单池面积 $A_1 = \dfrac{A}{n} = \dfrac{440}{2} = 220 \text{ m}^2$

浓缩池直径 $D = \sqrt{\dfrac{4A_1}{\pi}} =$

$\sqrt{\dfrac{4 \times 220}{3.14}} = 16.73 \text{ m}$，取 $D = 16.0 \text{ m}$。

（3）浓缩池深度 H

浓缩池工作部分的有效水深为

$$h_1 = \frac{QT}{24A}$$

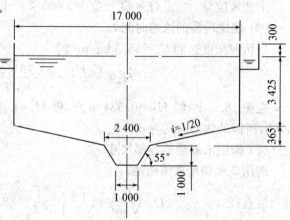

图 18.10 辐流式浓缩池计算简图（单位：mm）

式中：T——浓缩时间,h，取 $T = 15 \text{ h}$。

$$h_2 = \frac{QT}{24A} = \frac{2\,200 \times 15}{24 \times 440} = 3.125 \text{ m}$$

超高 $h_1 = 0.3 \text{ m}$，缓冲层高度 $h_3 = 0.3 \text{ m}$，浓缩池设机械刮泥，池底坡度 $i = 1/20$，污泥斗下底直径 $D_1 = 1.0 \text{ m}$，上底直径 $D_2 = 2.4 \text{ m}$。

池底坡度造成的深度

$$h_4 = \left(\frac{D}{2} - \frac{D_2}{2}\right) \times i = \left(\frac{17}{2} - \frac{2.4}{2}\right) \times \frac{1}{20} = 0.365 \text{ m}$$

污泥斗高度

$$h_5 = \left(\frac{D_2}{2} - \frac{D_3}{2}\right) \times \tan 55° = \left(\frac{2.4}{2} - \frac{1.0}{2}\right) \times \tan 55° = 1.0 \text{ m}$$

浓缩池深度

$$H = h_1 + h_2 + h_3 + h_4 + h_5$$
$$= 0.3 + 3.125 + 0.3 + 0.365 + 1.0 = 5.09 \text{ m}$$

18.3 气浮浓缩

18.3.1 设计参数

气浮浓缩系统由加压泵、溶气罐、气浮池溶气释放器和排泥设备组成。可分为有回流气浮浓缩和无回流气浮浓缩，如图 18.11 所示。

（1）气浮浓缩池可采用矩形或圆形。每座池处理能力小于 100 m^3/h 时,多采用矩形池处理能力大于 100 m^3/h,小于 1 000 m^3/h 时,多采用圆形辐流式气浮池（见图 18.12）。

(2) 溶气比 A_a/S(即气浮单位质量固体所需空气质量)应通过气浮试验确定。无试验资料时，一般采用 0.005～0.04，入流污泥固体浓度高时，取下限；反之，取上限。

(3) 气浮浓缩池的表面水力负荷、固体负荷可参照表 18.3 采用。

(4) 溶气罐的容积，一般按加压水停留 1～3 min 计算，罐内溶气压力为 2～4 kgf/cm²，溶气效率一般为 50%～80%。容器罐的直径：高度＝1：(2～4)。

(5) 矩形气浮池，长：宽＝(3：1)～(4：1)，深度：宽度≥0.3，有效水深为 3～4 m，水平流速 4～10 mm/s，辐流式气浮池深度不小于 3 m。

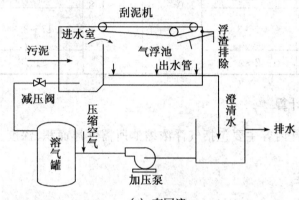

(a) 有回流

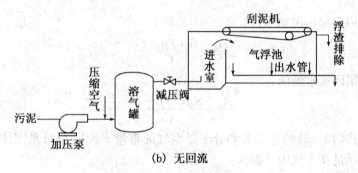

(b) 无回流

图 18.11　气浮浓缩系统

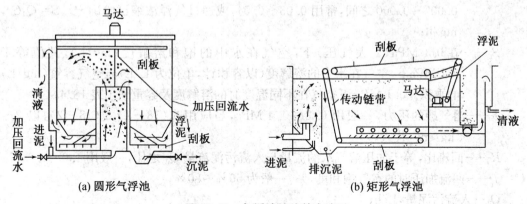

(a) 圆形气浮池　　　　　　　(b) 矩形气浮池

图 18.12　气浮浓缩池基本池形

表 18.3　气浮浓缩池水力负荷、固体负荷表

污泥种类	入流污泥固体浓度(%)	表面水力负荷 m³/(m²·h)		固体表面负荷 kg/(m²·h)	气浮污泥固体浓度(%)
		有回流	无回流		
活性污泥混合液	<0.5			1.04~3.12	
剩余活性污泥	<0.5			2.08~4.17	
纯氧曝气剩余活性污泥	<0.5	1.0~3.6	0.5~1.8	2.50~6.25	3~6
初沉污泥与剩余活性污泥的混合污泥	1~3			4.17~8.34	
初次沉淀污泥	2~4			<10.8	

18.3.2　设计计算

气浮浓缩池的设计内容主要包括气浮浓缩池所需气浮面积、深度、空气量、溶气罐压力等。

(1) 容器比的确定

气浮时有效空气重量与污泥中固体物重量之比称为溶气比或气固比,用 $\dfrac{A_a}{S}$ 表示。

无回流时,用全部污泥加压:

$$\frac{A_a}{S}=\frac{S_a(fp-1)}{C_0} \tag{18-1}$$

有回流时,用回流水加压:

$$\frac{A_a}{S}=\frac{S_a R(fp-1)}{C_0} \tag{18-2}$$

式(18-1)式(18-2)的等式右侧分子是空气的重量 mg/L,分母是固体物重量 mg/L,"-1"是由于气浮是在大气压下操作。

式中:$\dfrac{A_a}{S}$——气浮时有效空气总重量与入流污泥中固体物总重量之比,即溶气比。一般为 0.005~0.060 之间,常用 0.03~0.04,或通过气浮浓缩试验确定。$S=Q_0 C_0$, mg/h;

S_a——在 0.1 MPa(1 大气压)下,空气在水中的饱和溶解度(mg/L),其值等于 0.1 MPa 下,空气在水中的溶解度(以容积计,单位为 L/L)与空气容重(mg/L)的乘积。0.1 MPa 下空气在不同温度时的溶解度及容重列于表 18.4;

p——溶气罐的压力,一般用 0.2~0.4 MPa,当应用式(18-1)式(18-2),以 2~4 kg/cm² 代入;

R——回流比,等于加压溶气水的流量与入流污泥流量 Q_0 之比,一般用 1.0~3.0;

f——回流加压时的空气饱和度,%,一般为 50%~80%;

Q_0——入流污泥量,L/h;

C_0——入流污泥固体浓度,mg/L。

表 18.4　空气溶解度及容重表

气温(℃)	溶解度(L/L)	空气容重	气温(℃)	溶解度(L/L)	空气容重
0	0.029 2	1 252	30	0.015 7	1 127
10	0.022 8	1 206	40	0.014 2	1 092
20	0.018 7	1 164			

（2）气浮浓缩池表面水力负荷

气浮浓缩池的表面水力负荷 q 可参考表 18.3 选用。

（3）回流比 R 的确定

溶气比 $\dfrac{A_a}{S}$ 值确定以后，根据式(18-2)可计算出 R 值。无回流时，不必计算 R。

（4）气浮浓缩池的表面积：

无回流时
$$A = \frac{Q_0}{q}$$

有回流时
$$A = \frac{Q_0(R+1)}{q}$$

式中：A——气浮浓缩池表面积，m^2；

　　q——气浮浓缩池的表面水力负荷，参见表 8.11，m^3/d 或 m^3/h；

　　Q_0——入流污泥量，m^3/d 或 m^3/h。

表面积 A 求出后，需用固体负荷校核，能否满足。如不能满足，则应采用固体负荷求和的面积。

气浮浓缩可以使污泥含水率从 99% 以上下降到 95%～97%，澄清液的悬浮物浓度不超过 0.1%，可回流到污水处理厂的入流泵房。

18.3.3　算例

【算例 1】　气浮浓缩池设计计算

某城镇污水处理厂剩余污泥量 900 m^3/d，含水率 $P=99.6\%$，水温 20℃，采用气浮浓缩不投加混凝剂，使污泥浓度达到 4%，试计算气浮浓缩池。

【解】

可采用无回流加压溶气气浮和出水部分回流加压气浮流程。

（1）无回流加压气浮流程

① 确定溶气比。用全部污泥加压溶气，溶气比为

$$\frac{A_a}{S} = \frac{S_a(fp-1)}{C_0}$$

式中：S_a——1 atm(101 325 Pa)下，水中空气饱和溶解度，mg/L，S_a＝空气在水中溶解度×空气容重，数值参见表 18.4；

　　f——溶气效率，即回流加压水中已达到的空气饱和系数，%，一般为 50%～80%；

　　C_0——入流污泥固体浓度，mg/L；

　　p——所加压力，kgf/cm^2，一般为 2～4 kgf/cm^2。

由于 C_0 较低,取 $\dfrac{A_{\mathrm{a}}}{S}=0.02$,当水温为 20 ℃时,查表 18.4 得 $S_{\mathrm{a}}=0.0187\times1164=21.77\ \mathrm{mg/L}$;$f$ 值取 0.8,入流污泥固体浓度 $C_0=4\,000\ \mathrm{mg/L}$。

故
$$0.02=\frac{21.77\times(0.8p-1)}{4\,000}$$

得 $p=5.84\ \mathrm{kgf/cm^2}$;压力太大,不合适。

再取 $\dfrac{A_{\mathrm{a}}}{S}=0.01$,$0.01=\dfrac{21.77\times(0.8p-1)}{4\,000}$,得 $p=3.55\ \mathrm{kgf/cm^2}$;合适。

② 气浮池面积 A。用表面水力负荷计算,按表 18.3 取表面水力负荷 $q=0.5\ \mathrm{m^3/(m^2 \cdot h)}$,则气浮池的面积

$$A=\frac{Q_0}{q}=\frac{900}{24\times0.5}=75\ \mathrm{m^2}$$

③ 用表面固体负荷校核

$$\frac{Q_0 C_0}{A}=\frac{900\times4\,000}{24\times1\,000\times75}=2.0\ \mathrm{kg/(m^2 \cdot h)}\text{(符合设计规定)}$$

(2) 有回流加压气浮流程

① 计算回流比 R。加压水回流比可用下式计算:

$$R=\frac{\dfrac{A_{\mathrm{a}}}{S}C_0}{S_{\mathrm{a}}(fp-1)}$$

溶气比 $\dfrac{A_{\mathrm{a}}}{S}=0.03$,溶气效率 $f=0.8$,所加压力 $p=4.0\ \mathrm{kgf/cm^2}$。污水温度 20 ℃时

$$S_{\mathrm{a}}=0.0187\times1164=21.77\ \mathrm{mg/L}$$

$$R=\frac{\dfrac{A_{\mathrm{a}}}{S}C_0}{S_{\mathrm{a}}(fp-1)}=\frac{0.03\times4\,000}{21.77\times(0.8\times4.0-1)}=2.5$$

总流量 $Q=(1+R)Q_0=(1+2.5)\times900=3\,150\ \mathrm{m^3/d}=131.25\ \mathrm{m^3/h}$

② 气浮池表面积 A。有回流的加压气浮表面水力负荷,取 $q=1.8\ \mathrm{m^3/(m^2 \cdot h)}$,即 $43.2\ \mathrm{m^3/(m^2 \cdot d)}$,则

$$A=\frac{Q}{q}=\frac{(1+R)Q_0}{q}=\frac{(1+2.5)\times900}{43.2}=73\ \mathrm{m^2}$$

③ 用表面固体负荷校核

$$\frac{Q_0 C_0}{A}=\frac{900\times4\,000}{24\times1\,000\times73}=2.05\ \mathrm{kg/(m^2 \cdot h)}\text{(符合设计规定)}$$

④ 气浮池池形尺寸。采用矩形池,长:宽=(3~4):1,长度 15.0 m,宽度 5.0 m,则表面积 $A=15.5\times5.0=75\ \mathrm{m^2}$。

⑤ 气浮池有效水深 h。气浮池有效水深决定于气浮停留时间,根据气浮停留时间与气浮污泥浓度的关系(见图 18.13)。

查图 18.13,当气浮污泥固体含量要求达到 4%时,气浮停留时间 $T=60\ \mathrm{min}$,考虑 1.5

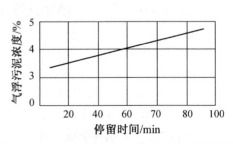

图 18.13 气浮停留时间与气浮污泥浓度的关系

的安全系数，设计停留时间 $T=90\ \text{min}=1.5\ \text{h}$，则

$$h=\frac{(1+R)Q_0T}{24A}=\frac{(1+2.5)\times900\times1.5}{24\times75}=2.625\ \text{m}$$

⑥ 气浮池总高 H。超高采用 0.3 m，刮泥机高度 0.3 m，则

$$H=0.3+0.3+2.625=3.225\ \text{m}$$

⑦ 溶气罐容积。一般加压水停留时间为 1～3 min，设计采用 3 min。

回流水量 $=2.5Q_0=2.5\times900=2\ 250\ \text{m}^3/\text{d}=93.75\ \text{m}^3/\text{h}$

溶气罐容积　　　　　$V=\dfrac{93.75}{60}\times3=4.69\ \text{m}^3$

溶气罐直径：高度$=1:(2\sim4)$，若直径为 1.5 m，则高度为 3.13 m。

18.4　污泥的其他浓缩法

18.4.1　离心浓缩法

离心浓缩法的原理是利用污泥中的固体、液体的比重差，在离心力场所受到的离心力的不同而被分离。由于离心力几千倍于重力，因此离心浓缩法占地面积小，造价低，但运行费用与机械维修费用较高。

用于离心浓缩的离心机有转盘式（Disk）离心机，篮式（Basket）离心机和转鼓离心机等。各种离心浓缩的运行效果见表 18.5。

表 18.5　离心浓缩的运行参数与效果

污泥种类	离心机	Q_0(L/s)	C_0(%)	C_u(%)	固体回收率(%)	混凝剂量(kg/h)
剩余活性污泥	转盘式	9.5	0.75～1.0	5.0～5.5	90	不用
剩余活性污泥	转盘式	25.3	—	4.0	80	不用
剩余活性污泥	转盘式	3.2～5.1	0.7	5.0～7.0	93～87	不用
剩余活性污泥	篮式	2.1～4.4	0.7	9.0～10	90～70	不用
剩余活性污泥	转鼓式	0.63～0.76	1.5	9～13	90	—
剩余活性污泥		4.75～6.30	0.44～0.78	5～7	90～80	不用
剩余活性污泥		6.9～10.1	0.5～0.7	5～8	65 85 90 95	不用 少于 2.26 2.26～4.54 4.54～6.8

18.4.2 离心筛网浓缩器

离心筛网浓缩器见图 18.14。污泥从中心分配管 1 压入旋转筛网笼 4，压力仅需 0.03 MPa，筛网笼低速旋转，使清液通过筛网从出水集水室 5 排出，浓缩污泥从底部排出，筛网定期用反冲洗系统 7 反冲。筛网笼直径为 304 mm，总面积 0.192 m^2。

筛网材料可用金属丝网、涤纶织物或聚酯纤维制成，网孔为 165 目（105 μm）～ 400 目（37 μm）。筛网笼转速为 60～350 r/min，反冲洗系统的反冲洗水压 0～1.0 MPa。

离心筛网浓缩器主要设计参数：

转速 350 r/min，水力负荷约 1 755 $m^3/(m^2 \cdot d)$，固体回收率 $\dfrac{Q_u C_u}{Q_0 C_0}$ 为 54%～79%，浓缩系数 C_u/C_0 为 2.06～7.44。

离心筛网浓缩器可作为曝气池混合液的浓缩用，以减少二次沉淀池的负荷。浓缩后的污泥可直接回流到曝气池。清液中悬浮物含量较高，应流入二次沉淀池沉淀处理。

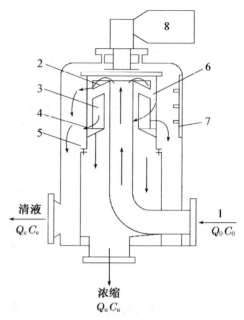

图 18.14 离心筛网浓缩器
1—中心分配管；2—进水布水器；3—排出管；4—旋转筛网笼；5—出水集水室；6—调节流量转向器；7—反冲洗系统；8—电动机

18.4.3 微孔滤机浓缩法

微孔滤机近来也可用于浓缩污泥。污泥应先作混凝调节，可使污泥含水率从 99% 以上浓缩到 95%。微孔滤机的滤网可用金属丝网、涤纶织物或聚酯纤维品制成。见图 18.15。

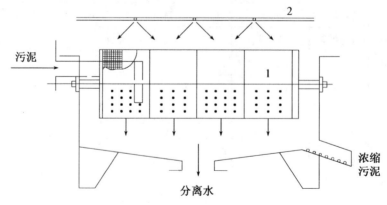

图 18.15 微孔滤机浓缩机
1—微机转盘；2—反冲洗系统

第 19 章 脱 水

19.1 压滤脱水

19.1.1 设计要点

(1) 压滤脱水机构造与脱水过程

压滤脱水采用板框压滤机。它的构造较简单,过滤推动力大,适用于各种污泥。但不能连续运行。板框压滤机基本构造见图 19.1。板与框相间排列而成,在滤板的两侧覆有滤布,用压紧装置把板与框压紧,即在板与框之间构成压滤室,在板与框的上端中间相同部位开有小孔,压紧后成为一条通道,加压到 $0.2\sim0.4\ \mathrm{MPa}(2\sim4\ \mathrm{kg/cm^2})$ 的污泥,由该通道进入压滤室,滤板的表面刻有沟槽,下端钻有供滤液排出的孔道,滤液在压力下,通过滤布、沿沟槽与孔道排出滤机,使污泥脱水。

(2) 压滤机的类型

压滤机可分为人工板框压滤机和自动板框压滤机两种。

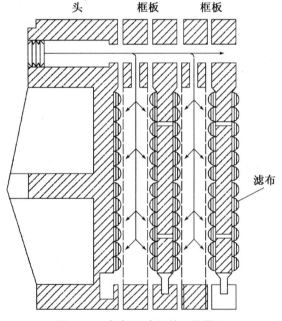

图 19.1 板框压滤机的工作原理

人工板框压滤机,需一块一块地卸下,剥离泥饼并清洗滤布后,再逐块装上,劳动强度大,效率低。自动板框压滤机,上述过程都是自动的,效率较高,劳动强度低,自动板框压滤机有垂直式与水平式两种,见图 19.2。

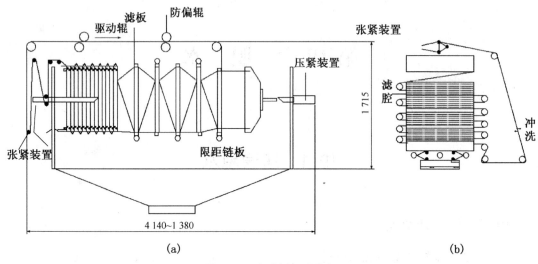

（a）

（b）

图 19.2　自动板框压滤机

19.1.2　设计计算

（1）平均过滤速度

由卡门公式 $\dfrac{t}{V}=\dfrac{\mu\omega r}{2PA^2}V+\dfrac{\mu R_{\mathrm{f}}}{PA}$，设过滤介质的阻抗 $R_{\mathrm{f}}=0$，可写成 $\left(\dfrac{V}{A}\right)^2=\dfrac{2Pt}{\mu\omega r}=k't$，

$k'=\dfrac{2P}{\mu\omega r}$，式中 t 实际上是压滤时间 t_f，即 $\left(\dfrac{V}{A}\right)^2=k't_{\mathrm{f}}$。但压滤脱水的全过程时间包括压滤时间 t_{f} 及辅助时间 t_{d}（含反吹、滤饼剥离、滤布清洗及板框组装时间）。因此，平均过滤速度——单位时间单位过滤面积的滤液量应为：

$$\frac{\dfrac{V}{A}}{t_{\mathrm{f}}+t_{\mathrm{d}}}=\frac{\dfrac{V}{A}}{\dfrac{1}{k'}\left(\dfrac{V}{A}\right)^2+t_{\mathrm{d}}}$$

式中：V——滤液体积，m^3；

A——过滤面积，m^2；

t_{f}——压滤时间，$\min$ 或 h；

t_{d}——准备时间，$\min$ 或 h。

（2）压滤试验与生产性的关系

压滤脱水与生产运行参数，一般通过实验室小试得出。若实验室试验装置的滤室厚度（即滤饼厚度）为 d'、过滤面积为 A'、压滤时间为 t'_{f}、滤液体积为 V'，过滤压力为 P'；生产用压滤机相应数值为 d、A、t_{f}、V、P。则有下列比例关系：

$$V=V'\left(\frac{d}{d'}\right),\ t_{\mathrm{f}}=t'_{\mathrm{f}}\left(\frac{d}{d'}\right)^2$$

由于生产用压滤机的过滤压力为 P，所以过滤时间还需进行修正，经压力修正后的过滤时间用 t_{f_2} 表示：

$$t_{\mathrm{f}_2}=t_{\mathrm{f}}\left(\frac{P'}{P}\right)^{1-s}=t'_{\mathrm{f}}\left(\frac{d}{d'}\right)^2\left(\frac{P'}{P}\right)^{(1-s)}$$

式中:t_{f_2}——经压力修正后的压滤时间,min 或 h;

S——污泥的压缩系数,一般用 0.7。

19.1.3 算例

【算例 1】 污泥板框压滤机设计计算

现有消化污泥 120 m³/d,含水率 95%,采用化学法调节预处理,加石灰 10%,铁盐 7%(均以占污泥干重计),拟采用 BAS40/635-25 型板框压滤机进行污泥脱水,要求泥饼含水率达 65%。求所需压滤机面积、过滤产率及压滤机台数。

该污泥经实验室试验,结果如下:试验装置的滤室厚度 $\delta = 20$ mm,过滤面积 $A' = 400$ cm²,压滤时间 $t_f' = 20$ min,辅助时间 $t_d' = 20$ mm,过滤压力 $p' = 39.24$ N/cm²,滤液体积 $V' = 2\,890$ mL。

【解】

拟选用的板框压滤机,实际滤室厚度 $\delta = 25$ mm,过滤压力 $p = 78.45$ N/cm²,与试验不同,故需对过滤时间、压力进行修正。

(1)修正压滤时间 t_f

$$t_f = t_f' \left(\frac{\delta}{\delta'}\right)^2 \left(\frac{p'}{p}\right)^{1-s}$$

式中:s——污泥的压缩系数,一般用 0.7。

$$t_f = t_f' \left(\frac{\delta}{\delta'}\right)^2 \left(\frac{p'}{p}\right)^{1-s} = 20 \times \left(\frac{25}{20}\right)^2 \times \left(\frac{39.24}{78.45}\right)^{1-0.7} = 25.39 \text{ min}$$

(2)过滤速度 v

过滤速度 v 即单位时间单位过滤面积产生滤液的体积,单位为 $L/(cm^2 \cdot min)$。

由于生产用压滤机与试验装置存在 $\frac{V}{V'} = \frac{\delta}{\delta'}$ 的比例关系,故生产用压滤机滤液体积:

$$V = V' \left(\frac{\delta}{\delta'}\right) = 2\,890 \times \left(\frac{25}{20}\right) = 3\,612.5 \text{ mL}$$

因为试验装置面积 $A' = 400$ cm²,所以

单位面积滤液体积 $= 3\,612.5/400 = 9.03$ mL/cm²

若辅助时间 $t_d = 25$ min,则过滤速度

$$v = \frac{9.03}{t_f + t_d} = \frac{9.03}{25.39 + 25} = 1.179 \text{ mL/(cm}^2 \cdot \text{min)}$$

(3)过滤产率 L

$$L = wv$$

式中:w——滤过单位体积的滤液在过滤介质上截留的干固体质量,g/mL。

$$w = \frac{C_g C_0}{100(C_g - C_0)} = \frac{35 \times 5}{100 \times (35-5)} = 0.058 \text{ g/mL}$$

$$L = wv = 0.058 x 0.179 = 0.01 \text{ g/(cm}^2 \cdot \text{min)} = 6 \text{ kg/m}^2 \cdot \text{h}$$

(4)压滤机的面积 A 和台数 n

采用化学调节预处理,投加了 10% 石灰,7% 的铁盐。

污泥量的增加系数 $f = 1 + \frac{10}{100} + \frac{7}{100} = 1.17$

若每天工作两班,即 16 h,则

每小时污泥量 $Q=120/16=7.5\ \mathrm{m^3/h}$

$$A=af(1-p)\frac{Q}{L}\times10^3=1.15\times1.17\times(1-95\%)\times\frac{7.5}{6}\times10^3=84.1\ \mathrm{m^2}$$

选用压滤面积为 $40\ \mathrm{m^2}$ 的板框滤机,压滤机台数 $n=84.1/40=2.1$ 台,取 3 台,其中 1 台备用。

19.2 真空过滤脱水

19.2.1 设计要点

真空过滤脱水目前应用较少,使用的机械称为真空过滤机,可用于经处理后的初次沉淀污泥、化学污泥及消化污泥等的脱水。

真空过滤机脱水的特点是能够连续生产,运行平稳,可自动控制。主要缺点是附属设备较多,工序较复杂,运行费用较高。真空过滤机的构造与工作过程见图 19.3。

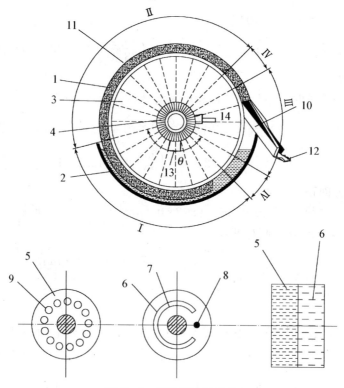

图 19.3 转鼓真空过滤机

Ⅰ—滤饼形成区;Ⅱ—吸干区;Ⅲ—反吹区;Ⅳ—休止区;

1—空心转筒;2—污泥槽;3—扇形格;4—分配头;5—转动部件;6—固定部件;7—与真空泵通的缝;8—与空压机通的孔;9—与各扇形格相通的孔;10—刮刀;11—泥饼;12—皮带输送器;13—真空管路;14—压缩空气管路

覆盖有机过滤介质的空心转鼓 1 浸在污泥槽 2 内。转鼓用径向隔板分隔成许多扇形间隔 3,每格有单独的连通管,管端与分配头 4 相接。分配头由两片紧靠在一起的构件 5(转动)与构件 6(固定)组成。6 有缝 7 与真空管路 13 相通,孔 8 与压缩空气管路 14 相通。转动部件 5 有一列小孔 9,每孔通过连接管与各扇形间隔相连。转鼓旋转时,由于真空的作用,将污泥吸附在过滤介质上,液体通过介质沿管 13 流到气水分离罐。吸附在转鼓上的滤饼转出污泥槽后,若扇形间隔的连通管 9 在固定部件的缝 7 范围内,则处于滤饼形成区 I 及吸干区 II 内继续脱水,当管孔 9 与固定部件的孔 8 相通时,便进入反吹区 III 与压缩空气相通,滤饼被反吹松动剥落介质然后由刮刀 10 刮除。经皮带输送器外输,再转过休止区 IV 进入滤饼形成区 I,周而复始。转鼓真空过滤机脱水的工艺流程见图 19.4。

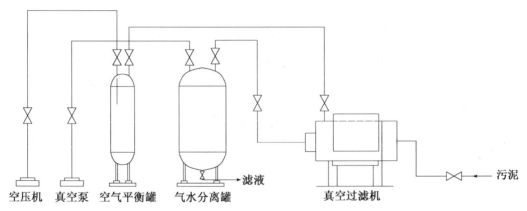

图 19.4　转鼓真空过滤机脱水的工艺流程

GP 型真空转鼓过滤机的一个主要缺点是过滤介质紧包在转鼓上,清洗不充分,易于堵塞,影响生产效率。为此可用链带式转鼓真空过滤机,用辊轴把过滤介质转出,既便于卸料又易于介质清洗,见图 19.5。

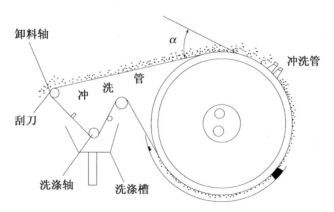

图 19.5　链带式转鼓真空过滤机

19.2.2　真空过滤设计

主要是根据原污泥量、过滤产率决定所需过滤面积与过滤机台数。
所需过滤机面积

$$A = \frac{W\alpha f}{L}$$

式中：A——过滤机面积，$\mathrm{m^2}$；

$\qquad W$——原污泥干固体重量，$W=Q_0C_0$，$\mathrm{kg/h}$；

$\qquad Q_0$——原污泥体积，$\mathrm{m^3/h}$；

$\qquad C_0$——原污泥干固体浓度，$\mathrm{kg/m^3}$；

$\qquad \alpha$——安全系数，考虑污泥不均匀分布及滤布阻塞，常用 $\alpha=1.15$；

$\qquad f$——助凝剂与混凝剂的投加量，以占污泥干固体重量分数计；

$\qquad L$——过滤产率，通过试验或用公式计算，$\mathrm{kg/(m^2 \cdot h)}$。

19.2.3　算例

【算例 1】　污泥真空转鼓过滤脱水机设计计算

某城镇污水处理厂初沉污泥和剩余活性污泥消化后污泥产量 240 $\mathrm{m^3/d}$，污泥含水率 97%，经絮凝剂调质后，污泥比阻 $\gamma=3\times10^{11}$ $\mathrm{m/kg}$，选用真空转鼓过滤机，要求脱水泥饼含水率达 80%，过滤压力 $p=4.5\times10^4$ $\mathrm{N/m^2}$，过滤周期 $T=120$ s，泥饼形成时间 $t=36$ s，滤液动力黏度 $\mu=0.001$ $\mathrm{N \cdot s/m^2}$，求所需脱水机的过滤面积。

【解】

(1) 计算过滤产率 L

$$L = \sqrt{\frac{2pwm}{\mu\gamma T}}$$

式中：m——过滤机的浸液比，$m=t/T$；

$\qquad w$——滤过单位体积的滤液在过滤介质上截留的干固体质量，$\mathrm{g/mL}$；

$$w = \frac{C_g C_0}{100(C_g - C_0)};$$

$\qquad C_0$——污泥干固体含量，%；

$\qquad C_g$——泥饼干固体含量，%。

代入数据得 $m=t/T=36/120=0.3$

$$w = \frac{C_g C_0}{100(C_g-C_0)} = \frac{200\times3}{100\times(20-3)} = 0.035\ 3\ \mathrm{g/mL} = 35.3\ \mathrm{kg/m^3}$$

$$L = \sqrt{\frac{2pwm}{\mu\gamma T}} = \sqrt{\frac{2\times4.5\times10^4\times35.3\times0.3}{0.001\times3\times10^{11}\times120}} = 0.005\ 15\ \mathrm{kg/(m^2 \cdot s)} = 18.5\ \mathrm{kg/(m^2 \cdot h)}$$

(2) 过滤面积 A

所需真空过滤机过滤面积为

$$A = \frac{\alpha f(1-p_0)Q\times10^3}{L}$$

式中：α——安全系数，取 $\alpha=1.15$；

$\qquad f$——考虑投加混凝剂污泥干重增加系数，取 $f=1.15$；

$\qquad Q$——污泥量，$\mathrm{m3/h}$；

$\qquad p_0$——污泥含水率，%。

已知日产污泥量 240 $\mathrm{m^3/d}$，脱水机每天工作两班，每班 8 h，则

每小时污泥量＝240/16＝15 m³/h

$$A=\frac{1.15\times1.15\times(1-97\%)\times15\times10^{3}}{18.5}=32.17\ \mathrm{m^{2}}$$

选用 3 台 GT20 - 2.6 型转鼓真空过滤机,其中 1 台备用。每台脱水机过滤面积 20 m²,转鼓直径 2.6 m²,配电功率 2.2 kW。

(3) 附属设备的选择

① 真空泵。抽气量按 1 m² 介质面积 0.5～1.0 m³/min 估算,真空度 200～500 mmHg (1 mmHg＝133.3 Pa),电机功率按 1 m³/min 配 1.2 kW,故抽气量为

$$Q=40\times0.6=24\ \mathrm{m^{3}/min}$$

真空度 500 mmHg＝66 661 Pa

配电功率＝24×1.2＝28.8 kW,选用 2 台真空泵。

② 空压机。压缩气量按每 1 m² 介质 0.1 m³/min 估算,压力 0.2～0.3 MPa,电机功率按 1 m³/min 配 4 kW 计算,故

压缩空气量 $Q=40\times0.1=4\ \mathrm{m^{3}/min}$,压力取 0.3 MPa。

配电功率＝4×4＝16 kW,设置 2 台。

③ 反冲洗泵。冲洗水量按 1 m² 介质面积 0.8～1.3 L/s 计算,水压 294～343 kPa(3～3.5 kgf/cm²)。

冲洗流量 $Q=40\times1.0=40\ \mathrm{L/s}$,冲洗水压 $H=343\ \mathrm{kPa}(3.5\ \mathrm{kgf/cm^{2}})$,设置 2 台。

19.3 滚压脱水

19.3.1 设计要点

用于污泥滚压脱水的设备是带式压滤机。其主要特点是把压力施加在滤布上,用滤布的压力和张力使污泥脱水,而不需要真空或加压设备,动力消耗少,可以连续生产。这种脱水方法,目前应用广泛。带式压滤机基本构造见图 19.6。

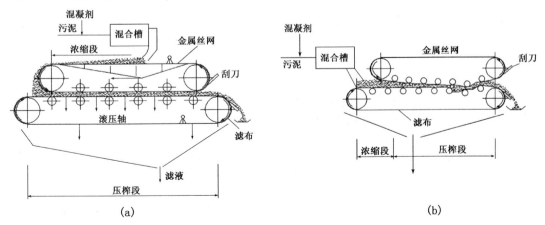

图 19.6 带式压滤机

带式压滤机由滚压轴及滤布带组成。污泥先经过浓缩段(主要依靠重力过滤),使污泥失去流动性,以免在压榨段被挤出滤饼,浓缩段的停留时间 10～20 s。然后进入压榨段,压榨时间 1～5 min。20 世纪 90 年代以来,开发出浓缩脱水一体机,可把 p 大于 99% 的污泥,降至 80% 以下。

滚压的方式有两种,一种是滚压轴上下相对,压榨的时间几乎是瞬时,但压力大,见图 19.6(a);另一种是滚压轴上下错开,见图 19.6(b),依靠滚压轴试于滤布的张力压榨污泥,压榨的压力受张力限制,压力较小,压榨时间较长,但在滚压的过程中对污泥有一种剪切力的作用,可促进泥饼的脱水。

我国研制的 DY-3 型带式压滤机的主要技术参数为:对消化污泥进行脱水,聚丙烯酰胺投加量为 0.19%～0.23%,上滤布张力 0.4 MPa,下滤布张力 0.1 MPa,进泥含水率 96%～97%,泥饼含水率为 75%～78%,饼厚为 7～8 mm,过滤机产率为 24.6～29.4 kg(干)/(m² · h)(以上滤布长 8.41 m,宽 3.0 m,过滤面积 25.23 m² 计),成饼率为 60%～70%。

19.3.2 算例

【算例 1】 滚压带式压滤机污泥脱水设计计算

今有初沉污泥和活性污泥的混合生污泥 18 000 kg 干泥/d,污泥含水率 97%,污泥在宽 20 mm 的试验用液压带式压滤机上试验,结果见表 19.1,若要求泥饼含水率达到 80%,需要带宽为 2.0 m 的压滤机多少台?

表 19.1　压榨试验结果(压力 0.4 MPa)

原污泥含水率/%	滤布移动速度/(m/min)	滤饼含水率/%	污泥产率/(kg 干泥/h)
90	0.6	73	22
90	0.9	81	32
90	1.2	82	40
90	1.7	86	50

【解】

(1) 根据试验结果做滤布移动速度和泥饼含水率、过滤产率关系曲线图 19.7。

(2) 带宽 2.0 m 的过滤产率

查图 19.7 可知,当滤饼含水率达 80% 时,滤布移动速度为 $v=0.85$ m/min,过滤产率为 31 kg/h,则滤布宽为 2.0 m 的滚压带式压滤机的过滤产率 $=(31/0.2)\times 2.0=310$ kg 干泥/h,考虑 1.25 的安全系数,则过滤产率 $=310/1.25=248$ kg 干泥/h。

(3) 压滤机台数 n

若脱水机工作每日 3 班,24 h 运行。则所需压滤机台数 $n=\dfrac{18\ 000}{24\times 248}=3.02$ 台,取 $n=3$。

设计选用带宽 2.0 m 的滚压带式滤机 4 台,其中一台备用。

(4) 附属设备

① 污泥投配设备。选用 4 台单螺杆污泥投配泵,与 4 台滚压带式压滤机一一对应。每

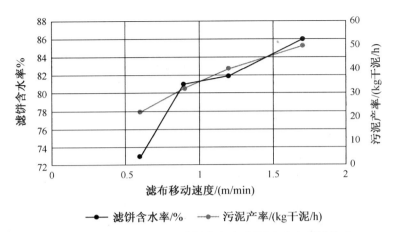

图 19.7　滤布移动速度和滤饼含水率、污泥产率之间的关系

台投配泵的流量为

$$Q=\frac{W}{24(1-p)n\times1\,000}=\frac{18\,000}{24\times(1-97\%)\times3\times1\,000}=8.33\ \text{m}^3/\text{h}$$

投配泵的扬程应根据吸泥液位和压滤机高差及管路的水头损失计算。

② 加药系统。用滚压带式压滤机脱水的污泥，化学调剂为有机合成的高分子混凝剂。设计选用聚丙烯酰胺，对于混合生污泥投加量为 0.15%～0.5%（污泥干重），按 0.3% 计算，故

每日药剂投加量＝18 000×0.3%＝54 kg/d

配制成浓度为 1% 的溶液（密度按水的密度计算）体积＝$\frac{54}{1\%}$＝5 400 L/d＝5.4 m³/d

脱水机房每日工作为三班制，每班配药 1 次，则

每次配药的体积＝5.4/3＝1.8 m³

考虑一定的安全系数和搅拌时的安全超高，故设计选用 2 个容积为 3.0 m³ 的药箱，配置 2 台 JBK 型反应搅拌机，桨叶直径 d＝1 200 mm，功率 P＝0.75 kW，桨板外缘线速度 5～6 m/min。

聚丙烯酰胺投加浓度为 0.1%，故选用 4 套在线稀释设备，包括 4 台水射器和 4 台流量计量仪，以及配套的调节控制阀件。

聚丙烯酰胺药剂的投加采用单螺杆泵，共 4 台，每台泵的投加流量

$$Q=\frac{5.4}{24\times3}=0.075\ \text{m}^3/\text{h}=75\ \text{L/h}$$

③ 反冲洗水泵。根据滚压带式压滤机带宽和运行速度，每台脱水机反冲洗耗水量为 10～12 m³/h，反冲洗水压不小于 0.5 MPa。故选用 4 台离心清水泵，3 用 1 备。

参考文献

[1] 高廷耀,顾国维,周琪. 水污染控制工程(下册)(第四版). 北京:高等教育出版社,2015.

[2] 崔玉川. 城市污水厂处理设施设计计算(第二版). 北京:化学工业出版社,2011.

[3] 崔玉川. 给水厂处理设施设计计算(第二版). 北京:化学工业出版社,2012.

[4] 何圣兵. 城市污水处理厂工程设计指导. 北京:中国建筑工业出版社,2010.

[5] 蒋乃昌. 泵与泵站(第五版). 北京:中国建筑工业出版社,2007.

[6] 张自杰. 排水工程(下册)(第四版). 北京:中国建筑工业出版社,1999.

[7] 北京市市政工程设计研究总院. 给水排水设计手册(第五册). 城镇排水(第二版). 北京:中国建筑工业出版社,2003.

[8] 北京市市政工程设计研究总院. 给水排水设计手册(第四册). 工业给水处理(第二版). 北京:中国建筑工业出版社,2003.

[9] 韩洪军. 污水处理构筑物设计与计算(第二版). 哈尔滨:哈尔滨工业大学出版社,2005.

[10] 中国市政工程华北设计研究总院. 曝气生物滤池工程技术规程(CECS265:2009). 人民出版社,2009.

[11] 环境保护部. 水解酸化反应器污水处理工程技术规范(HJ2047-2015). 中国环境科学出版社,2015.